中公新書 2755

安成哲三著

モンスーンの世界

日本、アジア、地球の風土の未来可能性

中央公論新社刊

はじめに

モンスーンは日本語では「季節風」と訳されているが、気候学的には季節風だけでなく、それに伴う雨季・乾季の変化や日本の梅雨や日本海側の雪も含める。

日本列島における梅雨の開始は、インドにおけるモンスーン（雨季）の開始と連動して起こっている。毎年のように災害をもたらす梅雨期の集中豪雨や酷暑の夏は、熱帯アジアのモンスーン活動とも密接に関係している。冬のシベリアからの季節風は、世界のどの地域にも見られないような大雪を日本海側にもたらしている。多くの日本人が親しんでいる俳句は、夏冬のモンスーンとその間をつなぐ季節の推移が顕著な日本でのみ生み出された文学である。日本を含む東アジア、東南アジア、南アジアの広い地域はモンスーン気候のもとにあり、この地域は「モンスーンアジア」とよばれている。

本書ではまず、このようなモンスーンに関係した身近な気象・気候現象を念頭におきながら、陸と海と大気が水循環を介してつながった気候システムであるアジアモンスーンとその変動のしくみを、できるだけやさしく説明する。モンスーンが、アジアだけでなく地球全体の気候や生物圏の形成にも大切な役割を果たしていることにも触れる。

いっぽうで、モンスーンアジアには、現在世界人口の約55%にあたる四十数億人が住んでおり、経済活動のひとつの重要な指標であるＧＤＰ（国内総生産）でも世界の３分の１以上を占め、アメリカやＥＵを抜いて、世界で最大となっている。実はこの地域は、18～19世紀の産業革命以降に欧米諸国の近代化が進行する以前から、人口もＧＤＰもすでに世界の60％前後を占める人類活動の中心的な地域であった。これは、モンスーン気候による豊かな生物圏と、モンスーンと調和した水田稲作という持続可能な農業を通した「風土」が形成されてきたことと深く関わっている。本書は、日本を含めた「モンスーンアジアの風土」（人と自然の関係性）がどのように形成され、どのようにこの地域に持続可能な社会が維持されていたのかという問題を、もうひとつの柱として取り上げたい。

モンスーンアジアの多くの国々は、このような「風土」を基層に持ちながらも、欧米諸国の植民地を経験し第二次大戦後にようやく独立を果たしたが、戦後はむしろ石油・石炭などの化石資源を積極的に活用した「化石資源型資本主義経済」を、世界のどの地域よりも強力に進めてきた。その結果、現在は「地球温暖化」の原因としての二酸化炭素の排出量が世界で最も多い地域となり、大気汚染、水汚染や生物多様性の破壊といった地球規模での環境問題における世界の「ホットスポット」にもなってしまった。

さらに最近のＩＰＣＣ（気候変動に関する政府間パネル）の報告によると、「地球温暖化」は、気温の上昇だけでなく、豪雨や干ばつなどの水循環に関わる異常気象を世界中で多発させており、モンスーンアジア地域はこの問題でも最も深刻である。日本列島周辺でも、特に20世紀末頃から、集中豪雨の頻度の増大、台風の強大化、夏の酷暑の増加、冬の降積雪の年ごとの振れや地域の偏りの増大など、「異常気象」が急増していることを、私たち日本人も実感している。ただ、これらの「異常気象」の増加が、「地球温暖化」と具体的にどのように関係して引き起こされているのか、なかなか理解できない方が多いのではないか。その理解のカギは、「地球温暖化」がアジアモンスーンにどう影響しているのか、にある。この問題もわかりやすく説明する。

20世紀後半からの人類活動の「大加速」により、地球環境は危機的状況になり、もはや1万年前から続いてきた「完新世」ではなく、人間活動の影響が顕著になった「人新世（Anthropocene）」を招いているといわれている。その「人新世」の創出を牽引《けんいん》してきた地域は、温室効果ガス排出量や環境汚染などでも明らかなように、他でもない、このモンスーンアジアである。このことも、私たちは認識しておく必要があろう。

ではなぜ、もともと持続可能な社会を「風土」として持っていたモンスーンアジアが、「人新世」を引き起こしたのか。本書の後半ではこの重要な問題について議論する。その上で、地球社会の危機としての「人新世」を変えていくためには、モンスーンアジアに住む私たちは、今、そしてこれからどうすればよいかを終章で議論する。具体的には、モンスーンアジアを、未来に向けて持続可能でありうる「未来可能性」を持つ新しいかたちの「風土」として創っていくことを提案する。そのひとつの柱は、大量に使ってきた化石資源をモンスーンがもたらす豊かな自然資源に置き換えることである。しかし、それ以上に重要なのは、モンスーンの恵みを共有し、持続可能なかたちで保全するため、この地域での伝統的な自然観や価値観を、新たな視点で再共有することであろう。そのために「モンスーンアジア共同体」を提唱したい。現在、ヨーロッパだけでなくこの地域でも政治による分断が進行しているが、私たちの地球と未来の世代のためには、「そんなことをしている場合ではないでしょう」という意味も込めて、強調している。

本書は全10章から成っているが、第2章から第5章および第9章はやや理系的な内容で、第6章から第8章はやや文系的な内容となっており、読者によっては読みやすい章と読みにくい章があるかもしれない。読みにくい章は飛ばして読み、必要に応じて、また戻って拾い読みするという読み方でも、内容は十分に理解していただけるよう、できるだけ平易な記述に心がけたつもりである。

有限の地球の中で、陸・海・大気と生物圏が水と物質の循環でつながって維持される「モンスーンの世界」を共有することにより、はじめて、私たち人類も豊かに生きていけることを理解していただければさいわいである。

目次

第5章 気候と生物圏により創られてきたモンスーンアジア——111

図版制作・関根美有

第1章　変化に富む日本の気候――季節変化と地域性

私たちが住む日本列島の気候は、どのような特徴・特色を持っているのか。本書のテーマであるアジアモンスーンという気候の中で、どのような位置にあるのか。日本列島は小さい島国ながら、北と南で、また太平洋側と日本海側という地域によるちがいや季節変化に富む気候を持つ、世界でも珍しい地域である。この章では、その季節変化と地域性を概観してみよう。

1　春――花と新緑の季節

「山笑う」季節

日本列島の気候は、季節的にも地域的にも非常に多様で変化に富んでいる。日本に生まれ、長年住んでいると、日々の天気の移り変わりや毎年の気候や地域的な気候のちがいなどは、当たり前と感じてしまっているが、最古の和歌集といわれる『万葉集《まんようしゅう》』（奈良時代末、8世紀末）

以来の多くの日本の古典や文学は、日本の四季や天候の変化と多様性に関連して、人のこころや想《おも》いを記述し、あるいは詠《うた》ってきた。

まずは、日本列島の季節の変化を春からたどってみよう。

故郷《ふるさと》やどちらを見ても山笑ふ　正岡子規《まさおかしき》
山笑ふふるさとびとの誰彼に　楠本憲吉《くすもとけんきち》

3月末から4月の春、日本列島の山々の樹々《きぎ》は芽吹きがいっせいに始まり、ヤマザクラなどの花と若葉も出てくる季節となる。山々に囲まれた土地に住む人たちは、山の緑が元気になっていくこの季節を喜び、都会に住む人々は故郷のこのような景色を懐かしく思い出す。「山笑う」とは、そのような山の春とそれに囲まれた人々のこころを表現した季語となっている。

春の証《あか》しとして、冬の厳しい寒気を日本列島にもたらした強いシベリア高気圧（図1―1ⓐ）もゆるみ、大陸から移動性高気圧が訪れるようになる。数日周期でやってくるこの移動性の高気圧・低気圧（図1―1ⓑ）によって春の日々の天気は変わりやすく、お花見の日を決めるのが悩ましい。決めても寒の戻りによる「花冷え」でお花見どころではない日になってしまうこともある。

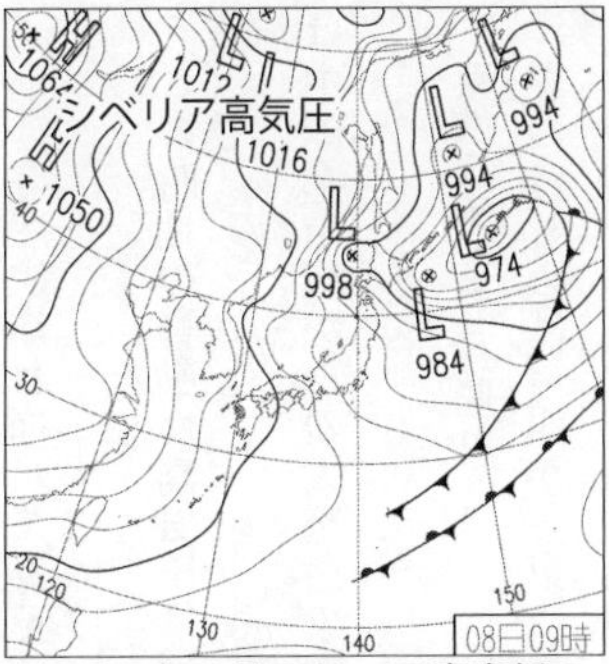

(a)2021 年１月８日　西高東低の冬型気圧配置

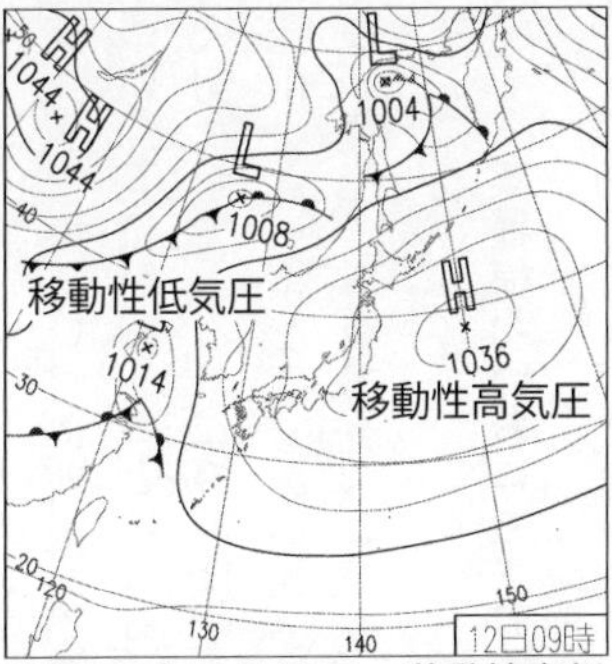

(b)2021年４月12日　移動性高低気圧

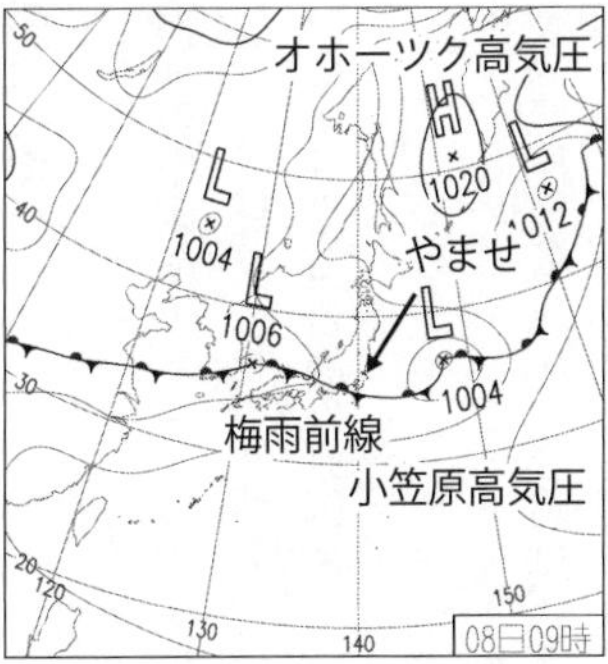

(c)2021 年７月８日　梅雨前線

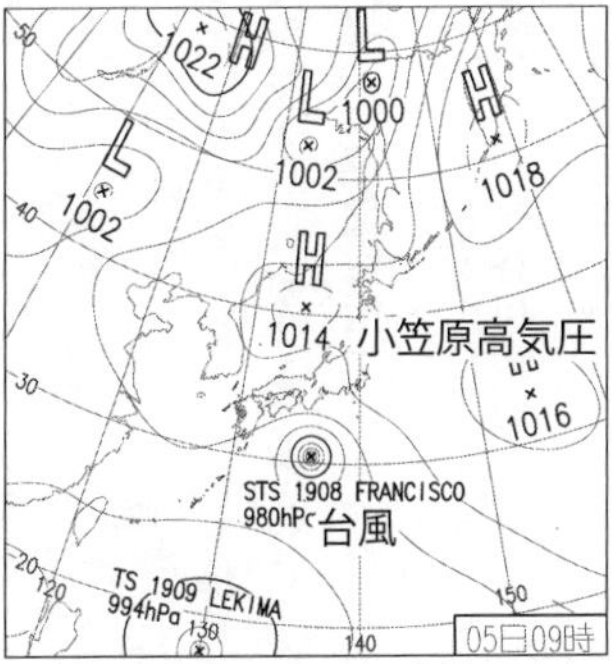

(d)2019 年８月５日　小笠原高気圧で猛暑

図１―１　日本列島付近の地上天気図の例（気象庁「過去の天気図」を加工）

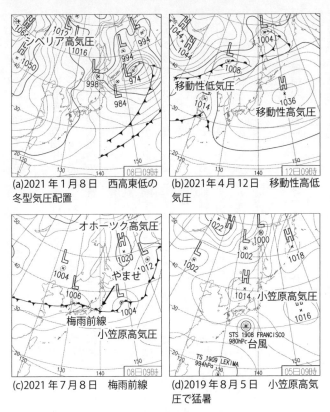

等圧線崩れ崩れて春そこに　葛西美津子《かさいみつこ》

この時期の移動性高気圧は、大陸内部の中国やモンゴルの砂漠からの黄砂も運んでくるため、春霞《はるがすみ》の空をもたらす。霞《かすみ》の空や「朧月夜《おぼろづきよ》」は昔から俳句や歌の題材になってきたが、最近では中国都市域からの大気汚染物質PM2・5もこの霞の原因になっているので、悩ましい。

菜種梅雨と五月晴れ

春のはじめは、西から東に移動する高気圧・低気圧の径路は、まだ日本列島の南寄りになることが多い。3月下旬になると、大陸からのこの冷たい高気圧の南側、南の太平洋上の暖かい高気圧とのあいだに前線（不連続線）が形成され、列島付近では「菜種梅雨《なたねづゆ》」とよばれるぐずついた天気が続くことになる。前線による雨は、古来「穀雨」とよばれ、田植えなどに備える大切な雨である。この雨は、「春の長雨」「春霖《しゅんりん》」あるいは「催花雨《さいかう》」ともよばれている。「催花雨」は、桜をはじめいろいろな花を催す（咲かせる）雨という意味である。「催花」が同音の「菜花」に通ずることから、「菜花雨」「菜種梅雨」になったという説もある。ただ、

菜種梅雨いちにちさむくけぶるなり　長谷川素逝《はせがわそせい》

と詠まれているように、梅雨期のように何日も降り続くことは少ない。

４月、平地ではすっかり春だが、中部や北日本の高山地域は残雪も多く、低気圧はまだ雪や霙《みぞれ》をもたらす。低地の暖かさに慣れて冬の装備をせずに山に登り、悪天の中での凍死や雪崩《なだれ》など遭難する人も出る。寒冷前線通過などで上空に冷たい空気が入ると大気は不安定になり、積乱雲が発達し、雷雨とともにときとして雹《ひょう》がもたらされ、農作物などに被害が出ることが多い。

ゴールデンウィークで始まる５月は新緑とツツジの季節である。大陸からの乾いて冷たい空気を伴った高気圧は「五月晴れ」の爽やかな天気をもたらす。絶好の行楽日和となり、ときには数日程度続くことがある。各地で稲の田植えが始まるのもこの頃である。ただ高気圧の下、風が弱く晴れて乾いた夜は、昼間暖まった地面も冷え込みやすく、お茶の新葉が霜害に遭うことがある。「八十八夜（５月２日頃）の別れ霜」とはこの頃の霜である。これ以降、気温の上昇などで霜害はほとんどなくなる。

２　夏――長雨と暑さの季節

梅雨

５月も後半になると日本の南方には梅雨前線が現れ、沖縄は５月下旬には梅雨の入り（入梅）となる。気候学では数千kmスケールでの広い地域で気温や湿度がほぼ一様に分布した空気の塊を気団とよんでいる。異なる性質の気団の境界では、気温や湿度などが狭い領域で不連続になって線状に連なった不連続線が形成され、それを前線とよんでいる。梅雨前線は後述（第3章3節）するように、ユーラシア大陸上の乾いた気団と太平洋上の湿った気団（太平洋高気圧あるいは小笠原《おがさわら》高気圧）の境界にできる前線である。この前線は、インド・中国南部方面からのアジアモンスーンの湿った気流によりさらに強化される。

6月に入ると列島上に梅雨前線が横たわる長雨の季節となる。入梅は九州南部から次第に北上し東北地方は6月中旬頃である。ちなみに、東北地方を旅した松尾芭蕉《まつおばしょう》が『おくのほそ道』の中で「五月雨《さみだれ》を集めてはやし最上川《もがみがわ》」と詠んでいる五月雨は旧暦5月（現在の6月）の雨で、まさに梅雨のことである。（前述の「五月晴れ」は、したがってもともと梅雨〔五月雨〕の合間の晴れ間のことであり、現在の5月の晴れ空のことではなかった。旧暦から新暦への移行時期に誤用されたようである。）

さて、日本付近の梅雨前線の特徴は、気温よりむしろ、湿度（水蒸気量）の差（不連続）が大きいことである。特に西日本では、前線付近で上空の比較的乾燥した空気の下に南の海洋上から非常に湿った気流が入り込み、不安定な大気状態が続き、山沿い地域などで雷を伴うような積乱雲系の活発な雨雲が次々と連続的に誘発され、集中豪雨が引き起こされる。

いっぽう、北海道東部、東北地方から北関東の太平洋岸は、「やませ」とよばれるオホーツク海からの冷たい北東気流の影響による低温で、どんより曇った天候が梅雨期の際立った特徴である（図1―1(c)）。このとき、北海道では「リラ冷え」とよばれる寒い天候が続く。「やませ」が強い冷夏の年には、西日本が雨天で最高気温が30℃を超えるような蒸し暑い日でも、北関東以北では20℃以下になることも珍しくない。東北地方では著しい冷夏により、しばしば主要作物である稲の大凶作に見舞われることがある。岩手県花巻《はなまき》で農学校の教師をしていた詩人・小説家の宮沢賢治《みやざわけんじ》の有名な詩「雨ニモマケズ」にある「サムサノナツハオロオロアルキ」とあるくだりは、まさに「やませ」による冷夏であった。

蒸し暑い夏

梅雨が明けると小笠原（太平洋）高気圧に覆われた暑い夏となり、日本列島はセミしぐれに包まれる。西日本の梅雨明けは7月中旬前後である。

いさぎよく宵山《よいやま》の雨あがりけり　成瀬櫻桃子《なるせおうとうし》

と詠まれているように、京都では決まったように、祇園祭《ぎおんまつり》（前祭《さきまつり》）宵山の7月15日前後に梅雨が明けることが多い。梅雨明けの後、8月前半の天気図は図1―1(d)のようになる。日最高気温が30℃を超える真夏日はほぼ日本中の観測地点で現れ、35℃以上の猛暑日の地点も西日本や関東平野を中心に増える。

この時期、最高気温が高いだけでなく、最低気温も高く、寝苦しい「熱帯夜（最低気温が25℃以上の夜間）」も大都会を中心にほぼ毎日のように続く。熱帯夜は都市化に伴うヒートアイランド効果（都市域が熱を発生して都市の大気を暖めている効果）も大きいが、高温多湿な小笠原高気圧に覆われて水蒸気が多いため、温室効果により地面付近の夜間の冷却が抑えられることが大きな要因である。鎌倉時代末期の吉田兼好《よしだけんこう》による随筆『徒然草《つれづれぐさ》』でも、「家のつくりやうは、夏をむねとすべし。冬は、いかなる所にも住まる（家の造りは夏を考えておくべきである。冬の寒さは何とでも対処できる）」と、蒸し暑い京都の夏を考慮した住まいにすべきだと記している。最近は、地球温暖化の影響も加わり、盛夏には熱中症が非常に増加しており、大きな社会問題となっている。

3　秋――実りと紅葉の季節

秋雨前線と台風の季節

お盆も過ぎた8月後半から9月にかけて、大陸が次第に冷えてくると、モンゴル・シベリア地域の地上付近は低気圧から高気圧に転じ、いっぽう、海洋の冷え方は大陸よりはゆっくりとしているが、北太平洋上の小笠原高気圧も次第に弱まってくる。朝晩は少し涼しい風も吹くようになる。日本列島は両方の気団のあいだに位置するかたちとなり、大陸からの寒気と南側の湿った暖気がせめぎあっている。南からの水蒸気の流入により天気は不安定で秋雨（あるいは秋霖《しゅうりん》）前線とよばれる前線が現れやすくなり、特に北日本や東日本でしとしと雨を降らせる。

この時期には、後退した小笠原高気圧の外縁に沿うかたちで台風が日本列島に向けて北上しやすくなるため、台風の襲来も多くなる。秋雨前線と台風の複合的影響で、毎年のように列島のどこかで豪雨の被害に見舞われるのもこの季節である。立春から数えて210日目にあたる9月1日頃は、昔から二百十日《にひゃくとおか》とよばれ、稲作では早稲《わせ》の刈り取りと晩稲《おくて》の開花期にあたり、農家では台風などの災害に備える時期である。

荒れもせで二百十日のお百姓　高浜虚子《たかはまきょし》

台風もなく無事にやり過ごした農家のホッとした気分が、この句に詠まれている。富山県富山市八尾町《やつおまち》で9月1日から3日にかけて毎年行われる「おわら風の盆」は、台風による風害を鎮め豊作を祈る風祭りと盂蘭盆《うらぼん》で祖霊を祀《まつ》る行事が習合された行事だといわれている。ただ、近年の地球温暖化は、このような農事暦もかなり狂わせてきている。

紅葉と時雨の秋

10月になると、小笠原高気圧の影響もなくなり、大陸からの移動性高低気圧により、秋晴れと秋雨が数日ごとに訪れる。秋は次第に深まり、広葉樹は山から平野の樹々へと次第に赤や黄色に色づいていく。

11月に入れば、列島の北から紅葉前線が南下し、各地の山裾は紅葉を求める人たちで混雑する。11月末頃からは中部山岳や東北・北海道の山々では冠雪し、山裾は紅葉、その上は白銀という山の風景も楽しめる。

日本海側や山間部の平地は、寒気団の到来に伴う時雨《しぐれ》が訪れる季節となる。冬へ向かい大陸上の寒気団であるシベリア高気圧が次第に発達し、北海道東岸沖からカムチャツカ半島では低気圧が発達するため、一時的にせよ、いわゆる「西高東低」の気圧配置（図1―1ⓐ）となり、冷たく乾いた季節風が日本海上に吹き出すことが多くなる。このとき、暖流（対馬《つしま》海流）が流れる日本海上では海面から熱と水蒸気が供給されて大気は不安定になり、積雲や積乱雲群が発生し、発達しながら日本海側の平野や山沿いに流れてくる。これらの雲がもたらすにわか雨（あるいは通り雨）が時雨である。

初しぐれ猿も小蓑《こみの》を欲しげなり　松尾芭蕉

冬ちかし時雨の雲もここよりぞ　与謝蕪村《よさぶそん》

烈《はげ》しく降っているのに遠くは日がさしている。日がさしたと思ったらまた雨が急に降ってくる。古来、多くの文人は時雨に感じ入り、時雨を題材にした歌や俳句を詠んできた。晩秋から初冬にかけての、特に西日本や日本海側で特有の天気現象といえる。

4　冬――寒さと大雪の季節

大雪と空っ風

12月に入ると、時雨をもたらした「西高東低」の冬型気圧配置（図1―1(a)）による降水は雪となり、日本海側や山間部では雪（しぐれ雪）が断続的にときには数日以上降り続く季節を迎える。この日本列島の典型的な冬型の気圧配置は、第4章で後述するように、持続性が高く、最も寒い1月から2月頃は強弱を繰り返しながらも継続する。積雪は日本海側では平地でも1～2m、山間部では数m以上積もることが多い。川端康成《かわばたやすなり》の小説『雪国』の冒頭は、まったく雪のない関東平野から鉄道で清水《しみず》トンネルを通って雪の日本海側に入ったときの際立った景色の変化についての描写で始まっている。

国境の長いトンネルを抜けると雪国であった。夜の底が白くなった。信号所に汽車が止まった。

向側の座席から娘が立って来て、島村《しまむら》の前のガラス窓を落した。雪の冷気が流れこんだ。

しかし近年、特に平地での積雪は「温暖化」の影響でかなり減ってきている（第9章参照）。いっぽう、日本海側で雪となって水蒸気がすべて落とされ、山を越え、関東平野には乾いた強い「空っ風」が吹き抜ける。茨城県鬼怒川《きぬがわ》付近の農村を舞台にして書かれた長塚節《ながつかたかし》の小説『土』の冒頭に「空っ風」はみごとに描写されている。

烈しい西風が目に見えぬ大きな塊をごうっと打ちつけては又ごうっと打ちつけて皆痩こけた落葉木の林を一日苛《いじ》め通した。木の枝は時々ひうひうと悲痛の響を立てて泣いた。短い冬の日はもう落ちかけて黄色な光を放射しつつ目叩《またた》いた。そうして西風はどうかするとぱったり止《や》んで終《しま》ったかと思う程静かになった。

夕方にぱったり強い西風（空っ風）が止むのは、夕方から夜になり地面付近が冷えると地表面近くに逆転層という冷たい安定な空気層ができるため、強い風は地表面まで降りてこなくなるからである。茨城県つくば市に長く生活した著者も、この空っ風が昼間は北側の窓ガラスをガタガタと震わせるが、夜になるとぴたっと止むことを思い出している。

三寒四温

この「冬型」の天候パターンも、2月はじめの節分（立春）の頃から崩れやすくなる。寒さも和らいで数日暖かい日が続いたかと思うと、また寒さが戻ってくる。シベリア高気圧の弱化に伴い、台湾付近で発生し、日本の南岸を発達しながら通過する低気圧（南岸低気圧）によって、太平洋側にときならぬ大雪が降るのもこの頃である。

この時期、日本列島は西日本から順次、梅の花の季節となる。

三寒と四温の間に雨一日　林十九楼《はやしとくろう》

という句にも詠まれているように、南から暖かい風が入りすっかり春の陽気になったかと思えば、低気圧で1日雨が降り、その後大陸からの寒気団が南下して冬に戻るという、寒暖の激しい変化を繰り返すのもこの時期である。この寒暖の周期は1週間程度のことが多く、「三寒四温」とよばれている。

春一番——冬から春へ

2月中旬から下旬は、二十四節気でも「雨水」とよばれる時候であり、日本海側の雪も雨に替わり、降水量も減ってくる。この時期に特筆すべき現象は、日本海上で急速に発達する低気圧である。この低気圧は「春一番」とよばれ、強い南よりの暖かい風を伴い、日本列島を一挙に春に向かわせる役割を果たしている。この低気圧により関東平野でも強い南風が一日吹き荒れる。

春一番武蔵野《むさしの》の池波あげて　水原秋桜子《みずはらしゅうおうし》

この低気圧は、三陸《さんりく》沖に抜けるとさらに発達し、台風並みの風を伴うので「爆弾低気圧」とよばれ、各地に強風の被害や漁船の遭難をもたらすことが多い。春一番以降、このような低気圧の通過のたびに、春の季節は急に進行していく。

以上概観してきたように、日本列島の季節の変化は、生物季節の変化も含め多様性に富んでいる。北海道から南の沖縄まで緯度経度にしてせいぜい20度程度の範囲内であるにもかかわらず、日本海側と太平洋側、東日本と西日本というような地域ごとのちがいにも富んでいる。このような多様な気候の季節変化を持つ地域は、世界でも類をみない。次章からは、さらにそのしくみを詳しくみていこう。

第2章　地球の気候とその変動のしくみ

日本列島は、北半球の中緯度にあり、地球上最大の大陸であるユーラシア大陸と地球上最大の海洋である太平洋の境界に位置している。第1章でのべた日本列島の気候の季節変化と地域性は、地球全体の気候とその変動の中で、このような地理的な特徴と密接に関連して現れている。この章では、地球全体の気候とその変動のしくみについて概観しよう。現在、人間活動による「地球温暖化」が気候変動の大きな問題となっている。この問題は第9章でより詳しく扱うが、この章では、その基本的なしくみについても触れよう。

1　地球気候を決める4つの条件

地球の気候とはそもそもどう決まっているのか。地球の気候を決めている重要な条件は以下の4つである。

① 地球は太陽の周りを、地軸（自転軸）が傾いたまま公転していること
② 文字通り、「球」として自転していること
③ 地球は水惑星といわれるように、大気と海洋があり、水は雪氷、水および水蒸気のかたちで存在していること
④ 地球表面には海洋と大陸が分布していること

この章では、最初の3つの条件を基本として、地球気候の南北分布と季節変化についてのべ、さらに大気と海洋の相互作用が、気候の年々変動（年ごとの気候のちがいのこと）にも深く関わっていることをのべる。4つ目の条件は、第3章の主題であるアジアモンスーンの導入として議論することにしよう。

2 地球気候の南北分布と季節変化

日射量の南北分布と季節変化

高緯度（北極や南極の方向）に行けば気温が全般的に下がり、低緯度（赤道の方向）に行けば気温が上がることは誰しも経験的に知っている。気候の南北分布のおおもとは、太陽からの日

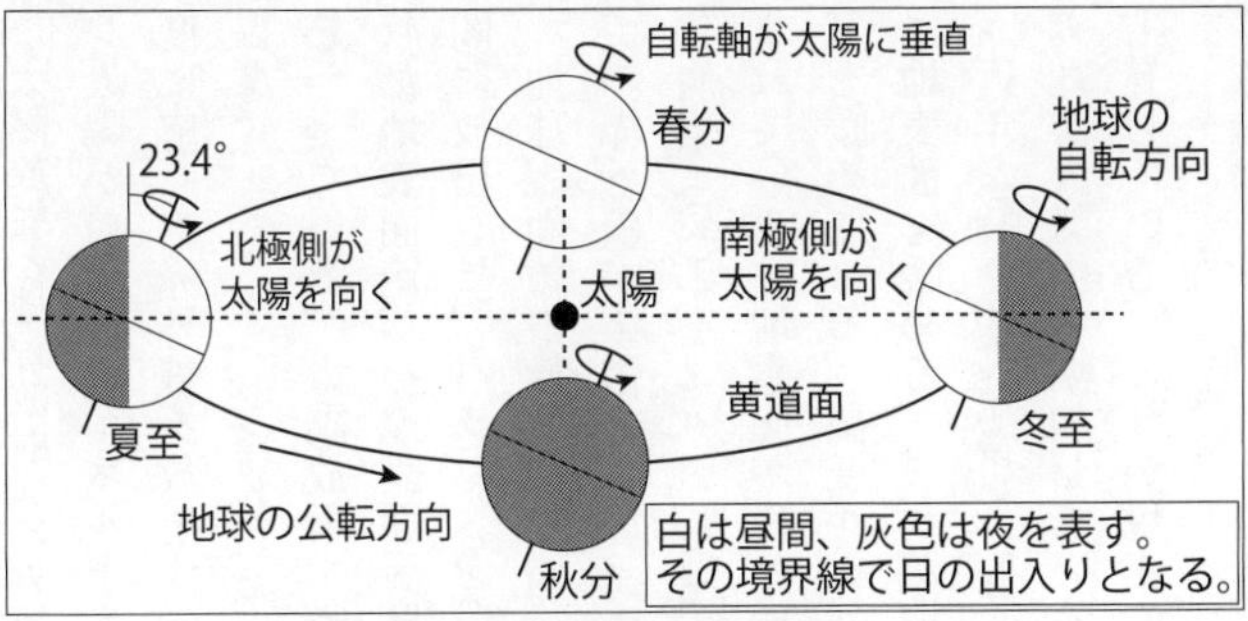

図２―１　太陽と地球表面での日射量の関係

射量の、緯度によるちがい（緯度分布）である。

日射量の緯度分布の理由は、地球が文字通りほぼ球形の惑星であること、そして、その自転軸が、太陽を回る地球の公転軌道面に対し傾いていることである。そのため高緯度ほど太陽光が斜めに入射し、地表面での単位面積あたりの日射量は少なくなる（図２―１参照）。

地球の自転軸は、公転面と直角に近いとはいえ、そこから約23・4度（公転面に対して66・6度）の傾きを持っているため、同じ緯度でも季節により太陽光入射の角度が変化する。たとえば、北回帰線が走る北緯23・4度（日本では琉球《りゅうきゅう》列島最南端付近）では、夏至には天頂（空の真上）から太陽光が地上に入射し、年平均でみた赤道の日射の強さと同じとなるが、冬至には年平均の北緯47度（サハリン島南部あたりの緯度）の日射の強さと同じになる。北半球と南半球で季節が逆転するのも、春夏秋冬の季節があるのも、地軸の傾きが原因である。

太陽放射と地球放射（赤外放射）のちがい

太陽からの放射エネルギー（ここでは太陽放射とよぶ）で暖められた地表面は、その地表面温度に応じた赤外線を放射する。その放射エネルギーは絶対温度（摂氏の温度に273度を足した温度で、ケルヴィン〔K〕という単位で示される）で示される表面温度の4乗に比例することがわかっている。太陽放射を吸収しても、地球の表面全体がどんどん熱くならないのは、暖められた地表面が、その表面温度の4乗に比例した赤外線の放射エネルギーを地球表面から宇宙空間に放出して、バランスを保っているためである。

地球表面での放射について、もうひとつ大切なプロセスがある。地球表面から出ていくすべての赤外線が宇宙にそのまま放出されるわけではない。地球大気には、水蒸気（H_2O）や二酸化炭素（CO_2）、メタン（CH_4）など、赤外線を吸収する温室効果ガスとよばれている気体が含まれている。地表面からの赤外線をこれらの気体が吸収することにより、特に地表面に近い大気を暖めている。温度が上昇した大気はその温度に比例した赤外線を放出し、その一部はさらに地表面を暖める。これが地球大気の温室効果である。

近年（特に20世紀後半以降）、人間活動による化石燃料の使用量が増加し、これらの温室効果ガスが大気中で増加している。そのため、大気の温室効果がさらに強まり、地表付近の気温が上昇している。これが現在の「地球温暖化」問題である（第9章参照）。

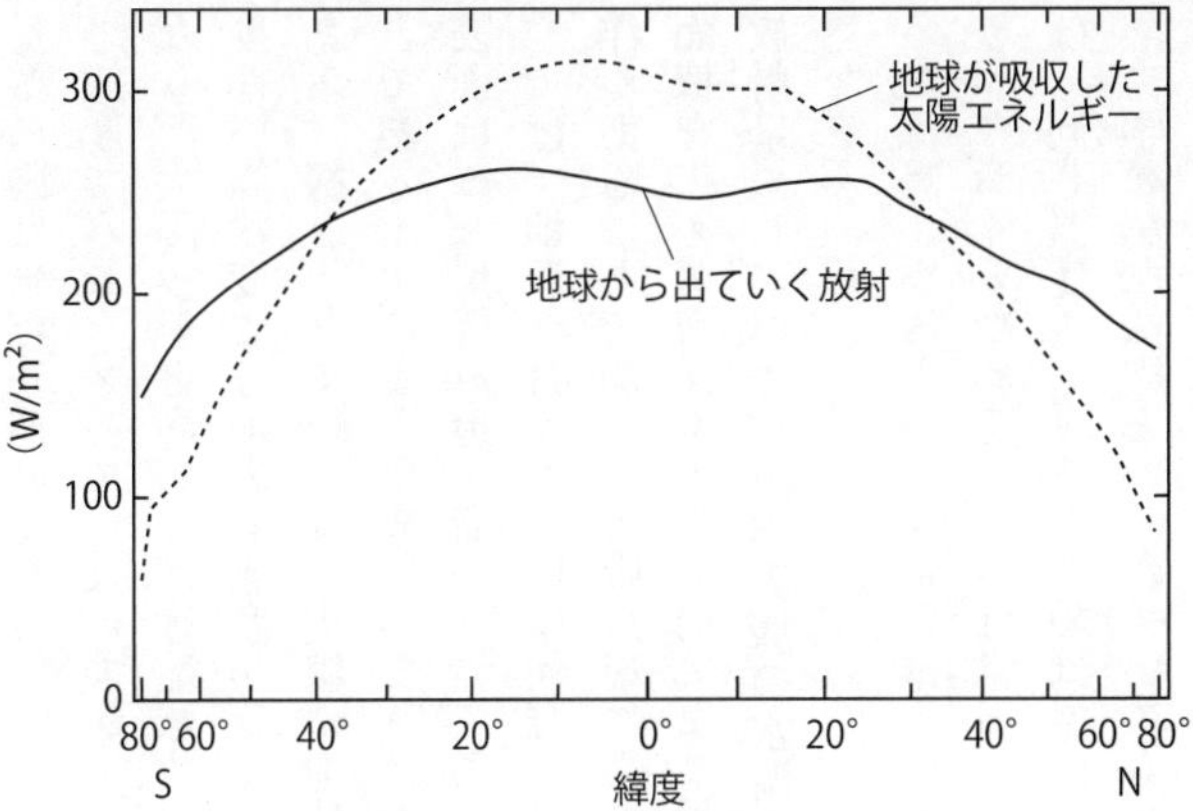

図２—２　太陽放射と赤外放射の緯度分布（Vonder Harr and Suomi , 1971）

気候の南北分布はどう決まっているか

地表面へ入射する太陽放射と地表面から宇宙に向けて出ていく地球放射（赤外放射）は、地球全体としては同じであるが、緯度によって異なる。１年で平均した太陽放射と地球放射の緯度分布を図２—２に示す。地球表層は球面のため、単位面積あたりでは、太陽放射は高緯度よりも低緯度に多く入射する。そのため、地表面温度や大気の温度は低緯度のほうが高緯度よりも高くなる。したがって、赤外線として宇宙に出ていく地球放射は、やはり低緯度のほうが高緯度よりも大きくなる。ただ、低緯度では入射する太陽放射量が地表面から出ていく赤外放射量より大きく、高緯度では赤外放射量のほうが太陽放射量より大きい。そのため、１年を通した放射収支（地表面に入る放射エネルギーと出ていく放射エネルギーの差）は低緯度ではプラス、高緯度ではマイナスである。

この図は当たり前のようで、実は当たり前ではない。太陽放射と地球放射は、なぜそれぞれの緯度でバランスしていないのか。たとえば、太陽放射の多い低緯度では、地表面温度が高くなり、太陽放射と同じ分だけ地球放射として出ていってもいいはずである。同様に太陽放射が少ない高緯度では地表面温度が低くなり、地球放射も少ない状態でバランスしてもいいはずである。図2―2でいえば、実線の地球放射と破線の太陽放射がどの緯度でも一致した状態のことである。そのような放射バランスの状態は局所放射平衡とよばれている。たとえば、月の地表面はほぼ局所放射平衡の世界である。だが地球では、そんな世界にはなっていない。

では、地球と月のちがいは何だろうか？　それは、地球の表面には流体として動く大気と海洋があることである。太陽放射により暖められた地表面は大気を暖めている。地表面の70％の面積を占める海洋も太陽放射により暖められている。したがって、低緯度と高緯度では、太陽放射量のちがいで、海洋表層の水温も大気温度（気温）も、低緯度で高く高緯度（極域）で低くなる。

熱は暖かいほうから冷たいほうに流れて、全体を同じ温度にしようとする。温かいお湯はほうっておくと冷めるし、氷は常温に置いておくと融《と》けてしまう。異なる温度が分布する物体では、同じ温度にしようと、熱は温かいところから冷たいところへ流れる性質がある。物理学で熱力学の第二法則といわれているものである。

ここで、地球気候を決める3番目の条件、すなわち地球表層には大気と海洋があることが重要になる。すなわち、地球表層では、南北での放射収支の差（加熱・冷却の差）によって大気温度と海洋表層の温度に南北の差ができ、その温度差を解消しようとする大気と海洋の運動が駆動されて、赤道から極への熱輸送が起こることになる。大気の運動とは大気大循環であり、海洋の運動とは海洋循環（すなわち海流系）である。

したがって、大気と海洋の循環により熱が赤道（低緯度側）から高緯度側へ運ばれる分だけ低緯度側での温度は低めで地球放射は小さめになり、極地域は、低緯度から熱が運ばれてくる分だけ温度は高めとなり、地球放射は大きめとなっているのである。

図2―2を、「低緯度と高緯度での放射収支の差によって、大気（と海洋）の循環が駆動されている」と説明する教科書もあるが、放射収支の差と（大気と海洋の循環による）熱輸送は、実はニワトリと卵であり、一方的な原因と結果の関係ではない。もとはといえば、熱輸送が可能な大気と海洋が地球表面に存在しているから、このような放射収支の分布になっているのである。さらにいえば、後述するように、大気循環と海洋循環は、大陸と海洋の分布状況に大きく依存している。図2―2の分布は、平均的な緯度分布とはいっても、実際の海陸分布も関与した大気と海洋の循環による熱輸送が反映されていることに留意してほしい。

3　大気の南北循環

低緯度での大気循環——ハドレー循環と貿易風

さて、現実の地球の大気循環はどうなっているだろうか。放射の緯度分布（図2—2）に伴う南北の熱輸送を実際に担っている大気と海洋の循環のうち、大気循環の緯度分布を模式的に示したのが図2—3(a)である。地表面の加熱・冷却によって生じる大気循環の大気層は対流圏とよばれ、熱帯では厚く極域では薄いが平均すると10㎞程度の厚さである。

赤道付近では、地表面に入射した太陽エネルギーにより暖められた大気は軽くなって上昇し、対流圏上部で極方向に向かって流れる。高緯度側（極付近）では冷やされて重くなって下降する。すなわち、大気の流れは、赤道付近で上昇し、極付近で下降する鉛直の流れと、それらをつなぐように、上空では赤道から極向きの流れ、下層では極から赤道への流れとなるひとつの大気の循環が形成されるはずである。

しかし、現実には図2—3(a)のように、赤道で暖められて上昇した空気は、北半球では上空で北極方向に向かう極向きの流れとなるが、地球の自転によるコリオリ力（転向力）（コラム2—1参照）が進行方向右向き（南半球では左向き）に働くので、次第に西風になる。そのため、亜熱帯とよばれる北緯30度付近から北には行けずに、そこで冷やされて下降気流となり地上に亜熱帯高圧帯を形成する。亜熱帯高圧帯から赤道に戻る北風（南向きの風）も、コリオリ力により西に向きを変え北東風（偏東風）となって、赤道に戻る。この風は、季節変化が小さい大洋（太平洋や大西洋）上では、一年中ほぼ決まった風向と強さで吹き続けるため恒信風《こうしんふう》とよばれてきたが、ヨーロッパからの帆船が大西洋上のこの風を中南米への航海に利用してきたため、現在はむしろ貿易風とよばれている。

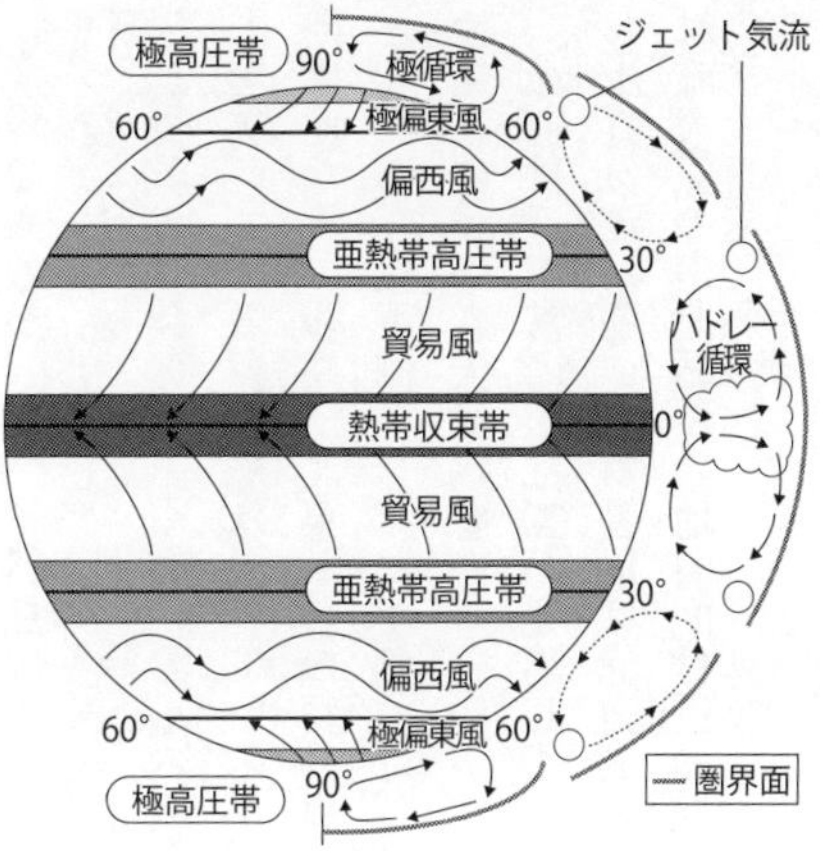

（a）大気大循環の緯度（南北）方向の分布のみを示した模式図

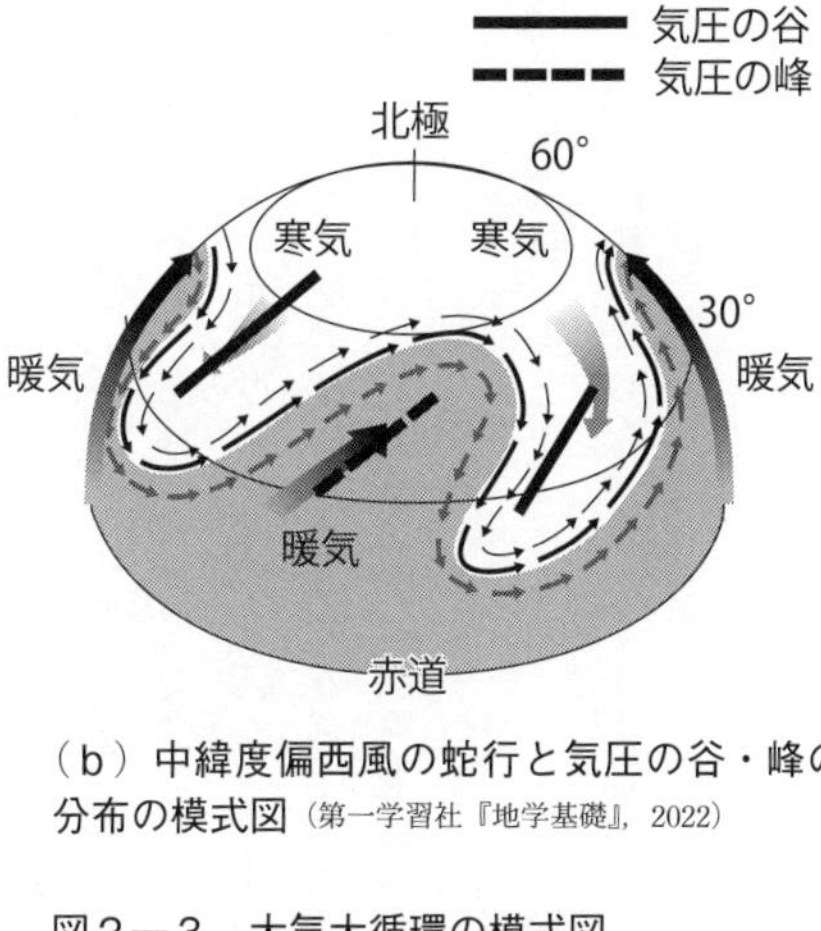

（b）中緯度偏西風の蛇行と気圧の谷・峰の分布の模式図（第一学習社『地学基礎』, 2022）

図2—3　大気大循環の模式図

余談であるが、ハワイ諸島はこの貿易風帯に位置している。州都ホノルルのあるオアフ島に行ったことのある人は、ワイキキの浜辺やホテルのプールサイドなどで、山側（島の北側）からどの季節でも心地よく吹いてくる風を体験しているはずである。あれが貿易風である。海洋上を吹いてくる貿易風は湿っているが、オアフ島には1000m程度の山脈が北西から南東方向に連なっており、北東からの貿易風は山脈に直交するように吹きつけて水蒸気を風上側で落とすため、風下側のワイキキ側には、適度に乾いた風が吹き降ろしている。反対に風上側の裏オアフはいつも天気が悪い。

赤道付近の常に積乱雲が発達して降水量が多い地域は熱帯収束帯とよばれており、1年を通し上昇気流が強い。貿易風は赤道域の熱帯収束帯と亜熱帯高圧帯をつなぐハドレー循環とよばれる大気の南北循環の地表面付近の風である。

コラム2―1　地球自転の効果――コリオリカ（転向力）

地球は球体として自転しているため、図コラム2―1(左)に示すように、宇宙空間から観察すれば、地球表面は東西方向には低緯度ほど速い速度で回っている。したがって、たとえば北極から低緯度へ向けて発射された物体は、北極の地表面からみると、右（すなわち西方）に振れているようにみえる。また、赤道から北極に向けて発射された物体は赤道で

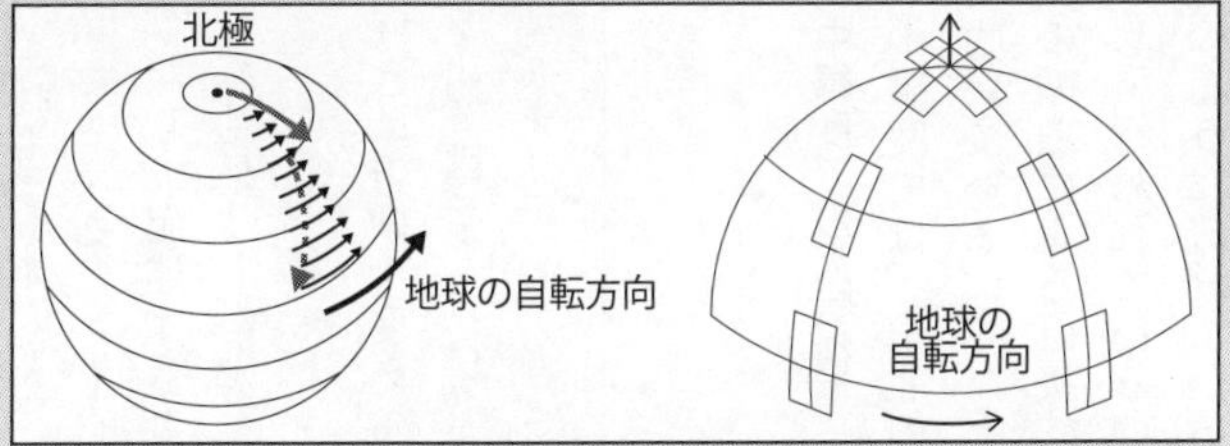

図コラム２―１　コリオリ力（転向力）の説明　（左）回転する地球上を極から赤道へ向けて直線に投げた物体は、低緯度上では進行方向右向きに曲げられたようにみられる（小倉，1999）。（右）座標系の変化として考えると、回転する地球上では、それぞれの緯度で水平面（X―Y軸平面）自体が緯度に応じて回転している。したがって、球面上での物体の運動は、それぞれの平面の回転を考慮して記述する必要がある（倉嶋，1972）

の自転速度を持っているため、赤道の地表面からみると、やはり右（すなわち東方に）に振れているようにみえる。

もう少し一般化して考えたのが図コラム２―１㊨である。極を軸として自転している球面上のそれぞれの地点で、東西方向（X軸）と南北方向（Y軸）の座標系を考えると、宇宙空間から観測すると、その座標系そのものが、緯度に応じて北半球では反時計回りに（南半球では時計回りに）回転している。図㊨の北極点で考えるとわかりやすい。したがって、それぞれの座標上で動く物体には、見かけ上、時計回りに（南半球では反時計回りに）回転させようという力が働いていることになる。その大きさは極で最大、赤道ではゼロである。

これが、回転する球面上で運動する物体に対して働く見かけ上の力で、コリオリ力（転向力）とよばれている。すなわち、コリオリ力とは、地球の表面で動いているものに対し、私たちがあたかも自分たちのいる場所（緯度）での水平面（X―Y軸平面）上での運動とみなして記述するときに、（緯度ごとに異なる）地球の回転による効果を補正するために必要な見かけ上の力である。

コリオリ力によって、北半球では、運動している物体や流れは右向きに、南半球では左向きに方向を変える。同じ速度で運動していても、緯度によってその効果は異なり、（コリオリ因子とよばれる）コリオリ力の係数は極で最大、赤道ではゼロとなる。したがって、コリオリ力の大きさは、物体（あるいは流れ）の速度とコリオリ因子の積で決まる。

中緯度での大気循環――蛇行する偏西風

中緯度では、南北の気圧の勾配による力とコリオリ力がバランスした地衡風《ちこうふう》が偏西風となって吹いている（コラム2―2参照）。したがって、低緯度のハドレー循環でみられたように、大気の循環による直接的な熱の極向きの輸送はできない。それでは、極向きの熱輸送はどのようにして行われているのだろうか。この鍵が、図2―3(a)でも示されているように、偏西風が波打つように流れていることである。ジェット気流を伴う上空の偏西風は、30度から60度の緯度帯で常に蛇行しながら流れている。この偏西風の蛇行は、波動としてさまざまに変化しながら東西方向に地球をぐるりと1周している。

偏西風の波動は、より詳しくみると図2―3(b)のように、低緯度側に張り出した部分は同じ緯度の東西で比較すると相対的に気圧が低いので気圧の谷とよばれ、高緯度側に張り出した部分は相対的に気圧が高いので気圧の峰とよばれている。北半球では気圧の谷の前面（東側）では南寄りの風となり、南からの暖かい空気を高緯度側に運んでいる。いっぽう、気圧の峰の前面（東側）では北寄りの風となり、北からの冷たい空気を低緯度側に運んでいる。半球全体でのこの蛇行（波動）のパターンが東西方向で完全に対称形なら、南北方向の熱輸送は打ち消しあって差し引きゼロになってしまうが、現実には非対称なかたちで変動することにより、この緯度帯での南北の熱輸送成分をすべて足し合わせると、南から北への熱輸送が行われている結果となる。すなわち、偏西風は波動のかたち（パターン）を絶えず変えながら蛇行させることにより、熱の南北輸送を行っているのである。

高低気圧と前線

このような上空での偏西風の大きな蛇行は、気圧の谷の前面で地上付近の低気圧を発達させ、気圧の峰の前面では地上付近の高気圧を発達させる。私たちの住む日本列島付近（北緯30～40度付近）は、中緯度の偏西風帯に位置しており、偏西風波動に伴って年中西から東に高低気圧が目まぐるしく移動し、日々の天気を変化させている。このような天気の変化は、南北方向の熱輸送のプロセスそのものである。低気圧が近づくと暖かい南風が吹き込んで気温が上がり、低気圧が通過し高気圧が張り出してくると冷たい北風が吹き込んで気温が下がるのを私たちは経験している。第1章でのべた春や秋の高低気圧の通過に伴うこれらの天気の変化こそが中緯度における南北の熱輸送の証拠である。

中緯度全体でみると、暖かい南風成分が勝っており、半球全体での低緯度から高緯度に向けての熱輸送を担っている。中緯度の偏西風帯とは、偏西風の蛇行と高低気圧に伴う南北の熱輸送が行われる地帯なのである。高緯度側の冷たい空気と低緯度側の暖かい空気がせめぎあう境界に位置しているため、寒帯前線（ポーラーフロント）帯ともよばれている。温帯の高低気圧は、この寒帯前線に沿って絶えず発生・発達・衰退を繰り返しているのである。

極域での大気循環と極前線

図2―3(a)にあるように、極域には、放射冷却で冷えた空気が地上付近を中緯度へ向けて偏東風となって流れている。北半球では極域に北極海があり、冬季は海氷が張りつめるが夏の終わりにはほとんど消えてしまう。海氷の有無は、大気の冷え方にも影響する（次節参照）ため、北極域では大気と海氷の相互作用が、気候の季節変化や年々の変動にも大きく影響する。南半球では、極域に氷床に覆われた南極大陸がある。氷床上の強い放射冷却で氷床表面は1年を通

して冷却され、冷たく重たい空気は氷床斜面を年中吹き降ろしている。この強い斜面下降風はカタバ風とよばれ、南極での極偏東風である。

極域で強く冷やされた空気は緯度60度付近で中緯度偏西風帯と接するため、北極（または南極）前線とよばれる前線を形成している。この前線上では、温帯の低気圧よりはスケールが小さいが、極低気圧（ポーラーロー）が頻繁に出現して天候が悪いことが多い。

このように、赤道付近から亜熱帯までのハドレー循環、中緯度の偏西風循環、極域の極循環の3つの循環系により、南北での放射収支の差を解消するように南北の熱輸送が行われている。

コラム2―2　地衡風とジェット気流

風は気圧差（温度差）によって吹くが、その気圧差による力とコリオリ力がバランスすると、図コラム2―2のように、北半球では、風は低圧部を左に高圧部を右にみて等圧線に平行に吹く風となり、地衡風とよばれている。

大気層は上層ほど気圧が低くなっているため、図のように等圧線は上に行くほど低い値となる。また、気温が高い（低い）空気層では、空気が膨張（収縮）しているため、同じ気圧差でも、その空気層の厚さは大きい（小さい）。したがって、図のように、全体に気温の高い低緯度では等圧線の間隔が大きく、気温の低い極側ではその間隔は小さい。したがって、上層では、ある等圧面の（地上からの）高度を気圧の指標として用いる（これを等高度線とよぶ）。

　私たちの住む中緯度の上空では、年間を通して、高緯度側（極側）の気圧（気温）が低く、低緯度側（赤道側）の気圧（気温）が高いという気圧の分布が保たれており、その南北の気圧差による力（気圧傾度力）とコリオリ力がバランスしているため、地衡風としての西風（偏西風）が一年を通じて吹いているのである。したがって、図3―1(下)、図3―2(下)にある高層（200hPa）天気図では、風は等高度線と平行に吹き、風の強弱は、等高度線の混み具合で決まる。ただ地上では地面との摩擦力が働くため、地表の風は等圧線を斜めに横切るように吹くことに留意してほしい。

　地上10～十数kmの対流圏上部で偏西風は最も強く、気圧勾配の最も大きな場所にはジェット気流とよばれて風速50mから100m（時速360km）に達する風が吹いている。ジェット気流は、図2―3(a)に示すように、高緯度側の50～60度付近に位置する寒帯ジェッ

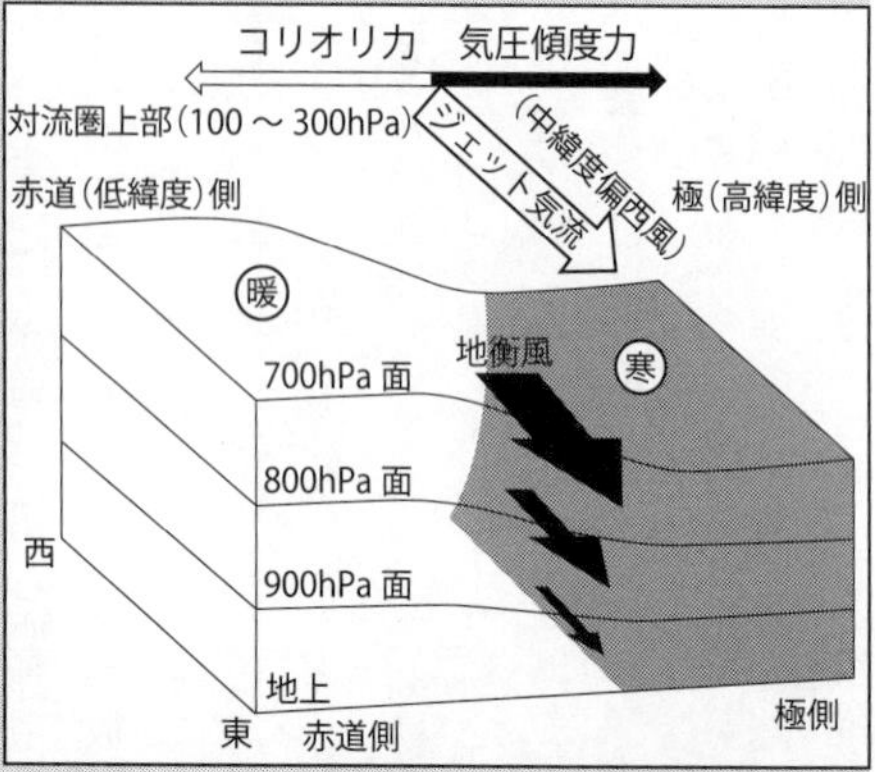

図コラム2―2　地衡風と中緯度偏西風のしくみ（『羽田空港 WEATHER TOPICS』No.32を改変）

トと、亜熱帯の30度付近に位置する亜熱帯ジェットのふたつがある。寒帯ジェットは、中緯度（30〜60度付近）の南北の気圧差（温度勾配）に比例して強さが決まっており、亜熱帯ジェットは、亜熱帯（20〜30度付近）の南北の気圧差で決まっている。ふたつのジェット気流の強さや位置は、季節や海陸分布に起因する気圧分布の変化や、熱帯収束帯の対流活動の強さに伴い、変化している（第3章参照）。

4　水惑星地球は気候をどう決めているか

水・水蒸気・雪氷の相変化の複雑な役割

地球の気候を特徴づけるひとつの重要な条件として、地球は水惑星であることを本章の冒頭でのべた。水はどのような役割をしているのか、もう少し詳しくみよう。水（H_2O）は地球上で、液体の水、水蒸気、そして氷（雪氷）として存在しているが、そのいずれもが気候とその変化を決める上で重要な役割を果たしている。

地球の表層は70％が海洋に覆われているが、海洋表層は太陽放射で暖められると、水温に比例して水蒸気の蒸発が起こり、大気中に常に水蒸気を供給している。水蒸気は、実は二酸化炭素（CO_2）以上に強い温室効果ガスであり、大気中の水蒸気量が増加すると温室効果が強化され、地表気温をさらに上昇させる（第9章参照）。

いっぽうで、水蒸気は、気温が下がったり上昇流に乗ったりすると凝結して雲となる。雲は白く、太陽光の大部分を反射するため、地表気温を下げる効果を持っている。極域では、海面が冷やされて海氷が形成されているが、白い海氷は雲と同じように太陽光の大部分を反射するため、極域の低い気温の維持にプラスに働いている。そのため北極海の海氷が減ってくると、太陽光の海面での吸収が増えて北極域の温暖化がより加速されることも懸念されている。

雲は雨を降らせるが、低温の地域では雪となる。地表に積もった雪は、白いので太陽光を反射して海氷と同じように地表の温度を低く保つ方向に働く。気温が上がり高緯度の雪が雨となれば、積雪域が小さくなり、大陸の地表面での太陽光の吸収量が増加し、気温の上昇はさらに加速される。この効果も海氷の減少と同様に、現在の地球温暖化問題では大きく懸念されている。

このように、蒸発・凝結、雲の形成消滅、雪氷の形成消滅など、水の相変化（状態変化）を含めた水循環過程は、地球の気候を暖かくする方向にも、寒くする方向にも働きうるわけである。ただ、その詳細なしくみについては、観測データが不足していることなどもあり、まだまだわかっていないことも多い。このことが、気候変動の精確な予測を非常に難しくしている一因となっている。

雲ができると雲はさらに発達する――潜熱の働き

地球気候における水のもうひとつの重要な役割は、相変化に伴い潜熱として熱を大きく出入りさせていることである。私たちは汗で濡《ぬ》れた体が乾くと涼しく（あるいは寒く）感じることはよく知っている。水が蒸発（気化）するときに体から気化熱を奪うからだ。1gの水が1気圧下で蒸発するには、100℃の場合約540cal（カロリー）の熱が必要である。逆に水蒸気が水（液体）に凝結すると、ほぼ同じ熱量を大気に放出する（すなわち、大気を暖める）ことになる。これが蒸発・凝結に伴う水の潜熱である。

いっぽう、大気中に含みうる水蒸気量（飽和水蒸気量）には限界があり、気温によって決まっており、気温が高いほど大きくなる。たとえば、30℃の飽和水蒸気量は18℃のそれの約2倍である。ちなみに、空気の湿り具合を示すのによく使われる相対湿度は、飽和水蒸気量に対してどの程度水蒸気を含んでいるかの割合（%）である。同じ相対湿度でも、気温により空気中の水蒸気量は大きくちがっていることになる。

したがって、気温が高く相対湿度も高い（すなわち、水蒸気を多く含む）大気が上昇していったん積乱雲ができれば、水蒸気の凝結潜熱によって大気はさらに暖められ、上昇気流はさらに強くなり、積乱雲は大きく発達する。

水の潜熱が駆動するハドレー循環――水循環の重要な役割

図2―3(a)には、赤道付近（熱帯収束帯）でのハドレー循環の上昇流域に積乱雲が描かれているが、これは重要な意味を持っている。熱帯収束帯の雨をもたらしている水蒸気のもとは、大部分が亜熱帯高圧帯の特に暖かい海洋からの蒸発であり、ここで蒸発した水蒸気が赤道に向から貿易風によって運ばれてくる。熱帯収束帯では、亜熱帯から運ばれてきた多量の水蒸気により、活発な積乱雲群が発達する。この雲生成・降水活動は、水蒸気の凝結による潜熱の大量放出が起こり、熱帯域の大気の加熱と、高さ十数kmにまでおよぶ強い上昇気流をもたらす。ハドレー循環は、亜熱帯高圧帯での蒸発、亜熱帯から熱帯に吹く貿易風による水蒸気輸送、そして大量の潜熱の放出（大気の加熱）を伴う熱帯での活発な積乱雲発達という、相変化を含む水循環によって維持されているのである。

中緯度偏西風帯の低気圧や前線に伴う南からの風は、実際には水蒸気を多く含んだ湿った暖かい風であり、降水の水蒸気源は、多くの場合、亜熱帯である。すなわち、中緯度の偏西風帯での熱輸送にも、水蒸気から雲が形成されるときの潜熱放出を含めた大気中の水循環が大きな役割を占めているのである。

地球気候を和らげる海洋

北半球では太陽高度が最も高い夏至が6月22日頃、最も低い冬至は12月22日頃であるが、気温が最も高くなるのは7～8月、最も低くなるのは1～2月である。この太陽高度と気温変化の季節的なズレは、地球表層の70％を占める海洋の存在によっている。海洋と陸地（大陸）の分布とその気候における役割については第3章で詳しくのべるが、海洋の熱容量（単位質量あたりの温度を1℃上げるのに必要な熱量）が陸地（大陸）表面よりもはるかに大きいことが重要な要因のひとつである。そのことを以下に説明しよう。

陸地は、普通、厚さ数マイクロメートル程度の表面でしか太陽放射を吸収できない。土壌下層への熱輸送は伝導でしか伝わらないため効率が悪く、太陽放射の季節変化もせいぜい数十cmの深さまでしか影響しない。

いっぽう、海洋表層は、海氷に覆われていない限り、かなりの深さまで太陽光が入り込み、太陽エネルギーを吸収できる。さらに、海洋表面から下層への熱輸送は、単なる伝導ではなく、非常に効率が高い水の乱流混合（搔《か》きまわし）によってなされる。乱流混合は、海面の風による搔きまわしと、表層の放射冷却などで冷やされて重くなった水が沈み、下層の軽い水と混ざる密度差による上下の混合がある。このような表層と下層のあいだの活発な熱の混合により、海表面から50～数百m程度の厚い表層（混合層）が形成される。この混合層があるために、海洋表層の実質的な熱容量は、陸地表層に比べてはるかに大きい。海洋表層は、陸地より暖まりにくく冷えにくいのである。地表面での気温の季節変化が日射量の季節変化よりひと月程度遅れて現れるのも、地球表面の70％を占める熱容量の大きな海洋表層が暖まる（冷える）のにひと月程度かかるからである。

5　大気と海洋の相互作用が創り出す地球気候とその変動

大気と海洋の循環はひとつのつながったシステム

海洋には、海流を伴った海洋循環が存在する。海洋表層の海流は、亜熱帯の貿易風と中緯度の偏西風（図2―3(a)参照）に引っ張られた結果、太平洋、大西洋、インド洋などの大洋では、海洋の西側（大陸の東岸域）で低緯度から高緯度に向かう海流が、海洋の東側（大陸の西岸域）で高緯度から低緯度に向かう海流が形成され、それぞれの海洋で北半球では時計回り、南半球では反時計回りの循環が維持されている。この海洋循環は、熱帯から暖かい海水を高緯度に運び、高緯度から熱帯に冷たい海水を運ぶことにより、大気循環とともに、地球上の南北の熱輸送に貢献している。たとえば、北太平洋では、日本の南岸沿いに流れる黒潮は熱を熱帯から高緯度に運んでいる暖流であり、北米西岸沿いのカリフォルニア海流は、高緯度から熱帯に冷たい水を運ぶ寒流であり、このふたつの海流の海洋循環により、北太平洋域の表層では、熱帯から寒帯へと熱が輸送されている。

大気循環と海洋循環による南北の熱輸送の量は、最近の観測によると、地球全体でみればほぼ同じくらいと見積もられている。すなわち、海洋循環は大気循環によって維持されているが、大気循環を決めている南北の温度差には、海洋循環による熱輸送も大きく関与しており、両者はまさにニワトリと卵のような関係にある。

海洋循環がどの程度効率よく熱を輸送するかは、その海洋の大きさやかたちと密接に関係している。図2―3(a)には海陸分布は描かれていないが、この図の大気循環も、実際には、現在の海陸分布を前提とした大気循環と海洋循環が結合した南北の熱輸送の結果であることに留意してほしい。もし地球に海洋がなければ、南北の熱輸送は大気循環のみとなり、南北の温度差と季節変化は現在よりもはるかに大きくなってしまい、人類を含む生命にとっては過酷な環境となっていたはずである。

熱帯太平洋上の大気・海洋系――東西の大きなコントラスト

ここで、実際の海洋と大陸の分布をみてみよう。図2―4は現在の海陸分布と年平均の海面水温分布を示している。地球表面積の70％は海洋であるが、その約半分を占めているのが太平洋である。特に全地球の熱帯域（緯度20度以内の地域）に限れば、熱帯太平洋は熱帯全体のほぼ半分の面積を占めている。海面水温は、入射する放射エネルギーの緯度分布（図2―2）に対応して、どの海洋でも赤道付近で最も高く、高緯度になるほど低くなっている。ただ、最も大きな面積を占める熱帯太平洋では、インドネシア諸島部付近の西部熱帯太平洋で30℃を超える水温であるのに対し、東部の南米ペルー沿岸沖では、赤道に沿って25℃以下の低い水温とな

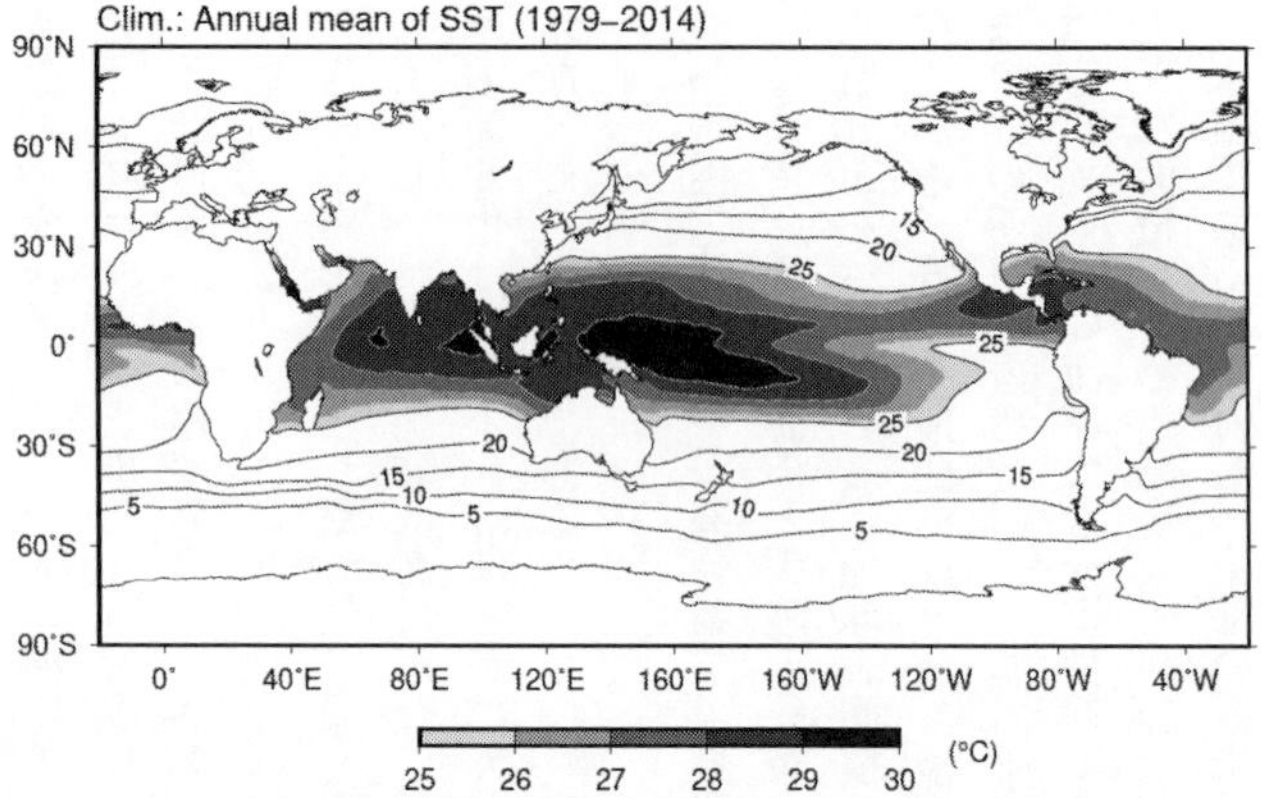

図２―４　全球年平均海面水温（1979～2014年の平均）（英国気象局ハドレーセンター海氷・海水温データ〔HadISST1〕から作成）

っている。季節や年によっては赤道に沿って10℃以上の水温差となることがある。

この熱帯太平洋域では、南北両半球の貿易風が赤道沿いで収束する（集まる）ことで東風（赤道偏東風）となって太平洋上を吹いている。この東風に引っ張られて流れる西向きの海流は、コリオリ力（コラム2―1参照）により北半球側では北向き（極向き）に、南半球側では南向き（極向き）になる。表面の水を発散させるような流れとなるため、赤道直下では海洋の深い層の冷たい海水を汲《く》み上げる湧昇流が形成されており、南米沿岸から熱帯太平洋東半分の表層では冷たい海水が覆うことになる。いっぽうで、赤道直下の強い日射により表層の海水は西向きに流れながら暖められ続けるため、インドネシア諸島近くの西半分には暖かい海水が表層に溜《た》まり厚い混合層が形成される。そのため、熱帯太平洋の海面水温は赤道沿いに10℃前後の大きな水温差（水温の水平勾配）が形成されている。

エルニーニョ・南方振動（ENSO）——数年周期の気候変動

熱帯太平洋の水温分布に対応して赤道沿いの大気も東部では冷やされて気圧が高くなり、西部では暖められて気圧が低くなるため、赤道沿いの東風も維持・強化される。すなわち、赤道に沿った熱帯太平洋域では、東西方向でみると、大気下層の気圧差（とそれに伴う東風）と海洋表層での水温差を形成するしくみが、相互に維持しあう（あるいは強めあう）「動的平衡」の状態となっている。そして、この東西方向の大気・海洋系の動的平衡の存在は、次にのべるように、地球全体の気候の年々変動を大きく支配している。

この熱帯太平洋での大気・海洋の相互作用を模式的に示したのが、図2―5(上)である。暖かい西部熱帯太平洋は混合層も厚く、その上の大気は水蒸気も多く対流（雲・降水）活動が活発であるいっぽう、東部熱帯太平洋（南米ペルー沖）は冷たい海洋表層により大気も冷やされて気圧が高く下降気流が形成される。そのため、西部の上昇気流と東部の下降気流をつなぐ大気の東西循環が形成されている。この大気循環はウォーカー循環ともよばれており、熱帯域の半分を占める熱帯太平洋上での特徴的な大気循環である。この大気循環は熱帯太平洋沿いの東風を維持しており、この風自身が熱帯太平洋での大きな海水温勾配を創り出していることはすでにのべたとおりである。

いっぽうで、このような大気・海洋システムの動的平衡は、大気あるいは海洋における何らかのきっかけで簡単に崩れて、別の状態に移行する可能性が高い。たとえば東風が弱まるか、たまたまインド洋側から強い西風が吹き込むようなことがあれば、この動的平衡は一挙に崩れ、図2—5(中)のように、海水温の東西差は弱められ、東部熱帯太平洋の水温が上がる。この海洋の状態が、昔からペルーの漁民によって知られていたエルニーニョ（El Niño）とよばれる現象

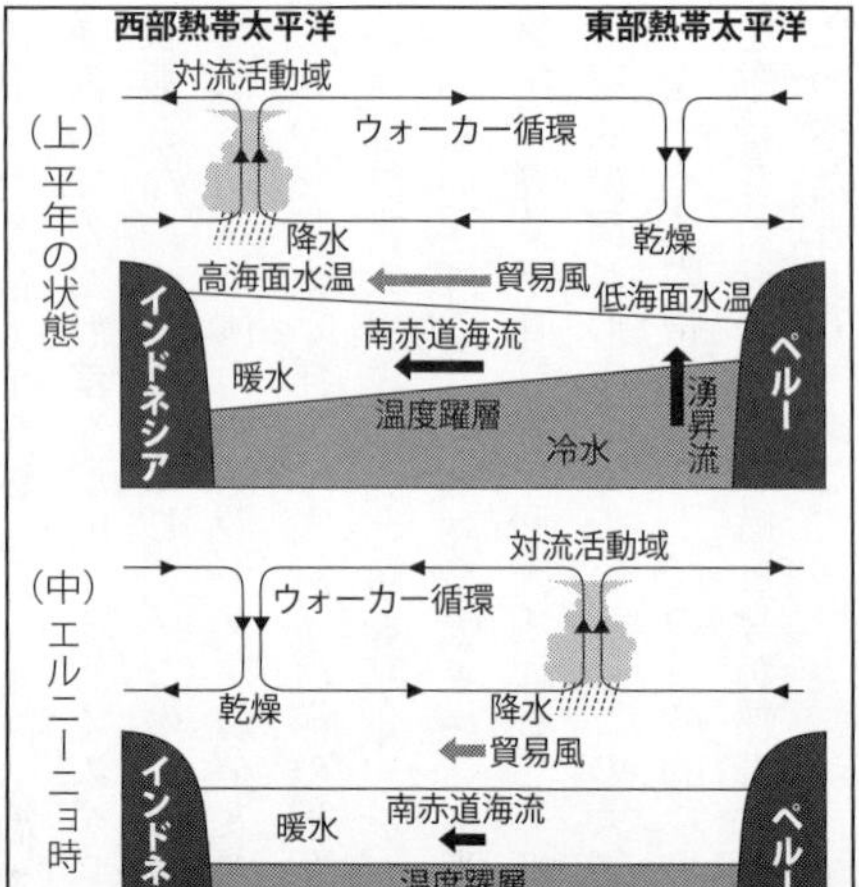

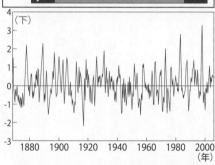

図2—5　エルニーニョ・南方振動の東西方向の大気海洋系の模式図（上・中）（安成, 2018）**と、その年々変動（下）**　下図は、気象庁の観測と推計による、1868年以降の東部熱帯太平洋（北緯４度〜南緯４度、西経90度〜西経150度）海域の表面海水温（℃）の（平均からの偏差で示した）変動。正値はエルニーニョ、負値はラニーニャの時期を示す

である。このとき、大気の対流活動は海水温が最も高い水域の移動に伴って、インドネシア付近の西部熱帯太平洋から中部・東部熱帯太平洋方面に動き、大気の東西（ウォーカー）循環も大きく変わり、ときには東西で反転する。これに伴いインドネシア付近の降水が減少し干ばつ状態となり、中部・東部熱帯太平洋で降水が増え、ふだんは雨が非常に少ないペルー沿岸でも豪雨に見舞われることがある。このような熱帯太平洋域を中心にした大気循環の変動は、19世紀末から南方振動（Southern Oscillation）として知られていたが、20世紀後半になって、この大気の南方振動と、熱帯太平洋域での海洋のエルニーニョが、ひとつの大気・海洋システムの変動であることが明らかになった。逆に、図2―5(上)の状態がより強まった状態はラニーニャ（La Niña）とよばれている。

エルニーニョ（スペイン語で男の子という意味）という呼称は、ペルーの漁民たちが、海水温の異常高温がクリスマスの頃に出現しやすいことから、「神の子キリスト」を意味する大文字表記の「エルニーニョ」とよんだのが由来である。しかし、「ラニーニャ」という呼称は、20世紀後半にアメリカの有名な海洋学者が、エルニーニョが発現していない海洋の状況を、男の子ではなく女の子だと半ば冗談で「ラニーニャ（スペイン語で女の子という意味）」とよんだことが、メディアなどにより広められ、現在は気象・海洋の研究者や現業機関までそうよぶようになってしまった。それぞれの「語源」はまったくちがうことに留意してほしい。

このエルニーニョとラニーニャはほぼ数年周期で交互に入れ替わる大気・海洋系の変動（図

2―5(下)であることがわかり、現在はエルニーニョ・南方振動（El Niño/Southern Oscillation; 略してENSO）とよばれている。[1]

ENSOは、熱帯太平洋域だけでなく、第3章でのべるアジアモンスーンの変動とも密接に関わっている。また、日本列島を含む南北両半球の中緯度での気候の年々変動や異常気象にも大きな影響を与えている。このことは次節でのべる。

太平洋十年規模振動（PDO）――10〜数十年周期の気候変動

気候の自然変動には、ENSOよりも長周期の10年から数十年規模の変動もある。その代表的なものが、北太平洋域を中心にみられる太平洋十年規模振動（Pacific Decadal Oscillation; PDO）とよばれている変動である。この地域は、夏には北緯30度よりやや北を中心とする北太平洋高気圧とよばれる強い亜熱帯高気圧が現れる。冬にはこの亜熱帯高気圧はカリフォルニア沖の弱い高気圧に縮小し、北緯50度を中心にアリューシャン低気圧とよばれる強い低気圧が現れる（図3―1(上)、図3―2(上)参照）。この北太平洋域の中緯度（北）と熱帯（南）のあいだでは、気圧と海水温がシーソーのように10〜数十年の周期で変動する現象が観察され、太平洋十年規模振動（PDO）とよばれている。[2]

なぜこのような大規模な気圧振動がこの海域に限って存在しているかは、実はまだよくわかっていないが、ENSOによる影響と夏・冬の気圧配置とそれに伴う海洋表層の大きな季節変化が深く関与していることが指摘されている。冬には強いアリューシャン低気圧に伴い、北緯40度付近に強い偏西風が出現して海洋表層を強く掻き混ぜて深い混合層が発達するが、夏には太平洋高気圧に覆われて風が弱く混合層は浅くなるという大きな季節変化がこの海域には存在する。この海洋表層の大きな季節変化過程を通して、気温の年々の変動が蓄積されることにより、より長周期の水温変動が生じ、それが大気にも影響するという仮説である。北太平洋での大気・海洋間の大きな季節変化が、10年から数十年の、より長期的な気候変動を引き起こす、という興味深い仮説である。

ＰＤＯは特に日本を含む東アジア地域の気候の年々変動にも大きく影響している。そのことは第7章でさらに触れよう。

6　テレコネクションと気候変動

テレコネクションとは何か

エルニーニョが発現した年（図2―5㊥）には、日本は冷夏・暖冬になりやすいという統計的傾向がある。図2―5㊤に示されたふだんの状況がさらに強まったラニーニャとよばれる状況では、日本付近は、夏は太平洋高気圧が強い暑夏となり、冬は寒冬となりやすい。

問題は、はるか離れた熱帯太平洋での大気・海洋系の変化が、日本の天候にどのようにして影響しているかということであろう。この疑問を解く鍵が、「テレコネクション（遠隔結合、遠隔伝播《でんぱ》）」という概念である。簡単にいえば、地球大気のどこかが（周囲よりも）強く暖められたり冷やされたり、あるいはチベット高原やロッキー山脈のような大きな山岳地形により大気の流れが上昇したり下降したりしたとき、その場所付近では高気圧あるいは低気圧が形成されるが、その高低気圧の影響が、熱帯大気の中で、あるいは中緯度偏西風の流れの中で数千kmから数万kmのスケールで波として伝播することである。水面に石を投げたときに周囲に波紋が広がるようなイメージである。図2―5に示した熱帯太平洋上での東西循環に伴う南方振動も、ひとつのテレコネクションである。

ここでは、熱帯で励起された大気波動が中・高緯度に伝播する場合を議論しよう。[3] 波動は中緯度偏西風の中を伝播するため、緯度によって変化するコリオリ力（コラム2―1参照）や偏西風の強さに影響されるが、波のパターンは定常波として、励起源の高低気圧が続く限り、あまり位置を変えずに維持されやすい。このため、波動に伴う高気圧（あるいは低気圧）も、長期間継続して、世界各地でひと月以上も続く天候・気候の異常を引き起こしやすくなる。図2―5で示したようなENSOに伴う熱帯太平洋上での対流活動の変化の影響は、テレコネクションとして、高低気圧の波動として中・高緯度へも伝播するのである。

ラニーニャが引き起こす日本の暑い夏

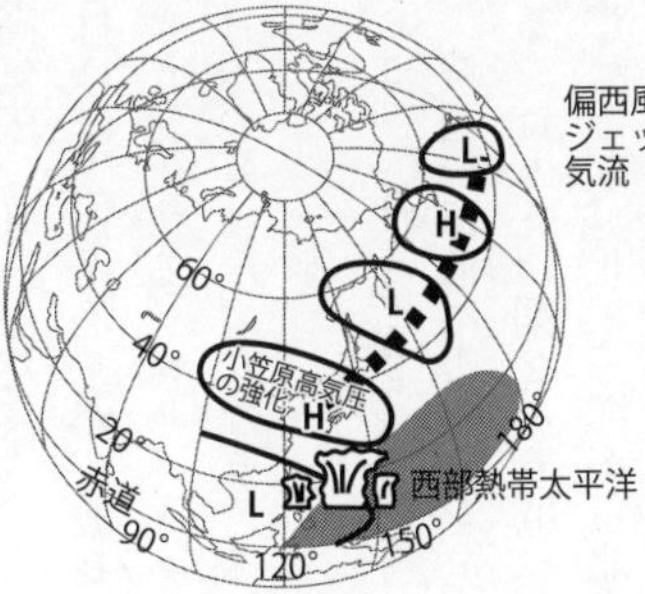

（a）日本に暑い夏をもたらすテレコネクション　波列の伝播を矢印（破線ベクトル）で示す
(Nitta, 1987)

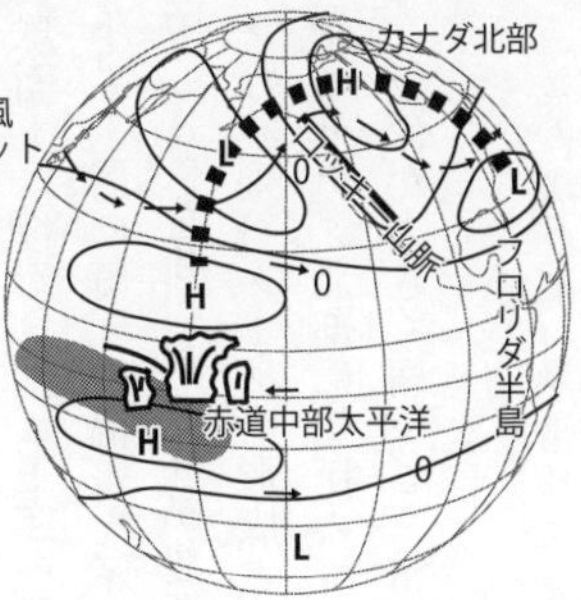

（b）エルニーニョがフロリダに寒波をもたらすテレコネクション　波列の伝播を矢印（破線ベクトル）で示す。偏西風ジェット気流は矢印（実線）で示す
(Horel and Wallace, 1981)

図2―6　大気のテレコネクションの模式図

たとえば、北半球夏の西部熱帯太平洋で海面水温が高くラニーニャ的な状況になったとき、この地域での活発な対流活動に伴う大気の加熱と上昇流により、まずその場所の付近の対流圏上部に高気圧を形成する。その状態が数日以上の長期間持続したときには、中・高緯度の偏西風帯の中で、高気圧、低気圧が交互に波列となって伝わる。その状況が図2―6(a)に球面の地球表面上で模式的に示されている。波の励起源（この場合は西部熱帯太平洋上での対流活動に伴う低気圧）が続く限り、この波列パターンは持続されるため、たとえば日本列島付近は上空数kmから10km程度の対流圏中・上層まで小笠原高気圧が強くなり、暑い夏となるのである。

さらに、偏西風の中を、低気圧（L）、

高気圧（H）、低気圧（L）という波列パターンができる。この波列パターンの伝播する方向はほぼ大円に沿うが、波長や強さ（振幅）は、励起源の高低気圧の強さや偏西風の強さなどにより変化する。エルニーニョの夏には、ラニーニャのときの気圧偏差が反転したかたちとなり、日本の夏は冷夏になりやすい。

エルニーニョが引き起こすカナダの暖冬やフロリダの寒波

波列の伝播によるテレコネクションは、偏西風が強く吹く中・高緯度の冬にむしろ顕著である。たとえば図2―6(b)は、エルニーニョが発生し、活発な雲活動域が赤道中部太平洋に移動したとき、北太平洋から北米大陸上にどのようなテレコネクションが生じる可能性が高いかを、球面上に投影した（上空の）高低気圧で模式的に図示している。図中のH、L、Hは、対流圏中・上層の気圧の偏差を示している。赤道中部太平洋上での強い雲活動がその北側上空の高気圧（H）を強め、それが波源となって、強い偏西風上に、図のように、ほぼ大円に沿って、顕著な波列パターンが形成される。特に北米大陸では、ロッキー山脈の地形効果も重なり、風下側のカナダ北部に気圧の峰（H）を形成して暖冬をもたらす一方、アメリカ東南部ではジェット気流が大きく南下し、常夏のフロリダ半島もときならぬ寒波に見舞われやすいことを示している。

このように、熱帯やモンスーン地域の雲・降水活動で励起された気圧の波が、亜熱帯から中・高緯度の偏西風帯に沿って引き起こすテレコネクションは、世界各地に同時に起こるさまざまな極端な気象現象や異常気象を説明する場合の、重要な気象学的な概念となっている。ただ、どこにどの程度の異常気象が発生するかは、テレコネクションを引き起こす励起源の強さや位置に加え、そのときの中緯度偏西風の状況によって変わりうる。「地球温暖化」に伴う地球規模の大気循環の変化は、当然このテレコネクションの強さやパターンにも影響し、豪雨や干ばつ、高温や寒波の場所や強さを変えることになる。

第3章　アジアモンスーン——地球気候における重要な役割

第2章の冒頭でのべたように、地球の気候を決めている大きな条件は4つある。ここでは大陸と海洋の存在について説明しよう。大陸には高い山脈や高原があり、この地形の隆起も気候形成に大きな役割を果たしている。大陸と海洋を結びつけて形成されている気候がモンスーン気候であり、なかでもアジアモンスーンは地球気候の維持と変動にも重要な役割をしている。第1章でのべた日本列島の多様な季節変化も、夏と冬のアジアモンスーンの変化に大きく支配されている。

アジアモンスーン気候の影響下にある地域（本書ではモンスーンアジアとよぶ）には、現在地球人口の約55％の人々が住み、GDPでも世界の半分以上を占めている。人類社会におけるこのような社会・経済状況を生み出しているアジアモンスーン気候とは、どのような気候なのか。この章ではアジアモンスーン形成のしくみを、海陸分布に加え、世界の屋根ともいわれるチベット高原・ヒマラヤ山脈の役割を含めて説明しよう。さらにアジアモンスーンが地球気候とその変動に果たしている重要な役割についても触れる。

1　夏のアジアモンスーン——大気と水の巨大な循環

海陸分布が大きく変える北半球の大気大循環

まず実際の地球表面における北半球夏季（6～8月）と冬季（12～2月）の大気循環の変化を、地上と対流圏上部（上空約12㎞）の季節平均の気圧と風の分布（図3—1、図3—2）でみてみよう。夏季の地上気圧の分布で気が付くのが、亜熱帯の高気圧は、夏冬を通して両半球とも海洋上に顕著に現れていることである。特に南半球側は、夏・冬そして1年を通して、南緯30度付近の海洋上に（亜熱帯）高気圧の中心があり、赤道付近は低気圧となっており、赤道に向かう偏東風（貿易風）も1年を通じて吹いている。したがって、図2—3でみた南北方向の大気循環は、南半球側では、1年を通じて、東西方向でみてもほぼ平均的に成り立っているといえる。

北半球ではどうだろうか。北太平洋上と北大西洋上では亜熱帯高気圧と貿易風帯があり、図2—3の描像に近い。大きく異なるのは、ユーラシア大陸上と北インド洋上である。ユーラシア大陸上では、地上ではチベット高原付近を中心とした大きな低気圧が現れて、南インド洋の亜熱帯高気圧から赤道を越えてチベット高原に向けて気圧が低くなるため、北インド洋からイ

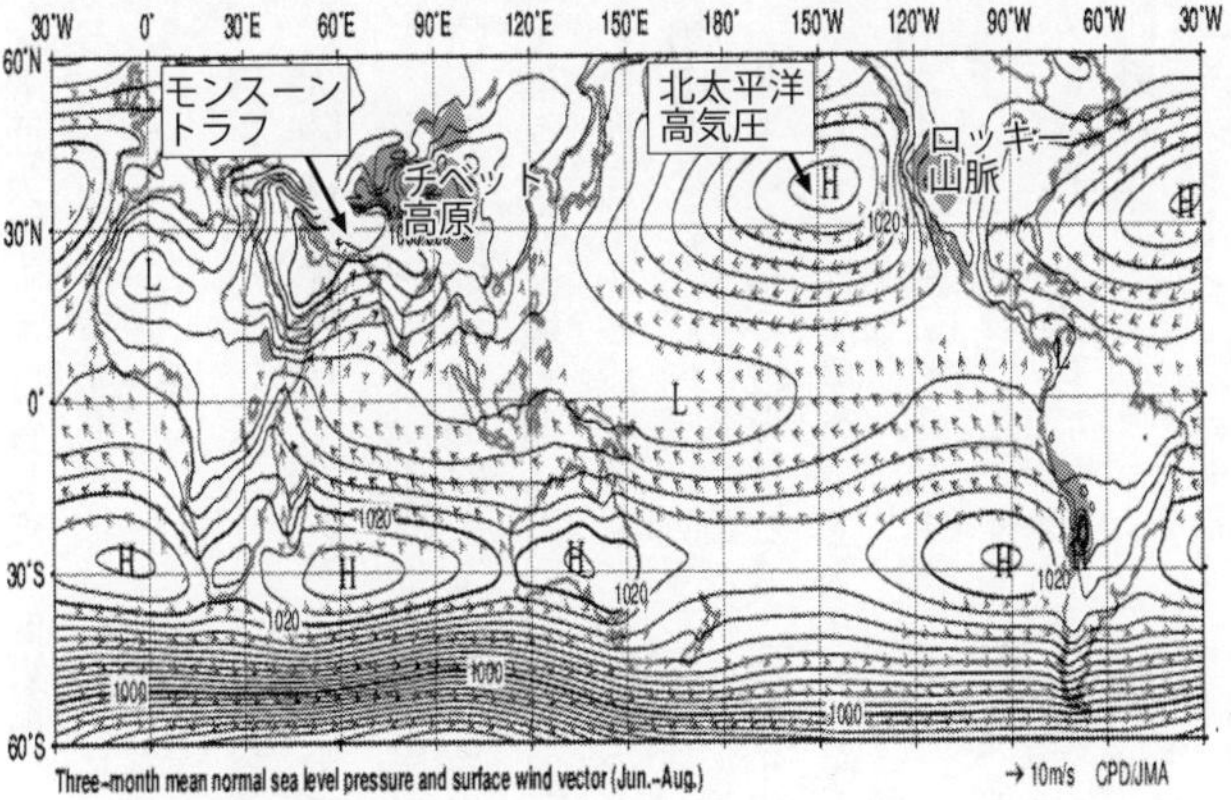

（上）地上気圧と風ベクトルの分布　図中に示されている灰色部は高度2000m 以上の山岳地域

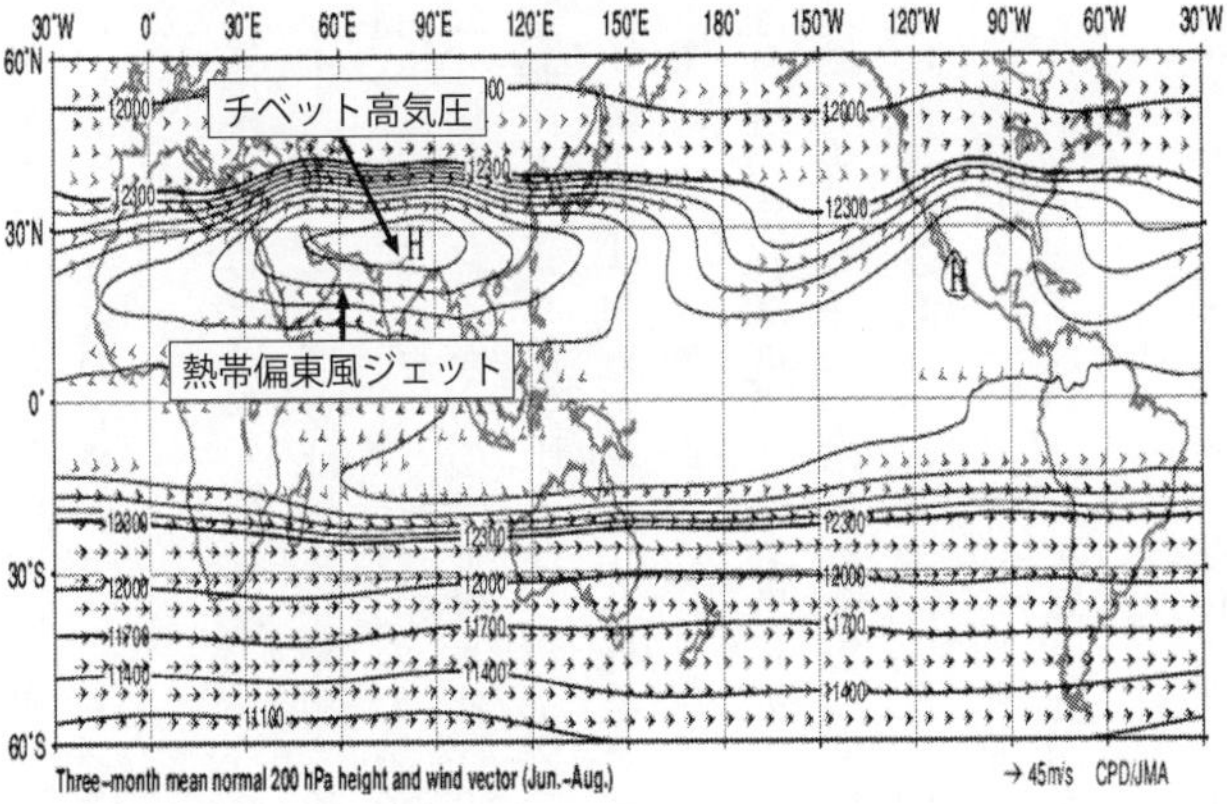

（下）対流圏上部（200hPa）の高度（等圧面高度）と風ベクトルの分布

図３―１　北半球夏季（６～８月）における全球の気圧と風ベクトルの分布（気象庁データから作成）

ンド亜大陸上では貿易風（偏東風）は消え、貿易風とは逆向きの強い南西の風が吹き込んでいる。この風が季節風としてのインドモンスーン、あるいは夏のアジアモンスーンである。

アジアモンスーン——ユーラシア大陸とインド洋が作り出した巨大な大気循環

大陸は海洋に比べ、同じように太陽エネルギーを受けても、夏は暖まりやすく冬は冷えやすい。そのため、夏は地表面温度が海洋に比べ高く、冬は低くなる。その上の大気層も、夏は大陸上の大気は海洋上の大気よりも強く暖められ、膨張し軽くなるので上昇する。上昇した空気を補うため、地表面に近い大気下層では周囲（海洋上）より低気圧となり、空気が温度差の大きい海洋上から流れ込む。冬はその逆となり、大陸上の大気は海洋上より低温となり地上は高気圧となる。

北半球夏季の地上付近は、特にインド亜大陸付近の東経60度〜100度付近では、アジア大陸で加熱された暖かい空気と南半球（冬半球）側のインド洋上の冷たい空気のあいだに大きな南北の気圧差が生じるため、南インド洋の亜熱帯高気圧からインド亜大陸北部に中心を持つ低気圧（モンスーントラフ）に向けて強い季節風が吹き込む。コリオリ力は南半球では進行方向左向きに、北半球では右向きに働くため、モンスーンは南半球では南東風、赤道を越えると南西風となる。

「モンスーン」は日本語で「季節風」と訳されており、夏・冬の季節変化に伴って広範囲で季

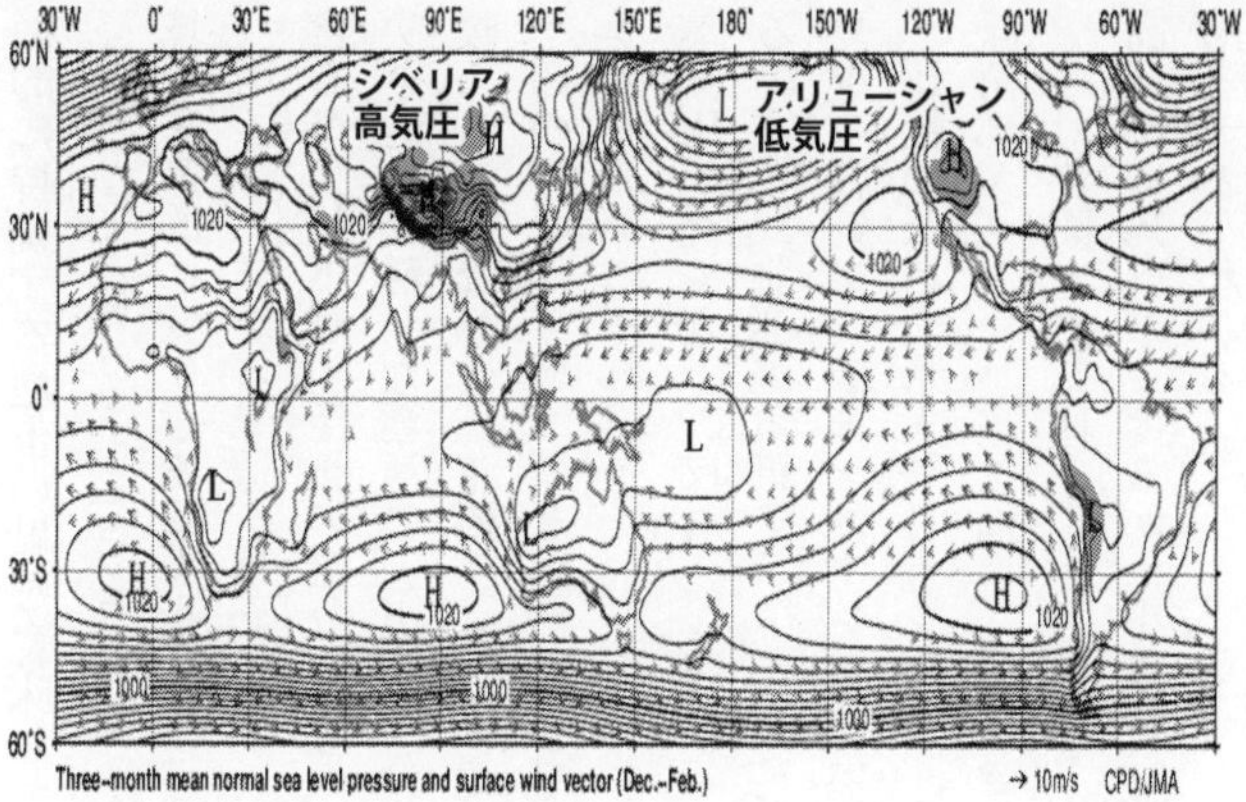

（上）地上気圧と風ベクトルの分布　図中に示されている灰色部は高度2000m 以上の山岳地域

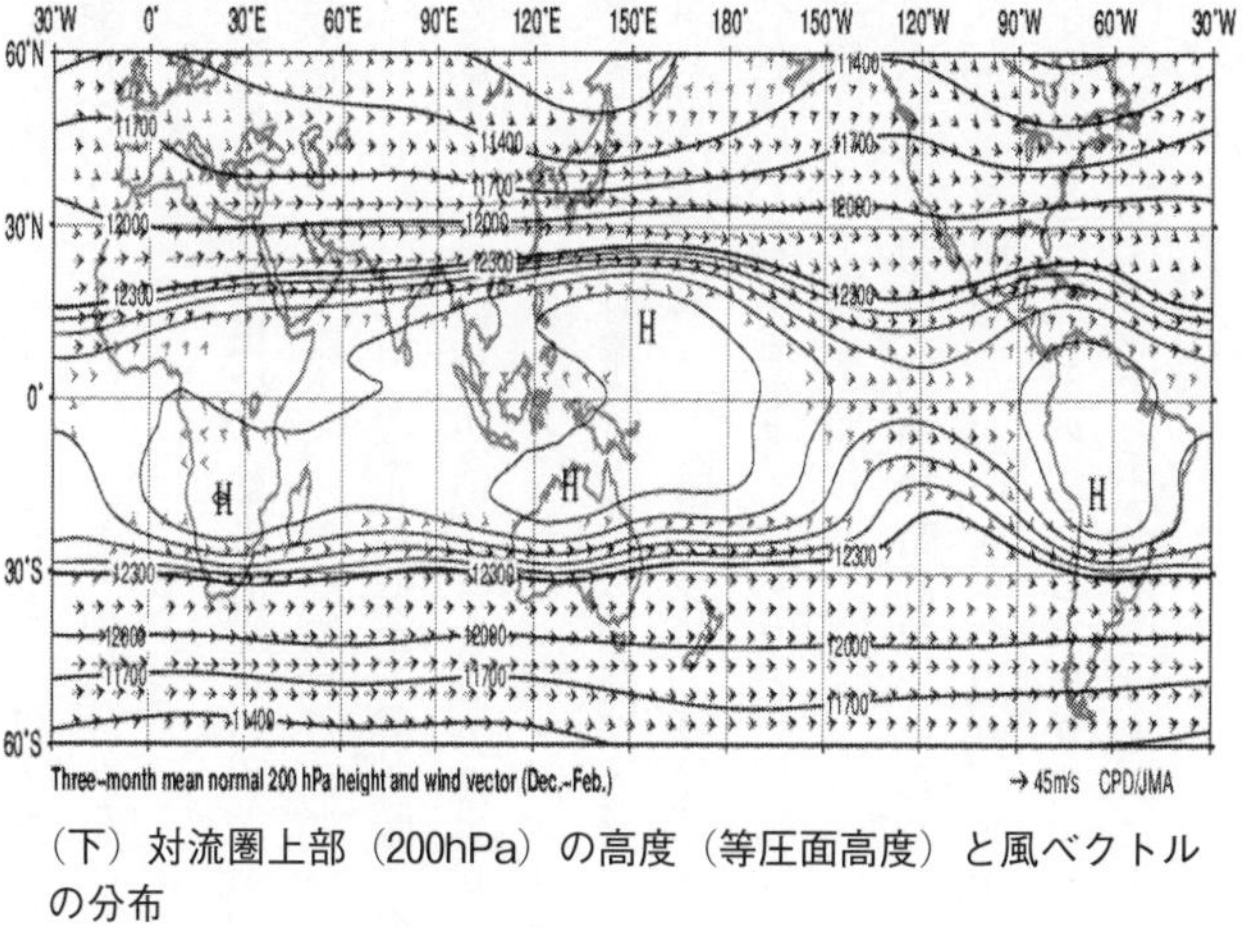

（下）対流圏上部（200hPa）の高度（等圧面高度）と風ベクトルの分布

図３－２　北半球冬季（12～２月）における全球の気圧と風ベクトルの分布（気象庁データから作成）

節的に持続する地上の風を意味している。ちなみにモンスーン（Monsoon）はアラビア語の「季節」を意味する“Mausim（Mawsim）”に由来し、もともとは、インド亜大陸からインド洋域で季節的に変化する風を指している。

南インド洋から赤道を越えてインド亜大陸に吹き込む季節風は、熱帯海洋から水蒸気を多く含んだ大気下層の空気の流れとして、インド亜大陸、さらにはチベット高原付近の低気圧へと吹き込み、活発な雲活動と大量の降水をもたらし、潜熱の放出により大気層（対流圏）全体を暖める。すなわち、平均すると赤道付近にあるはずの熱帯収束帯（図2―3(a)参照）が、この季節のインド洋域ではヒマラヤ付近まで北上しているとみることもできる。雲・降水活動に伴う大気加熱のため、インド亜大陸北部からヒマラヤ付近の対流圏上部では周囲（海洋上）に比べ気圧が高くなり、図3―1(下)のように対流圏上層にはチベット（南アジア）高気圧とよばれるアフリカ北部から東アジアにまたがる巨大な高気圧が形成される。このチベット高気圧は、夏季の強いアジアモンスーンを特徴づける上空の高気圧である。

比較のため北米大陸付近を図3―1(上)でみると、北大西洋上の亜熱帯高気圧からロッキー山脈南部〜メキシコ湾に向かって吹き込むモンスーン（季節風）が弱いながら現れ、メキシコ上空の対流圏上層（図3―1(下)）にも小さな高気圧が現れるが、その大きさと広がりはチベット高気圧に比べるとはるかに小さい。北米でのモンスーンはアジアに比べるとはるかに小規模であることがわかる。

2　ヒマラヤ・チベット高原の大きな役割

大気を強く暖めるチベット高原

ではなぜ、アジア（あるいはユーラシア大陸）にのみ、顕著なモンスーンが出現するのであろうか。その答えは、平均高度5000m、水平スケールで数千kmに達するヒマラヤ山脈と広大なチベット高原の存在である。

もう一度、夏の地上気圧と風の分布（図3―1(上)）をみてみよう。大陸で最大の面積を占めるユーラシア大陸とその南に広がるインド洋の地域では、図3―2(上)と比較すると際立って大きな季節変化のあることがわかる。そしてその「へそ」のような場所にヒマラヤ・チベット高原（図中の灰色の部分）が横たわっていることに注目したい（ヒマラヤ・チベット山塊の形成については、コラム3―1を参照）。

海抜5000mの高原が、地上よりはるかに寒いことは誰も疑わないであろう。日本で一番高い富士山《ふじさん》（3776m）に登ると、下界より寒いことは、多くの登山者が経験している。大気圏では100mにつき0・6℃程度、気温は下がる。地上が35℃の暑い夏の日でも、富士山頂付近では12℃程度になる。これは、大気圏にタワーのように突き出た孤立峰の富士山では、上空の大気圏の気温をほぼそのまま測ることになるからである。

富士山に登った人が経験するもうひとつのことは、強い日差しである。高山では、下界に比べると、その上にある大気層が薄いため、日差し（日射の強さ）は強い。空気は、地球の重力で積み重なっているため、大気圏の下層ほどその上の空気層の重さで押されて気圧は高く、空気密度（体積あたりの質量）も、大気下層ほど大きく、上層に行くほど小さくなる。太陽光は大気圏を透過する際、空気分子による吸収と散乱により弱くなるため、同じ緯度なら高度が高いところほど太陽からの日射は強く、高度の低いところほど日射は弱められている。雲のない快晴の条件下では、富士山頂では麓よりも日射は強い。

チベット高原は富士山頂よりもさらに高いため、高原上では、富士山頂よりもさらに強い日射が注いでいる。たとえば、夏季の晴天時には、ほぼ同じ緯度の沖縄付近の日射量の2倍程度にもなり、強い日射のため地面温度は40℃を超えることもある。熱い地面はその上の密度が小さく厚さも薄い大気層を暖めるため、ヒマラヤ・チベット山塊上の大気層（対流圏の中層〜上層）の温度は、同じ緯度帯・同じ高度の大気層と比べると、北半球のどこよりも高いのである。

海洋からの水蒸気がモンスーンを強化する

もうひとつ大切な要素は、活発な雲・降水活動を通した潜熱による大気の加熱である。これまでの現地での観測や数値気候モデルによる研究で、以下のようなことがわかってきた。まず、モンスーンが吹き始める季節には、熱くなったチベット高原の地表面からの直接的な大気の加熱が重要であるが、モンスーンの最盛期には、インド洋からの水蒸気の流れがヒマラヤ・チベット高原の南縁で上昇して積乱雲群を発達させて大量の降水をもたらす。その過程で放出される莫大《ばくだい》な潜熱が大気を強く暖めて上昇気流をさらに強めることにより、世界の他の地域にはみられない強いモンスーンの循環が形成される（潜熱による大気の加熱効果については第2章4節を参照）。これらの過程により、ヒマラヤ・チベット高原が存在するユーラシア大陸南部は、北緯30度付近の亜熱帯にもかかわらず、夏季には、熱帯収束帯がこの緯度帯まで北上したかのように、対流圏全体が強く暖められることになる。そのため、地表面付近にはモンスーントラフ（図3―1㊤）とよばれる強い低気圧が形成され、チベット高原上には強いチベット高気圧（図3―1㊦）が形成される。

すなわち、ヒマラヤ・チベット高原は、南のインド洋からの水蒸気の潜熱をエネルギーにして対流圏上層十数kmに達する強い上昇流を形成し、上昇した空気は再びインド洋に戻るという、対流圏全体におよぶ大気循環を維持するエンジンのような役割を果たしていることになる。地表面付近だけでなく、インド洋からチベット高原にかけての南北断面で形成されるこの強い大気循環が夏季のアジアモンスーンの重要な要素である。

北米大陸にはロッキー山脈とそれにつながるメキシコ高原があるが、ヒマラヤ・チベットの山塊ほど高くて広がりを持った山岳地形ではないため、大陸上の大気の加熱はアジア大陸上ほど強くはならず、チベット高気圧のような強い上空の高気圧は現れないのである。

コラム3―1　海洋と大陸の形成・ヒマラヤの上昇

地球の表面に大陸と海洋があることは、私たちは自明のように思っている。しかし、地表面に海陸分布があるのは、太陽系の惑星の中では、地球だけであり、その海陸分布の形成そのものも、地球の表層が水（海洋）で覆われた水惑星であることと密接に関係している。

大気と海洋からなる地球の表層の下には、主に岩石と金属からなる固体地球があり、地球全体の質量と体積のほとんどを占めている。固体地球の表面にはさまざまな岩石からなる地殻がある。地殻は厚さ30～50㎞の比較的軽い岩石からなる大陸性地殻と、やや重たい玄武岩を中心とした厚さ数㎞の薄い海洋性地殻からなっている。地殻の下にはマントルとよばれる地球の体積の80％以上を占める厚さ約3000㎞の層がある。このマントルは固体であると同時に、万年以上の時間スケールではゆっくりと対流できる塑性流体である。

地球創成以降、このマントル対流に引きずられて、海洋性地殻がプレート（板状の地殻）として移動する過程で、地殻表面の不均一な部分が海水と反応して、より軽い岩石からなる大陸性地殻が形成され、地球表層には海洋と大陸が分布することになった。大陸性地殻は成長したり分裂したり衝突併合したりして、長い地球史の中で海陸分布そのものも大きく変化してきた。地球表層が水に覆われているという水惑星の条件下で、マントル対

流とプレートの運動により、約40億年前から海洋と大陸の分布の形成と変化がもたらされてきた。(1)

海陸分布は、新生代が開始された約6000万年前にはほぼ現状に近くなっていた。現在、最大の大陸であるユーラシア大陸には平均高度で約5000mのチベット高原とその南縁には8000mを超える山々を数多く含むヒマラヤ山脈が存在している。このヒマラヤ・チベット山塊は、パンゲアとよばれる大きな大陸の一部だったインド亜大陸が、プレート運動に伴って分離され、インド洋プレートとともに北上して5000万〜4000万年前にユーラシア大陸と衝突して一部がユーラシア大陸に潜り込み、大陸地殻を持ち上げるかたちで形成された。山塊の隆起過程についてはさまざまな議論がされているが、1000万年前頃には、現在のような大山脈と高原が成立していたと推定されている。(2) この地殻運動は現在も活発で、山塊の上昇は1cm／年程度の速度で続いており、世界でも最も造山運動が活発な地域となっている。ユーラシア大陸の東から南の縁辺部は活発な断層運動により、日本列島を含めて地震の頻発する地域となっている。

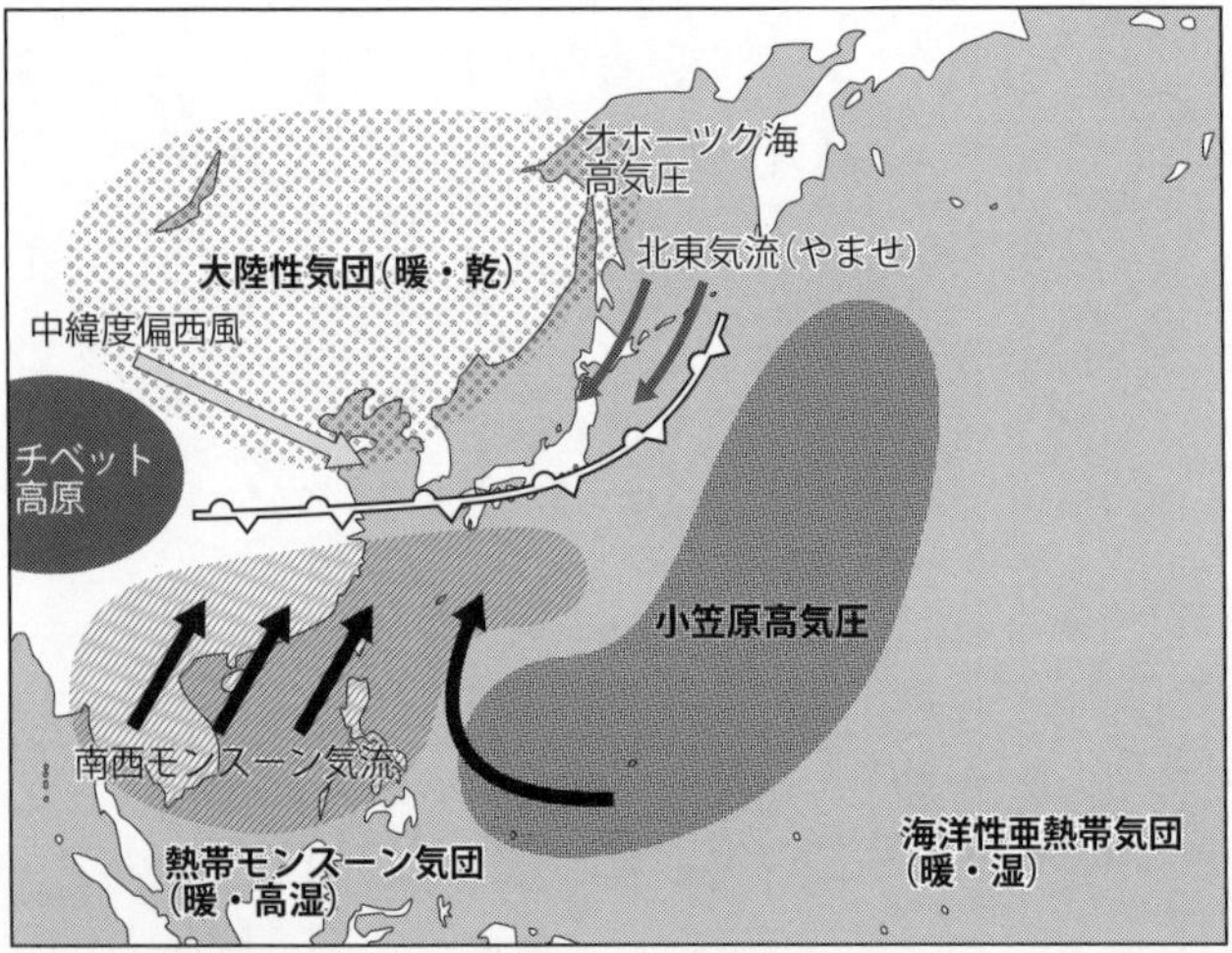

図３―３　アジアモンスーンおよび梅雨前線と、それらに関係する気団の模式図

3　東アジアにおける梅雨前線の形成

季節進行における気団のせめぎあい

日本列島、朝鮮半島から中国東部を含む東アジア地域は、夏のアジアモンスーン季、特に前半（5月末～7月）は、梅雨の季節となることはすでに第1章でのべた。梅雨前線の形成にも、実はチベット高原の存在が決定的な役割を果たしている。

季節ごとの海洋や大陸表面の暖まりや冷えにより、その地表面には、ほぼ同じような温度や湿度の特性を持つ大きな空気の塊が形成される。気象学ではこれを気団（air mass）とよんでいる。

梅雨前線は、図3―3に示すように、夏のはじめ（6～7月頃）に形成される異なる気団の境界に、気温や湿度が地域的に大きく変化する不連続線として形成される。梅雨前線は、特に日本列島付近では、気温の不連続よりも、湿度（水蒸気量）の不連続線であることを第1章でのべた。すなわち、列島上でほぼ東西に伸びる梅雨前線は、北側の乾いた気団と南側の湿った気団の境目に形成されている。

チベット高原の風下側で乾・湿が合流

チベット高原が存在するために、インド洋からの湿ったモンスーンの流れは図3—1(上)に示すように、インド亜大陸北部に中心をおくモンスーントラフ（低気圧）の周りを反時計回りする、南西風の大きな風系となって東南アジアから東アジアに向かう。インド亜大陸から東南アジア、さらに東アジアにかけての広い地域は、インドモンスーンが開始される6月はじめ頃から、インド洋からの湿った熱帯モンスーン気団に支配されている。いっぽうで、チベット高原の北では、乾燥したユーラシア大陸上を流れる中緯度偏西風により、大陸性の乾いた気団が形成されている。熱帯モンスーン気団からの湿ったモンスーン気流と乾いた偏西風がチベット高原の風下側（東側）で合流するため、湿潤大気と乾燥大気が接した不連続線が、長江《ちょうこう》（揚子《ようす》江《こう》）流域を中心とする中国東部から朝鮮半島・日本列島に形成される。この不連続線が梅雨前線である。この季節には、小笠原（太平洋）高気圧の日本南方への張り出しも強まるため、日本列島には、熱帯太平洋からこの高気圧の縁辺を周ってくる湿った気流も合流している。図3

—3には、ここにのべた3つの気団が、チベット高原の東側で、いかに梅雨前線の形成に関わっているかが示されている。

ただ、梅雨前線の出現は夏季アジアモンスーンの前半にあたる6〜7月に限られる。西部熱帯太平洋での海面水温が季節的に上がってきて、フィリピン西方での対流活動域が北上するとに伴い、小笠原高気圧が北に押し上げられると、日本列島付近の梅雨前線は北上し、日本は暑い夏となる（第4章3節参照）。

中国の長江流域や朝鮮半島、日本列島は、水田稲作が伝統的な農業となっている（第6章4節参照）。梅雨前線でもたらされる雨は、その後の日照とともに、稲の生長にとって非常に重要である。長江から南部に広がる水田地帯にとって、前線による雨は貴重であるが、同時に、広い面積で広がる中国南部の水田そのものからの蒸発も、前線付近の雨を維持、強化していることも示唆されている（コラム3—2参照）。

コラム3—2　水田が梅雨前線を強めている？

中国のモンスーンは、長江流域を中心に形成される梅雨前線が大きな特徴である。梅雨前線が特に大陸の上でどう維持されているかを明らかにするため、私たちはかつて日中共同プロジェクトとして、降水レーダーなどを用いた観測と気象モデルによる研究を行った。

梅雨前線は大量の水蒸気が陸上に流入して形成されているが、その水蒸気はどこから来るのかがひとつの課題であった。インドモンスーンの気流が東南アジアの内陸部を経て流れてくるが、水蒸気のかなりの部分は、東南アジアから中国国境付近の山岳地域で雨となって落とされてしまう。それでも長江付近の梅雨前線は維持されている。そこで中国大陸上での大気下層の水収支を計算すると、長江のすぐ南側で水蒸気の流入が増加しており、その原因は実は長江の南側に広がる水田からの蒸発によることがわかった。(3) 大気の下層のほうが湿ると大気が不安定になり、積乱雲系の雲と降水が起こりやすくなる（第2章4節参照）。すなわち、水田からの水蒸気供給は大気の湿潤な下層を維持・強化して梅雨前線の発達を促していることになる。水田農業はモンスーンアジアの湿潤な気候の下で成り立っているが、同時に広域に分布する水田自体も地表面付近の大気を湿潤にして水循環を強めることから、モンスーン気候と非常に調和的な農業となっている。

4　アジアモンスーンと砂漠気候はワンセット

モンスーン気候から砂漠気候への劇的な変化

アジアモンスーンの湿潤な地域はチベット高原の南のインド亜大陸、東南アジアおよび東アジアに広がっているが、対照的に、チベット高原の西側あるいは西北側には、西南アジアと中央アジアの乾燥した砂漠気候が広がっている。その地域は広大で、ユーラシア大陸のみならず、遠くアフリカ大陸北部のサハラ砂漠まで含んでいる。

モンスーン季にインドのニューデリーからパキスタンのカラチに飛行機で飛んだことがある。モンスーンの雨を降らせる積乱雲群に包まれたニューデリー上空からしばらく行くと、雲が突然切れ、眼下には厚いダスト（砂埃《すなぼこり》）に覆われた大気層の下にパキスタンの砂漠が広がっていた。このモンスーン気候から砂漠気候への東西の短い距離での急激な変化は、夏季の平均的な降水量分布（図3—4(a)）でも明瞭に示されている。

哲学者和辻哲郎《わつじてつろう》は、その著書『風土——人間学的考察』の中で、人間存在の構造的契機としての風土の類型を、「モンスーン」「沙漠（砂漠）」そして「牧場」の3つに分類した。その発想のもとになったのは、彼がドイツ留学のため、日本からシンガポール、インド、スエズ運河を経てヨーロッパまでの船旅をしたとき、東南アジア・南アジアの湿潤なモンスーン気候がイ

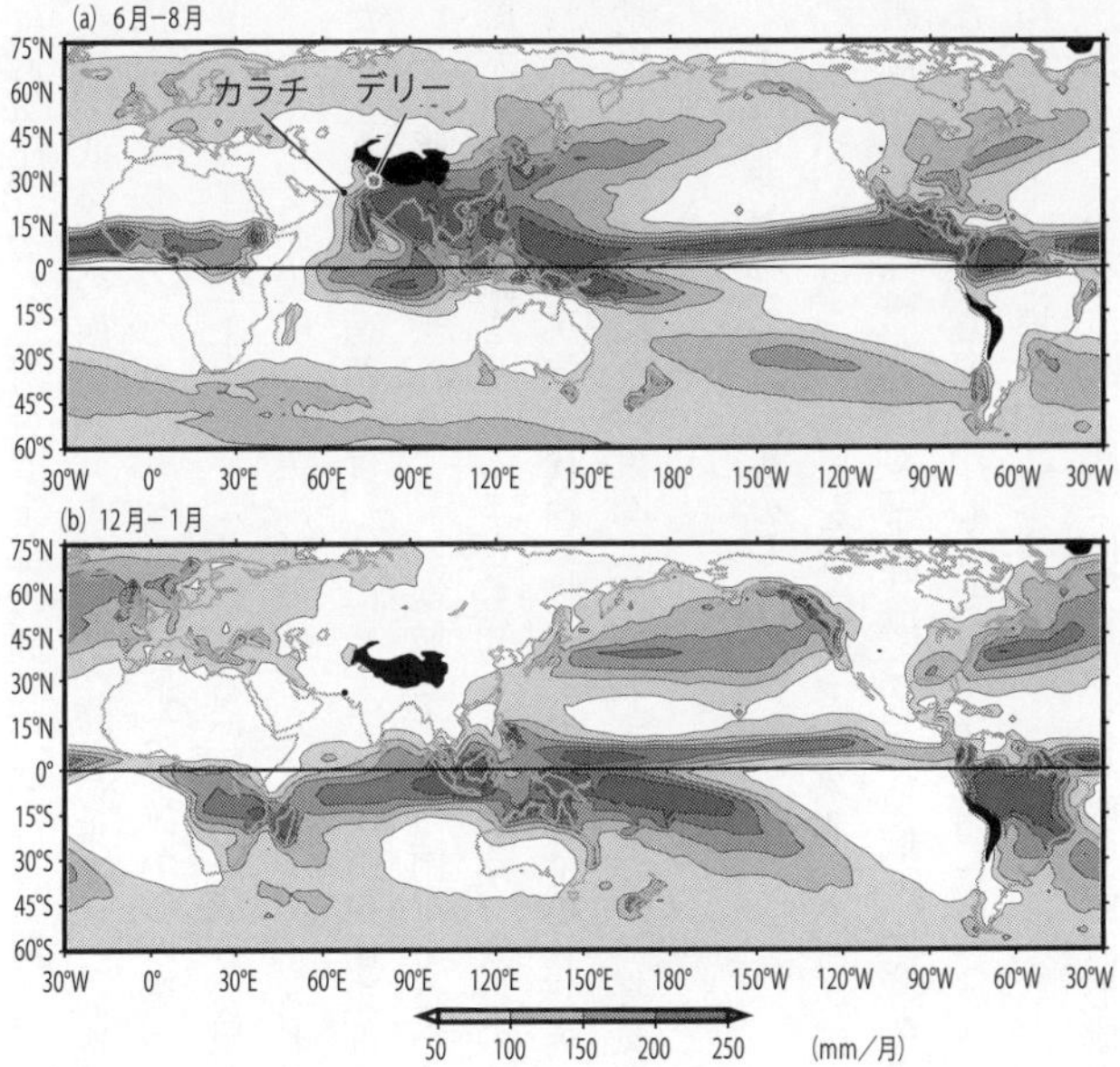

図3—4　北半球夏（6～8月。(a)）と冬（12～2月。(b)）における世界の降水量分布（GPCP データ1979-2020）

ンドを後にすると突然砂漠地域に変化し、さらに地中海からヨーロッパに入って温和な気候に変化したという体験であった。

チベット高原の東西における非対称な気候

インド亜大陸を境にしたこの東西の湿潤と乾燥という対照的な気候の分布の形成にも、実はチベット高原が大きな役割を果たしている。チベット高原の東と南に湿潤なモンスーン気候、西と北に乾燥した砂漠気候が分布するしくみを考えてみよう。

まずチベット高原が加熱されると上昇気流が生じ、地面付近は低気圧、そして対流圏上部は高気圧になる（第4章3節参照）。地表面付近は図3―1(上)のように、低気圧の南東側（インド亜大陸から東南アジア地域）ではコリオリ力の効果もあり、インド洋からの湿った南西風と西部熱帯太平洋からの湿った南東風が吹くが、低気圧の北西側では、ユーラシア大陸上を乾いた北風あるいは西風成分の風が吹くことになる。

ただ、この説明は、実は話の始まりである。インド洋から高原の南縁沿いに吹き込んだ湿ったモンスーンの南西風は、特にヒマラヤ山脈の南東部にあたるアッサムからミャンマー国境沿いの山脈にぶち当たり、この地域に大量の雨をもたらす。アッサム山地では、モンスーン季の降水量が1万㎜を超えることも知られている。大量の雨により莫大な量の水蒸気潜熱が解放され、対流圏全体が強く暖められて上昇流が卓越し、チベット高原南部からインド亜大陸北部の地上付近の低気圧、対流圏上部の大きなチベット高気圧（図3―1(下)）はさらに強められる。

東西の非対称な気候形成のしくみ

ここで、チベット高原をはさんで、東側（あるいは南東側）に上昇流と降水の中心があり、西側（あるいは西北側）に下降流と乾燥地域の中心があるしくみについての説明をせねばならない。チベット高原を中心とした地上付近（図3―1(上)）と対流圏上層（図3―1(下)）の大気循環を図3―5に模式的に示す。

たとえば、対流圏下層ではチベット高原の南に形成されるモンスーン低気圧に向かって、イ

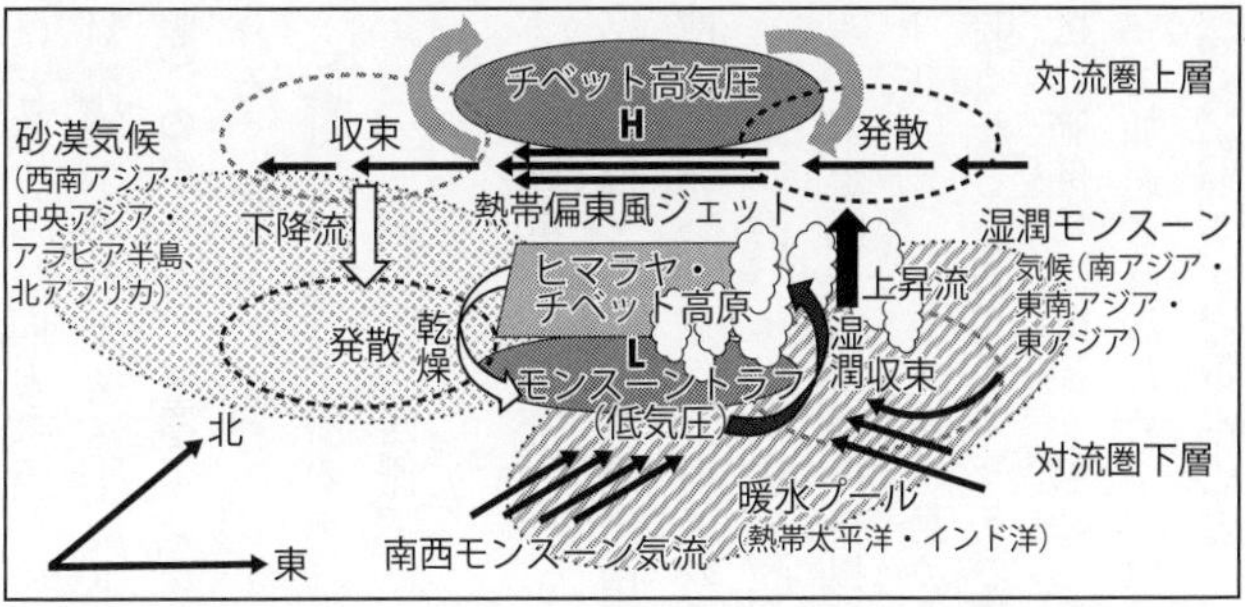

図3―5　夏季アジアモンスーンに伴う東西方向の湿潤気候と乾燥気候の形成を示す模式図　チベット高原を中心とする対流圏下層と上層の風系に伴う大気の収束・発散場およびそれに伴う上昇流・下降流の分布の関係が示されている（安成，2018を改変）

ンド洋から湿った南西モンスーン気流が吹き込むが、上昇流の中心に向かって吹く南西風は、（コラム2―1でのべたように）北に向かうにしたがい、緯度効果でコリオリ力が大きくなるため次第に弱くなる。そのため流れに沿って空気は収束する。収束して行き場を失った空気は上空に上がらざるを得ない（コラム3―3参照）。上昇流が生じると水蒸気の凝結による降水が潜熱を放出し、さらに上昇流を強化し、低気圧をさらに強め南西風はさらに強くなるというフィードバックが生じることになる。

逆に、チベット高原の西側から北インドのモンスーントラフ（低気圧）に向かって吹き込む大陸内部（中央アジア）からの乾いた北西風の流れは、北から南に向けて加速されるため空気は発散し、それを補うように下降流が生じる（コラム3―3参照）。上空では、チベット高気圧の西側の南風は減速して収束し、下降流が生じる。チベット高気圧の東側では北風が南に行くほど強まる傾向となるため、上空では空気は発散し、上昇流を強める傾向になる。すなわち、対流圏下層のモンスーントラフと対流圏上層のチベット高気圧に伴う地衡風（コラム2―2参照）の組み合わせにより、チベット高原の東側では上昇流が強められ、西側で下降流が強められる。したがって、アジアモンスーンに伴う対流活動（雲と降水の活動）は、下層のモンスーン低気圧の東、上層のチベット高気圧の東側に偏って強化される。対照的にモンスーン低気圧、チベット高気圧の西側では下降流が卓越して晴れの天気が続き乾燥した砂漠気候が形成される。

熱帯偏東風ジェット

さらに、チベット高原南部上空（対流圏上層）では、チベット高気圧の南側に南北の気圧勾配が大きい地域が形成されるため、地衡風として強い東風が、北緯15～20度沿いの東南アジア、ベンガル湾、インド亜大陸、アラビア海からアラビア半島上空にのみ形成される（図3―1㊦）。この対流圏上層の強い東風領域は熱帯偏東風ジェット（気流）とよばれている。図3―5に示すように、インド亜大陸から西側では、この熱帯偏東風ジェットは西に行くにしたがい次第に弱くなるため、ジェットの流れに沿って空気は収束し、北アフリカのサハラ砂漠の上空に至る広い範囲で下降流が強められる。反対にジェットの東側、東南アジア上空では東風が流れに沿って加速されるため、空気は発散し、前述のモンスーン気流に伴う上昇流はさらに強化される（空気の収束・発散と上昇流・下降流の関係については、コラム3―3を参照）。

すなわち、熱帯偏東風ジェットの出口にあたるインド亜大陸の西側のアラビア半島から北アフリカ上空は、東風の流れが収束するため下降流が強められ、入り口にあたる東側の東南アジア上空は上昇流が強められるので、チベット高原を境とする西の砂漠気候、東の湿潤なモンスーン気候をさらに強める方向に働いている。

このように、チベット高原の存在は、ユーラシア大陸での夏季の大気加熱（と上昇流）の中心を、高原の東南縁（すなわちヒマラヤ山脈付近）に位置させ、この大気加熱に伴う大気循環により、高原の東（および東南）に広がる湿潤気候、西（および北西）に広がる乾燥気候が形成され、大陸上での東西の気候のきわだったコントラストを生み出しているのである。チベット高原（＋ヒマラヤ山脈）のような大規模な山岳地形がなく、巨大な高気圧と低気圧の形成がない北米大陸上には、このような東西で大きく異なる気候形成のメカニズムは存在しない。

和辻哲郎がチベット高原の南に位置するインド洋を、西へ向かって航海したときに経験した湿潤なモンスーン気候から乾燥気候への劇的な変化は、チベット高原による東西非対称な気候の形成メカニズムによっていたのである。

コラム3―3　高低気圧に伴う空気の収束・発散と上昇流・下降流

高気圧・低気圧に伴うような大規模な風は、（密度一定の非圧縮性の）空気の流れとして近似できる。この条件下で、ある気圧（高度）での水平風が流れの方向に沿って減速する場合を収束、加速する場合を発散と気象学では定義している。たとえば、流れに沿って風が収束するところでは、収束した空気層は地面には入りこめないので、空気層は上面へと伸長するため空気は全体として上昇する（すなわち上昇流となる）。同様に、逆に風が発散するところでは、空気層は水平に広がるとともに高さ方向には収縮するため空気層は全体として下降流となる。いっぽう、成層圏が実質的なフタとなっている対流圏上部では、空気が収束すれば対流圏下部に向かって空気層は伸長するため、地上とは反対に、空気層では下降気流が生じ、発散するところでは上昇流が生じる。

さて、地衡風（コラム2―2参照）の強さは、気圧差（気圧勾配）をコリオリ因子（高緯度ほど大きく低緯度ほど小さい係数）で割った量であるため、その大きさは同じ気圧差なら低緯度ほど大きく、高緯度ほど小さくなる。したがって、高気圧・低気圧に伴うような大規模な風で同じ気圧差で低緯度から高緯度に吹く地衡風は収束を伴い、高緯度から低緯度に吹く地衡風は発散を伴うことになる。

5　冬のアジアモンスーン

シベリア高気圧とアリューシャン低気圧

ここで、北半球の冬に目を転じよう。図3—2には、北半球冬（12〜2月）で平均した地上気圧と対流圏上層（200hPa）の高度（気圧）分布を示す。地上（図3—2㊤）では夏とまったく反対に、強く冷やされたふたつの大陸（ユーラシア大陸と北米大陸）上に高気圧が形成され、ふたつの大洋上（北緯50度付近）には低気圧が形成されている。特にユーラシア大陸上には、中心が月平均でも1040hPa以上となる強いシベリア高気圧が形成されるが、チベット高原があるため、シベリア高気圧からの吹き出しは、日本海へ向かう北西季節風になり、その風はコリオリ力によって北東季節風となってさらに南下し、東南アジアの沿岸域を中心に冬の雨季をもたらしている。これが冬のアジアモンスーンである。

いっぽう、図3—2㊤にみられる南半球夏の亜熱帯高気圧の分布は、冬（図3—1㊤）と比較しても、若干の位置と強さの変化を除き、全体のパターンはほとんど変化していない。

北半球の夏（図3—1㊤）と冬（図3—2㊤）の地上気圧と卓越風の分布を比較すると、南アジア・東南アジアから日本を含む東アジアまでの地域は、大規模な季節風（風としてのモンスーン）の変化に伴って降水量（図3—4）も季節的に明瞭に変化する気候が大きな特徴となっているとがわかる。したがって、もともと季節風を意味するモンスーンは、同時に季節的にやってくる雨あるいは雨季の意味にも用いられている。これがモンスーン気候であり、この気候が支配するアジアの地域全体はモンスーンアジアとよばれている。

東アジア特有の「西高東低」の気圧配置

北半球冬季の気圧分布（図3―2(上)）の日本列島付近をみると、等圧線が縦に密集していることがわかる。このような場所は同じ中緯度（北緯30〜40度付近）では他にみられない。バイカル湖付近に中心を持つシベリア高気圧は、ユーラシア大陸の大部分を覆うほどの広がりで現れている。いっぽう、北太平洋上には1000hPa以下の深いアリューシャン低気圧があり、大陸側の高気圧と海洋側の低気圧のあいだに位置する日本列島付近は大きな東西の気圧差（気圧勾配）がある。これが東アジア特有の「西高東低」の気圧配置であり、日本列島には、シベリア高気圧から強く冷たい北西風が冬の季節風として吹いてくる。このため、日本列島を含む東アジアは、同じ緯度では世界で最も寒い地域となっている。

これに対し、北米大陸上の高気圧は中西部のロッキー山脈付近に限定しており、その中心気圧も1020hPa程度とさほど高くない。北大西洋上の低気圧（アイスランド低気圧）とのあいだの気圧差の大きい地域は、高緯度のカナダ北東部沿岸の一部に限られる。したがって、冷たい大陸上から中緯度に吹き出してくる冬の強い季節風は北米大陸にはなく、東アジア特有の現象といえる。

熱帯アジアの北東モンスーン

シベリア高気圧からの寒気の吹き出しは、日本列島付近に留《とど》まらない。大陸から南下して東シナ海から南シナ海にも吹き出し、北西風から北東風に向きを変えて、インドシナ半島からさらにベンガル湾に達する北東季節風として吹きつけ、ベトナムからマレー半島、インド南部やスリランカの海岸域を中心に冬の雨をもたらしている。さらに、南シナ海から赤道を越えた季節風は南半球でのコリオリ力により方向を東向きに変え（図3—2(上)、インドネシア諸島域に西風のモンスーンとなってこの地域の雨季（図3—4(b)参照）をもたらしている。

東アジアから東南アジア、南アジアにかけてのシベリアからの季節風と、それによってもたらされる雨や雪は、アジアの冬の北東モンスーンとよばれており、やはりユーラシア大陸東部から東南部の沿岸付近を中心に特有の気候となっている。

南シナ海からベンガル湾・アラビア海の海上は、夏季は南西季節風、冬季は北東季節風と、まったく反対のベクトルを持つ季節風が吹いている。この季節による風のちがいを利用して、これらの地域では古くから海上交易が盛んに行われ、沿岸では「風待ち港」としての都市が発達していた（第6章5節参照）。「モンスーン（季節風）」の語源が、アラビア語での「季節(Mausim)」から転用されたのも、このような歴史からきている。

ヒマラヤ・チベット山塊とロッキー山脈のちがい

夏のアジアモンスーンにおけるヒマラヤ・チベット山塊の大きな役割についてはすでに2節でのべたが、ここでは、なぜ、ユーラシア大陸にのみ、強い冬の高気圧が形成されるのかを考えてみたい。

まず、理由のひとつはユーラシア大陸の大きさにある。大陸は中・高緯度（北緯40～70度）を中心に冬季は日射が弱く夜も長いため陸地は強く冷却され、その上を流れる偏西風も大陸上で冷やされていく。大陸の東西の長さは、ユーラシア大陸は経度にして120度を超えるが、北米大陸は60度程度でユーラシア大陸の半分以下である。したがって、ユーラシア大陸上で冷やされた空気は、特に東部のシベリア付近では、北米大陸上で冷やされた空気よりもはるかに低温になる。

ユーラシア大陸と北米大陸の冬の気温のちがいをさらに大きくしているのは、ふたつの大陸の大規模山岳の位置と形状のちがいである。図3―2(上)の図中に灰色で示されているように、ヒマラヤ山脈を含むチベット高原は平均高度4000mで北緯30～40度の大陸中東部に横たわっているため、その北側の強く冷やされた大気を効率よく堰《せ》き止める壁のような役割を果たしている。いっぽう、北米大陸のロッキー山脈は、平均高度2000m程度で大陸西部に細長く、北極圏に位置するアラスカからメキシコ付近まで南北に長大に伸びる山脈として横たわっている。したがって、ロッキー山脈は北極域や大陸中央部で冷やされた空気を堰き止める役割は果たさず、北極側の冷たい大気はそのまま大陸南側（低緯度側）の暖かい空気と接しやすく、また混ざりやすいため、ユーラシア大陸上ほど低温にはならない。

6　寒い日本列島をもたらすチベット高原

チベット高原が作る偏西風の波動と日本の寒い冬

図3—2(下)には、冬季（12〜2月）の上空約1万2000m（200hPa）の平均的な等圧面高度分布（気圧分布）が示されている。北半球中緯度（30〜50度）の緯度に沿って東西にみると、ユーラシア大陸上は東に向かって高度（気圧）が下がり、日本列島付近は気圧の谷となり、また北米大陸西部のロッキー山脈上は気圧の峰が、東部の五大湖付近から東海岸付近には気圧の谷が現れている。上空の風は地衡風（コラム2—2参照）として吹いているため、等高度線に平行に吹く。また等高度線が密な（粗な）地域は風が強い（弱い）ことを示す。したがって北半球中・高緯度の等高度線分布はそのまま偏西風の流れを示している。偏西風の波動は日本付近に気圧の谷、ロッキー山脈付近が気圧の峰となる。蛇行のパターンは、それぞれの大陸の大規模な山岳地形の効果と大陸・海洋の熱的な効果で形成されている。

図3—6に、日本列島の緯度（北緯35〜45度）に沿った対流圏中部の500hPa（約5500

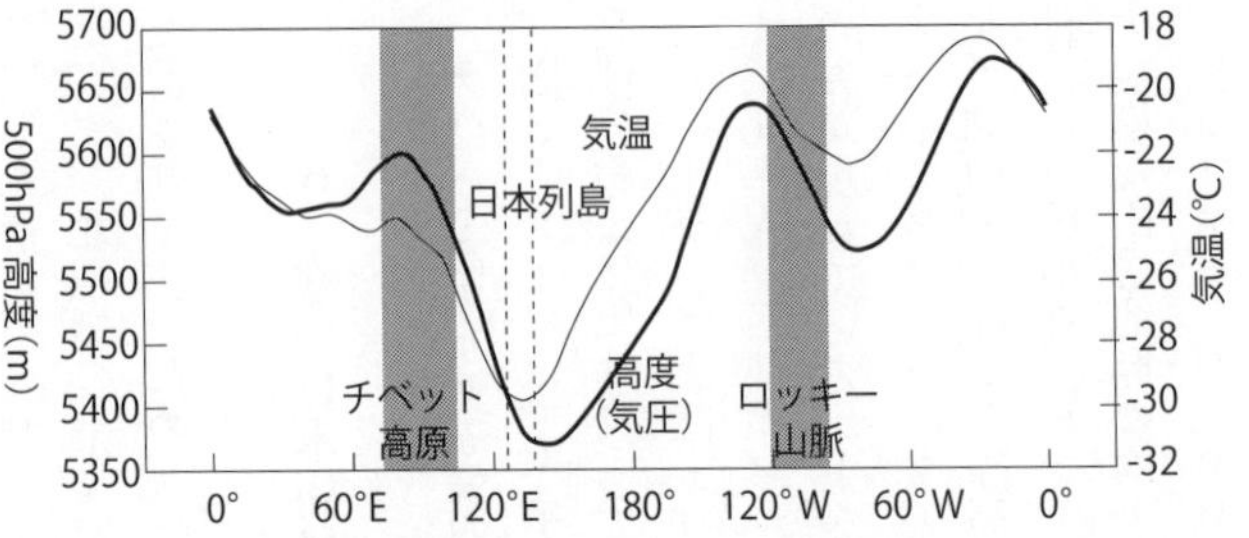

図3―6　北半球冬季（12〜2月）における中緯度（北緯35〜45度）沿いの500hPa高度（気圧）分布と気温分布（安成，2018を一部改変）

m）の高度と気温が示されている。この図でわかるように、日本列島付近と北米東岸は、チベット高原とロッキー山脈で励起された偏西風の蛇行の気圧の谷（図2―3(b)参照）に位置するため、北極の寒気団が南下しやすく中緯度でも寒い地域となっている。特に日本列島上空の大気は、北半球中緯度では最も気温が低い。これは東西方向1万㎞におよぶスケールのユーラシア大陸上で冷やされた大気とチベット高原の堰き止め効果により、北米大陸よりもより強い寒気団が形成されて日本付近に降りてくるためである。日本海側の大雪は、暖流が流れる暖かい日本海の存在と中緯度で最も寒い冬の気候の組み合わせで生じている地球上でも稀《け》有《う》の気候現象である。

日本上空のジェット気流は世界一速い

さらに日本列島上空は、図3―2(下)の等高度線の混み具合からもわかるように、偏西風が北半球で最も強くなっている。日本上空は、北米大陸よりも冷たい空気が偏西風に乗って南下していることに加え、チベット高原（ヒマラヤ山脈）の南縁に沿って亜熱帯上空を流れてくる暖かい偏西風が合流することにより、この地域の南北の温度差が特に大きくなり、寒帯ジェット気流とよばれる非常に強い偏西風が吹いている。

いっぽうで、日本の南のインドネシア付近は雨季（南半球側のモンスーン）にあたり、赤道付近において世界でも最も対流活動が強い地域となっている。図3―2(下)にも示されるように、この活発な対流活動に対応して対流圏上部には強い高気圧が形成されるため、その北側では南北の気圧勾配がさらに大きくなり、日本列島のすぐ南の上空で、亜熱帯偏西風ジェット気流を強めている。

すなわち、日本列島の上空は、チベット高原の北側を流れてくる強い寒帯ジェット気流に加え、高原の南縁を回ってくる亜熱帯ジェット気流も強くなっている。チベット高原の南と北を流れるこれらふたつのジェット気流は、日本列島付近で合流することにより、ときに風速100mにもおよぶ世界最強のジェット気流となって吹いているのである。

東アジアの冬のモンスーンは、地上付近ではシベリアからの非常に冷たい北西風が吹き、上空では世界最強の偏西風のジェット気流が吹いていることに特徴づけられる。チベット高原の北からの寒気と南側を回る暖気が合流する日本列島付近から北太平洋にかけては、世界でも有数の低気圧活動の活発な地域ともなっている。

チベット高原の存在は、夏も冬も世界で類をみないほど強大なアジアモンスーンの形成に、極めて重要な役割を果たしていることをのべてきた。日本列島は、特にその影響を夏冬ともに強く受けている特異点のような地域であり、中緯度で最も湿潤で暑い夏と、最も厳しい寒さ（地域によっては大雪）の冬を併せ持つ気候となっている。

7　アジアモンスーンが地球気候の変動に果たす役割

インドモンスーンとＥＮＳＯ

夏のアジアモンスーンの中心をなすインドモンスーンによる雨は、インドの稲作農業にとって不可欠である（第6章4節参照）。モンスーンによる降水量が少なくて干ばつになると収穫は激減するが、多すぎて洪水になっても困る。したがって、毎年のインドモンスーン降水量の予測は、インドの政府や農民にとって古くから重要な課題であった。20世紀はじめ、まだ大英帝国の植民地であったインドの気象局長ウォーカーは、年々のインドモンスーン降水量予測をめざして、当時入手できたグローバルな地上気圧データを集めて、地域的な大気変動のパターンとインドモンスーン降水量との関係を調べた。その中で見出《みいだ》したのが、第2章5節でのべたＥＮＳＯの大気側の変動である南方振動（ＳＯ）であった。[4] 彼の名をつけたウォーカー循環（図2—5参照）とは、まさに南方振動に伴う赤道沿いの大気循環である。インドネシアからインド洋にかけての広い地域と東部熱帯太平洋域のあいだで気圧が東西でシーソーのように振動するパターンとして南方振動を見出したのである。しかしながら南方振動の示数とインドモンスーン降水量のあいだには、同じ夏季の相関は高いが、モンスーン前の冬の南方振動示数との相関はそれほど高くなかったため、南方振動によるモンスーン降水量の予測はうまくいかなかった。その後の多くの研究も、エルニーニョの年はインドモンスーン（あるいは夏のアジアモンスーン）が弱い、逆にラニーニャの年にはモンスーンが強いという関係のあることを指摘しているが、ENSOによるモンスーン予測は成功していない。その最も大きな理由は、インドモンスーンという北半球夏に限定された現象と、ENSOという1年以上の時間スケールを持つ現象がどう結びついているのかがよくわかっていなかったためである。

アジアモンスーンがENSOに影響している！

大切なポイントは、夏のアジアモンスーンと熱帯太平洋の大気・海洋系が、季節進行の中で気象学的・海洋学的にどう結びついているのかを理解することであろう。

全球の降水量分布（図3—4）をみると、夏季アジアモンスーンに伴う降水量の多い地域は、チベット高原の南から東南アジアの陸域だけでなく、フィリピン諸島の東に広がる西部熱帯太平洋にまで広がっている。これはこの海域が、第2章5節で説明したような熱帯太平洋での大気・海洋相互作用によって、27〜28℃以上の高い海面水温の広大な「暖水プール」となっており、この海域からの活発な蒸発によって大気下層は湿潤で、一年を通じて大規模な積乱雲系の

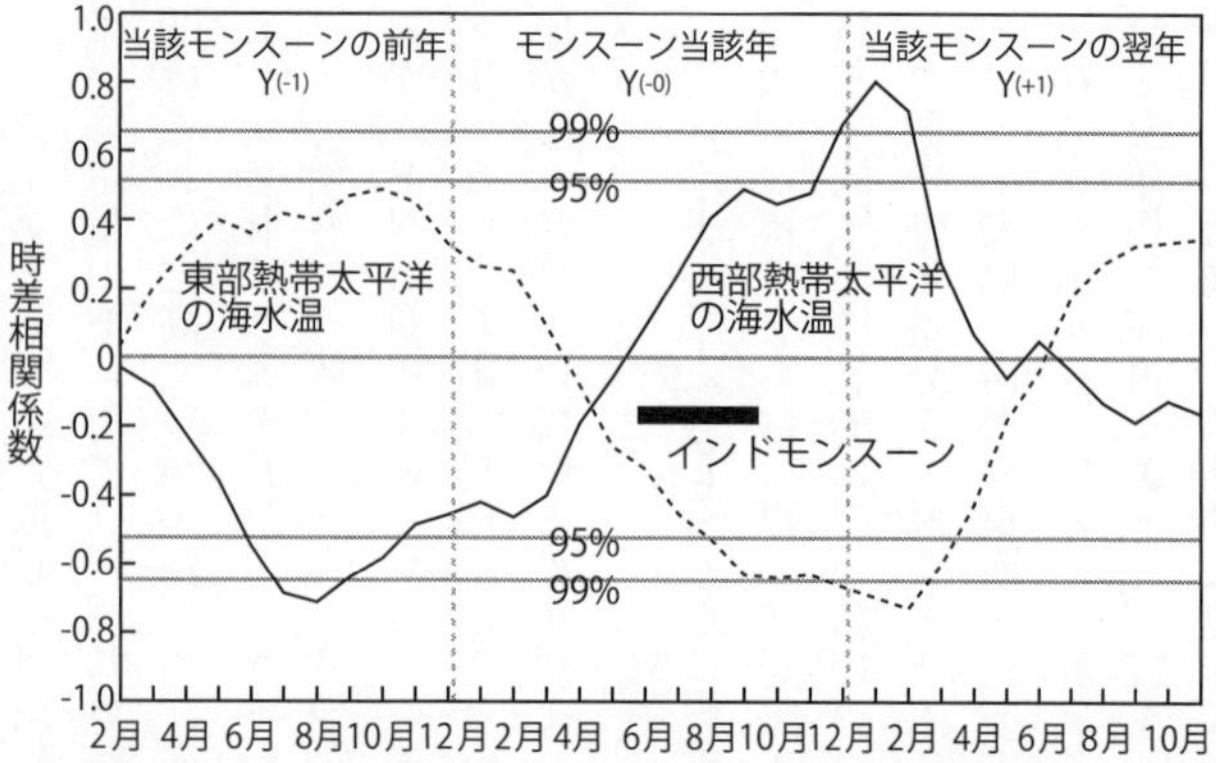

図3―7　インドモンスーン降水量（6～9月）変動とその前年から翌年までの熱帯太平洋の海面水温（月平均）変動の間の時差相関　西部熱帯太平洋との相関は実線、東部熱帯太平洋との相関は破線で示す。99%および95%の有意水準レベルも示されている（Yasunari, 1990）

生成・発達が活発だからである。この海域は、台風を含む熱帯低気圧が世界でも最も発達しやすい地域のひとつとなっている。

興味深いのは、インドモンスーンの年々の変動が、この暖水プールの変動にも深く関わっていることである[5]。図3―7は夏季アジアモンスーンの強さの指標として、当該年（Y(0)）のインドモンスーン降水量（6～9月）と、その前年（Y(-1)）から翌年（Y(+1)）の月ごとの熱帯太平洋の海面水温との相関係数（縦軸）を、過去十数年の年々のデータについて計算して図示したものである。この図から、インドモンスーンが強いと、その後の冬の西部熱帯太平洋（暖水プール）の海面水温が高くなるいっぽう、東部熱帯太平洋の海面水温は低くなるという相関、すなわちラニーニャ的な大気・海洋系が顕著となることが明瞭に読みとれる。反対に夏季のインドモンスーンが弱いと次の冬はエルニーニョ的となる。そして、この夏季モンスーンと冬季の熱帯太平洋の海面水温との相関は、モンスーンの前年の冬よりも、夏のモンスーンに引き続く冬に最も有意な正の相関として現れており、夏季インドモンスーンの変動が次の冬の熱帯太平洋の海面水温変動に強く影響していることを示している。

北半球夏の気圧分布（図3—1(上)）でもわかるように、北太平洋上には大きな亜熱帯高気圧が形成されているが、西部熱帯太平洋の暖水プールの形成には、この北太平洋上の亜熱帯高気圧からの偏東風が大きな役割をしていることをすでにのべた（第2章5節参照）。そして、亜熱帯高気圧の強さには、ユーラシア大陸と北太平洋という巨大な海陸分布の熱的なコントラストが大きく作用しているが、チベット高原の存在が大陸側の加熱を強化し、亜熱帯高気圧と赤道沿いの偏東風を強めて、暖水プールをさらに強め広めているという関係が、大気・海洋が結合した気候モデルによる研究でも明らかになっている。(6) 夏季アジアモンスーンの強弱は、北太平洋の亜熱帯高気圧と偏東風（貿易風）の強弱とも連動しており、それが熱帯太平洋の大気・海洋系の状態に影響をおよぼした結果、翌年春頃に、エルニーニョあるいはラニーニャの出現として現れてくるわけである。

ヒマラヤ・チベット山塊を抱えた地球上で最大のユーラシア大陸は、インド洋・太平洋との相互作用で強大な夏のアジアモンスーンを形成し、さらに夏から冬に向から季節進行の中で熱帯太平洋での大気海洋相互作用を介してＥＮＳＯの状態を変え、それがさらに地球規模での気候の年々変動を引き起こしているのである。

ユーラシア大陸の積雪がアジアモンスーンに影響

それでは夏のアジアモンスーンの年々変動を決めている要素は何であろうか。モンスーン循環の強さを基本的に決めているものは、先にのべたように、大陸と海洋のあいだの加熱のちがいとそれに伴う大気層の温度差である。チベット高原を含む大陸内部は、亜熱帯から中緯度に位置しており、モンスーン季以外は中緯度偏西風の影響を強く受けている。したがって、たとえば冬から春の中央アジアやチベット高原付近での積雪の面積や量がふだんより多いと、積雪による日射の反射量が多いことや、融雪に太陽エネルギーが余分に必要となり融雪による土壌水分量が増加することなどにより、この地域での夏季に向けた日射による地表面と大気の加熱が弱まる。その結果、夏のモンスーンは弱くなることが考えられる。

実際に人工衛星などによる中央アジアやチベット高原付近の積雪域とインドモンスーン降水量の関係の分析や、いくつかの気候モデルによるシミュレーションなどで、ユーラシア大陸での積雪が多いと引き続く夏のアジアモンスーンが弱くなることが明らかにされてきた(7)。

アジアモンスーンがつなぐ熱帯と中・高緯度の気候の年々変動

中央アジアからチベット高原付近での積雪量の変動は、夏季アジアモンスーンの変動に影響し、さらにこの変動は図3—7に示したように次の冬の西部熱帯太平洋の海水温を変化させ、熱帯太平洋の海水温変動に影響していると考えられる。実際に、4月に積雪面積が広がると（夏季アジアモンスーンは弱くなり）、その翌年1月の西部熱帯太平洋の海水温が低くなる、すなわちエルニーニョ的な状況を引き起こしていること、あるいはその逆で積雪が少ないと（夏季アジアモンスーンは強くなり）、その後の海水温は高くなりラニーニャ的な状況となる、という高い相関のあることを私たちは明らかにした(8)。

中央アジアからチベット高原の冬から春に積雪が多いか少ないかは、ユーラシア大陸上の偏西風循環に伴う低気圧活動に強く関係している。この地域での冬から春の積雪域の拡大には、冬の偏西風が、ユーラシア大陸中央部のカスピ海付近に深い気圧の谷、その両側の東アジアと西ヨーロッパに気圧の峰という波動のパターン（蛇行）になることが重要なこともわかってきた。同時に北米大陸上ではカナダ北部から北大西洋で気圧が低く、北米南部で高い傾向となることが多い。逆に中央アジアの積雪が少ないときには、北半球中・高緯度の気圧のパターンは、ほぼ反転する傾向にあることも指摘されている。

ここで、図2—6(b)のエルニーニョのときのテレコネクションパターンをもう一度みてほしい。熱帯太平洋がエルニーニョ的なときには、北米大陸北部はむしろ高気圧の傾向、南部のフロリダ付近が低気圧の傾向となるパターンが形成されやすいことが示されており、北米大陸から北大西洋、ユーラシア大陸での大気循環のテレコネクションにより、ユーラシア大陸上は積雪が少なくなる傾向を示唆している。すなわち、

冬の中央アジアの積雪が多い ⇓ 夏のアジアモンスーンが弱い ⇓ 次の冬の西部熱帯太平洋の海水温が低い（すなわち、エルニーニョ的な状況）↓（テレコネクションにより）**北米大陸上の気圧パターン**（北部が高、南部が低）**を引き起こす ↓ 中央アジアの積雪は少なめとなる ⇓ 次の夏のアジアモンスーンは強い**

という連鎖が生じる。北半球冬の中・高緯度における偏西風循環のパターンと熱帯太平洋での大気・海洋系の年々変動の状況が1年ごとに反転するという、2年周期的な変動がアジアモンスーンの強弱によって引き起こされていることになる（ここで⇓は冬から夏、あるいは夏から冬の季節をたがえた変化、↓は同じ季節内での変化を示している）。

このようにアジアモンスーンは、地球上最大のユーラシア大陸とインド洋・太平洋のあいだをつなぐ巨大な大気循環であり、ユーラシア大陸での大気および（積雪・土壌水分量などの）陸面の相互作用と、熱帯太平洋での大気・海洋相互作用を通して、熱帯と中・高緯度の大気循環の変動をつなぐことによって、地球気候の年々変動を引き起こす重要な役割を果たしているのである。

第4章　アジアモンスーンと日本の気候

この章では、第1章で概観したような日本の天気・天候の季節変化や年々の変動が、いかに作りだされているかを、より詳しくのべてみよう。そこには、夏・冬のアジアモンスーンや熱帯太平洋での大気と海洋の相互作用、日本列島の地理・地形的条件などが大きく関係している。

1　日本列島の季節変化と気候の年々変動を決めている要因

まず、日本列島の気候とその変動を決めている大きな要因は、以下の4つに分けることができる。

①　大陸東岸（チベット高原の東側）**に位置し、中緯度偏西風帯にあること**

日本列島は、ユーラシア大陸東岸にあり、南の沖縄・八重山《やえやま》諸島から北の北海道まで、北緯

25度から45度の中緯度に横たわっている。南端の沖縄・八重山諸島は、冬でも亜熱帯高圧帯（図2—3(上)および図3—1参照）にかかっているが、列島の大部分は、中緯度偏西風帯に位置している。特に、世界で最も高くて広いチベット高原の東側（すなわち、偏西風の風下側）に位置していることは、その夏冬の季節変化を大きくしている。

② アジアモンスーンの強い影響下にあること

上述のチベット高原の東側に位置することにも関係して、夏・冬の地上の風は季節的に大きく変わる（第3章参照）。夏は南・東南アジアからの暖かく湿った南西モンスーンと太平洋高気圧からの湿った南東風の両方が大きく影響している。冬はシベリア高気圧からの冷たくて乾いた冬のモンスーンが卓越する。上空（対流圏中・上層）の偏西風の流れは、このアジアモンスーンに関連して大きく蛇行する。このような夏・冬の地上付近と上空の風の変化により、気候の季節的な変化や年々変動は非常に大きい。

③ 西部熱帯太平洋の暖水域（高水温域）**の影響を受けていること**

西部熱帯太平洋の暖水域が日本列島の南に位置しており、その海域の雲活動の季節変化やそこで発生・発達する台風に強く影響を受ける。第3章7節でのべたように、この暖水域は、夏季のアジアモンスーンとも密接につながって形成されている。アジアモンスーンにより運ばれてきた水蒸気に加え、この暖水域からの蒸発による水蒸気の供給により、夏季は列島に多量の雨がもたらされている。

④　**日本海によって大陸と隔てられた山岳地形の列島として存在していること**

ユーラシア大陸とは日本海で隔てられているため、日本海の対馬暖流や太平洋の日本海流（黒潮・暖流）・千島海流（親潮・寒流）が列島沿岸に沿って流れ、海洋気候的特徴も有している。列島は、急峻《きゅうしゅん》な山岳地形と沖積平野からなり、列島内でも複雑で多様な地域気候が形成されている。

現実には、これらの4つの要因が絡み合って、日本列島付近での毎年の季節変化とその変調（すなわち、気候の年々の変動）が起こる。

以下に、もう少し詳しくそのしくみをのべてみよう。

2　春から夏への季節変化――日射に対する大陸と海洋の感度差

シベリア高気圧の弱まりと太平洋高気圧の強まり

日本列島における冬から夏への季節変化は、図3―2(上)と図3―1(上)を比べるとよくわかるように、ユーラシア大陸と北太平洋での気圧配置の大きな変化に対応している。3月に入り、太陽が北半球側に戻ってくると、まず大陸上の大気が暖まり、北半球の冬を特徴づけていたユーラシア大陸上のシベリア高気圧は次第に弱まってくる。シベリア高気圧が弱まると、日本列

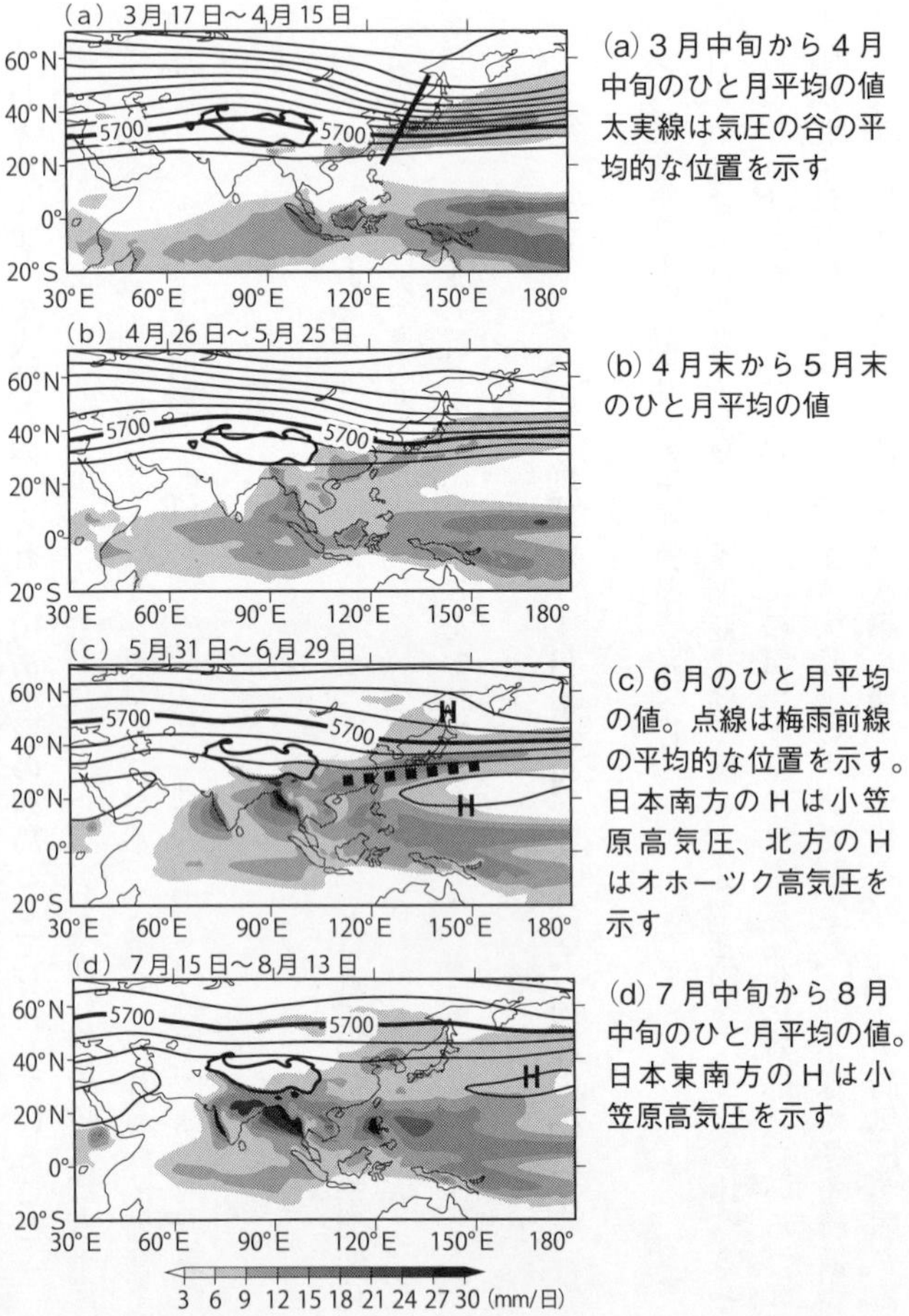

(a) 3月中旬から4月中旬のひと月平均の値
太実線は気圧の谷の平均的な位置を示す

(b) 4月末から5月末のひと月平均の値

(c) 6月のひと月平均の値。点線は梅雨前線の平均的な位置を示す。日本南方のHは小笠原高気圧、北方のHはオホーツク高気圧を示す

(d) 7月中旬から8月中旬のひと月平均の値。日本東南方のHは小笠原高気圧を示す

図4―1　モンスーンアジア、西部熱帯太平洋での3月から8月にかけての降水量（灰色スケール：単位は mm/日）と対流圏中層の大気の流れを示す500hPa（上空約5000m 付近の気圧）高度分布の季節変化（気象庁データから作成）

島付近は上空の偏西風波動に伴った移動性の高低気圧が現れやすくなり、天候は周期的に変化するようになる。北太平洋上では、アリューシャン低気圧が弱まるとともに、亜熱帯高気圧が夏のアジアモンスーンの強まりとともに、次第に強くなってくる。

図4―1に、日本列島を含む東アジアから東南アジア、西部熱帯太平洋での3月中旬から8月中旬までの降水量と、上空の大気の流れの指標となる対流圏中層の500hPa（上空約5000m付近の気圧）高度分布の季節変化を示す。3月中旬から4月中旬（図4―1(a)）は、冬の偏西風の流れは弱まっているが、列島付近は、地上付近では大陸上の高気圧と次第に強くなる太平洋高気圧のあいだに弱い前線が形成されやすくなり、上空では日本海付近に気圧の谷（図中の直線）が形成され雨が降りやすい「菜種梅雨」（第1章参照）の季節になる。熱帯の対流活動（雲分布）の中心はまだインドネシア付近の赤道沿いにあり、北緯10～25度付近には亜熱帯高気圧の影響による晴天域が広がっている。

五月晴れのしくみ――東南アジアモンスーンの開始

5月（図4―1(b)）になると、日射が強くなるとともに、チベット高原付近の地表面温度は高くなり、大気加熱は急激に進んでくる。日本付近の上空の気圧の谷も弱まり、日本列島南方には対流圏中部の高さでも高気圧が現れてくる。同時に、インドシナ半島・南シナ海やインド洋側のベンガル湾の海面水温も次第に高くなり、これらの地域・海域での雲量が増加し、積乱雲の活動が活発になったことがわかる。インドシナ半島での夏季モンスーン（雨季）が開始されるのはまさにこのタイミングである。

興味深いことに、インドシナ半島付近の雨季の開始と同調するように、日本列島では、五月晴れの好天が続くことが多くなる。4月はじめ頃（図4－1(a)）と比べても、気圧の谷は消え雲量が少なくなっている。季節推移の中ではこのように、好天になる確率が統計的に高くなるカレンダー日（1日だけでなく、数日程度のことが多い）が出現する。特定の気候が多くなるカレンダー日を、気象学では特異日（シンギュラリティ）とよんでいる。この現象は、インドシナ半島から南シナ海南部でのモンスーン開始に伴う対流活動が、その北側で緯度にして15～20度程度離れた日本列島付近で高気圧を強めるというテレコネクション（第2章6節、図2－6(a)参照）が起こるためで、晴天になりやすいのである。インド亜大陸ではこの時期、まだモンスーンは開始しておらず、1年で最も暑い乾いた季節となっている。インドで夏（summer）といえばこの暑い季節（hot summer）のことを指している。

3　梅雨入りと梅雨明けの機構

梅雨入りとインドモンスーンの開始

冬季にはチベット高原南のヒマラヤ山脈沿いに流れていた上空の偏西風ジェット気流（亜熱

帯偏西風ジェット）は、チベット高原の季節的な加熱とともに、春にはその中心位置の南北動が激しくなってくる。6月に入ると、高原付近では、地上付近にモンスーン低気圧、高度十数㎞の対流圏上層にチベット高気圧が現れてくる（図3―1）。偏西風ジェット気流は、このチベット高気圧の発達とともに、高原の南側から北側に移動し、同時に高原の南側には、熱帯偏東風ジェット（第3章4節参照）が出現する。

この偏西風ジェット気流の北へのジャンプと熱帯偏東風ジェット気流の出現は6月はじめ前後の短期間に起こり、ベンガル湾からインド亜大陸での、ときとして「劇的」ともいえる対流活動と降水の急激な活発化、すなわち、インドモンスーンの開始を告げる。

いっぽう、西部熱帯太平洋では、南シナ海からさらにフィリピンの東（東経130～150度付近）の海面水温が高くなり、活発な対流活動が可能となる28℃以上の暖水プールが広がっていくため、積乱雲活動の中心となる熱帯収束帯がこの緯度まで北上する（図4―1(c)）。第2章6節でのべたテレコネクションのため、その北側の北緯20～30度付近の太平洋高気圧はむしろ強化される。この高気圧は、その南の熱帯収束帯での対流活動が活発化し上昇気流が強まることにより、そのすぐ北側で対流圏全体にわたって下降気流が強まって形成されるもので、日本では小笠原（太平洋）高気圧とよばれている。

図3―1(上)でみると、北太平洋東部（カリフォルニア沖）に中心のある北太平洋高気圧の南西に伸びた部分が小笠原高気圧のようにみえる。しかし、対流圏全体が冷えるために地表面は

高気圧、対流圏上層は気圧の谷（図3―1(下)参照）となる立体構造を持つ北太平洋高気圧とは異なり、小笠原高気圧はむしろ西部熱帯太平洋での対流活動により励起・形成されて、地上から対流圏上層まで続く高気圧の構造をもつ「背の高い」高気圧であり、形成のメカニズムからすると北太平洋高気圧とは区別したほうがいい。

この小笠原高気圧の西側に沿って、南から熱帯の湿った気流が日本列島付近に流れ込んでくる。すなわち、チベット高原の北側を流れる中緯度偏西風に運ばれてくる大陸上の乾いた空気と、小笠原高気圧に沿って流入してくる南からの湿った空気が合流し、乾湿の異なる空気の境目に梅雨前線が図4―1(c)のように、ほぼ北緯30度沿いをチベット高原の東側から日本列島付近にかけて形成される（図3―3も参照）。インドモンスーンの開始と梅雨の入りは、ほぼ同期しているのである。

東日本に寒い夏をもたらす「やませ」のしくみ

日本列島付近の梅雨の時期、もうひとつ特徴的な現象は、第1章2節でものべた、特に東北・北海道を中心にした東日本でみられる冷たい北東気流を伴う「やませ」である。梅雨季には、オホーツク海上に冷たく湿ったオホーツク（海）気団が形成され、オホーツク海高気圧として現れる。東北日本に吹く冷たい北東気流は、この高気圧から吹き出される気流である（図3―3参照）。

オホーツク海は、冬季には海氷が張りつめており、夏季には、海氷が融けた冷たい海水が広がっている。長いあいだ、この冷たい海水による大気の冷却がオホーツク海気団（高気圧）の直接の成因と考えられていた。しかし、最近の研究で「やませ」は、より大規模な現象の一環であることがわかった[1]。

すなわち、ユーラシア大陸全域では、春から夏に向けて気温上昇が起こっているが、海氷がまだ存在する北極海周辺の気温は低い。この温度差により、大陸上での（高低気圧の通り道としての）偏西風ジェット気流が北緯60度付近まで北上する。また、暖かくなったシベリアと冷たいオホーツク海の東西方向の温度差が、この緯度帯に沿って大陸からオホーツク海上で偏西風の蛇行を引き起こす。これらにより、オホーツク海上の上空に（ブロッキング高気圧とよばれる）停滞性の高気圧が形成される。この状況は図4―1(c)でも、等高度線が高緯度側に張り出して間隔が広がっていることで示されている。この上空の高気圧がオホーツク海上の地上付近にも高気圧を形成して東風を吹かせ、そして、その風が冷たいオホーツク海上で冷やされ、北東風の冷気流となって三陸沿岸に沿って南下するというしくみである。「やませ」は夏に向けて、大気の暖まりが早いシベリアと遅いオホーツク海の季節的なズレによって生じる現象ということがいえる。

梅雨明けの機構——熱帯太平洋での対流活動の北へのジャンプ

梅雨明けは、年ごとの変動はあるが、本州付近ではだいたい7月中旬から下旬頃である。梅雨明けは梅雨入りよりも明瞭でドラスティックに起こることが多い。そのしくみには、西部熱帯太平洋の暖水プールで起こる、大気と海洋のおもしろい相互作用が関係している。梅雨の最盛期である6月中旬頃には、小笠原高気圧が強まることは前にのべたが、実は、この海域は高気圧の下で日本とは逆に好天が続く。初夏の強い日射のため海面水温は上昇し、海面近くの大気下層は海からの蒸発で、季節の進行とともにさらに湿ってくる。そうすると大気は不安定になり、大規模な積乱雲が発達する可能性があるが、小笠原高気圧下にあり対流圏全体にわたって下降流が強いあいだは、積乱雲の発達は抑えられている。この強い下降流を伴う小笠原高気圧を維持しているのは、先にのべたように、その南の熱帯収束帯における活発な対流活動による上昇気流が引き起こしている南北循環である。

したがって、熱帯収束帯での対流活動が何らかのきっかけで弱まると、小笠原高気圧海域での下降気流も弱まり、抑えられていた湿潤大気の不安定が突然解放される。その結果、図4—1(c)と図4—1(d)を比べてみればよくわかるように、フィリピンの東の海洋上で大規模な積乱雲群が「忽然《こつぜん》と」発達する。熱帯収束帯に伴う雲分布が、突然、北へジャンプしたことになる。これに伴って小笠原高気圧は日本列島付近にジャンプし、その北に横たわっていた梅雨前線も北に移動する。これが「梅雨明け」の機構である。(2)

では、熱帯収束帯の対流活動（と亜熱帯の小笠原高気圧）の北への突然の「ジャンプ」の引き金は何なのか。それは、季節変化の中の「天候のゆらぎ」をもたらす、季節内変動という現象である。

4　季節内の天候のゆらぎ——季節内変動

準2週間周期変動

アジアの夏のモンスーンと熱帯の雲活動には、季節変化に乗った「季節内変動」という時間スケールの天候のゆらぎがある。天候とは、季節変化より短いが、日々の変化より長い時間スケールで数日程度の天気の平均的総合的状態と定義される。梅雨期でも「梅雨の中休み」があったり、盛夏期でも、1週間か10日程度暑い日が続いた後、涼しい日がほぼ同じ期間続いたりすることがあるが、このような時間スケールの天気の変動といってもいい。過去半世紀の熱帯気象、モンスーン気象の研究は、大きく分けて、ふたつの時間スケールの季節内変動が顕著にあることを明らかにしてきた。2週間（10～20日）程度の周期と、数十日（30～50日程度）の周期の変動である。

2週間周期変動は特に、インドモンスーンからチベット高原周辺付近、そして日本列島付近の顕著な大気循環の振動として現れている。最近の研究では、この周期の降水量変動は、特に降水量の多いアッサム、バングラデシュ、ベンガル湾北部、チベット高原東南部に中心があり、チベット高気圧の強弱の振動とも関係していることが指摘されている。

この変動の起源は、雲活動が活発な西部熱帯太平洋にあることがわかってきた。赤道に近いこの地域の対流活動で励起されて赤道沿いに西進する大規模な波動に伴う熱帯低気圧が東南アジアからベンガル湾に進み、そこでチベット高原の地形の影響を受けて高原周辺での対流活動を強める。さらにチベット高原付近での対流活動がチベット高気圧やその北の中緯度偏西風にも影響する。すなわち、赤道付近の対流活動と中緯度の偏西風循環がアジアモンスーンを介して連鎖的に相互に作用し、日本付近の梅雨前線の活発期・不活発期や盛夏の天候変動にもこの周期が現れるのである。(3)

数十日周期変動（マッデン・ジュリアン振動）

いっぽう、数十日周期振動は、スーパー雲クラスターとよばれる2000〜3000kmのスケールを持つ巨大な熱帯低気圧群の塊が、熱帯収束帯に沿って、赤道インド洋から熱帯太平洋に向けてゆっくりと東進する現象と、それに伴う熱帯での対流活動と大気循環のゆらぎである。(4) 発見者二人の名前を取ってマッデン・ジュリアン振動（MJO）とよばれている。私は、約40年前の博士論文で、このMJOに伴って赤道インド洋上を東進する雲活動と、インドモンスーンに伴って赤道インド洋上からインド亜大陸へと北上する雲活動の変動が、あたかも縦（南北）方向と横（東西）方向でつながってぐるぐる回る「床屋の看板」の縞模様《しまもよう》のように、この周期で同期していることを、気象衛星画像などの解析から明らかにした。(5)

前節でのべた西部熱帯太平洋における雲活動域の突然の北への「ジャンプ」とそれに伴う梅雨明けは、季節が進行して大気と海洋が十分に条件が整った状態になると、これらの熱帯域における季節内変動が引き金になって引き起こされている。梅雨入りやその中休み、そして梅雨明けが、年によって時期が異なるのは、これらの季節内変動が季節の進行にゆらぎを与えているからである。

5　暑い夏・涼しい夏のしくみ

熱帯太平洋での雲活動の影響——ＰＪパターン

日本の夏が暑いか暑くないかは、ひとえに小笠原高気圧の強さと張り出し方によっている。小笠原高気圧の強さに最も影響しているのは、梅雨明けのしくみ（第4章3節参照）でのべたように、西部熱帯太平洋（フィリピン東方海上）付近の積乱雲活動の活発さである。この南北の気圧のテレコネクションは、西部熱帯太平洋（Pacific）の気圧が高いと日本付近（Japan）の気圧が低い、あるいはその逆という、南北の気圧があたかもシーソーのように変動する気圧パターンということで、それぞれの頭文字を取ってＰＪパターンとよばれている。(6) 図2—6(a)に示したのがまさにPJパターンの熱帯から中緯度へのテレコネクションを示している（第2章6節参照）。

西部熱帯太平洋上の積乱雲活動は、季節内変動のスケールでは、数十日周期変動（MJO）に伴う積乱雲活動の強弱に関係しているが、年々の変動はこの海域の海面水温の年々変動に大きくよっており、その変動に最も大きく関係しているのが、エルニーニョ・南方振動（ENSO）である。ENSOは図2―5で示したように、熱帯太平洋域全体での東西の海面水温とそれに結合した大気循環の変動で、数年程度の周期で、太平洋西部の海水温がより高くなり積乱雲活動が活発なラニーニャといわれる状態と、逆に海水温がより低く積乱雲活動が不活発となるエルニーニョが繰り返される。ラニーニャのときはPJパターンで図2―6(a)のように日本付近は高気圧になり日本は暑い夏となりやすく、エルニーニョのときは反対に、日本付近は反対のPJパターンとなって冷夏になりやすい。ENSOは、日本付近だけでなく、世界の多くの中・高緯度地域にも、大気のテレコネクションを通して影響しており、世界各地での異常気象を引き起こすことでよく知られている。

インド洋での雲活動の影響――インド洋ダイポール（IOD）現象

赤道インド洋の幅は熱帯太平洋の3分の1程度であるが、太平洋とは逆に、ふだんはインド洋西部から、雲活動が活発なインドネシア方面に向けて、赤道に沿った西風（赤道西風）が吹いている。インドモンスーンの季節には、その西風は、アフリカからアラビア海沿岸に沿って、赤道を越えた南西モンスーンに変わり、インド亜大陸に吹くことになる（図3―1(上)参照）。

しかし、数年に1度程度、その南西モンスーンが弱くなることがある。すると、スマトラ島に沿って赤道を越えた南東貿易風がベンガル湾方面に吹き込むとともに、暖かい海水を赤道沿いに西に運ぶことにより、インド洋西部では水温が高くなって対流活動も活発となる。このとき、スマトラ島沿いは湧昇流によって水温が下がり、ふだんとは反対に、海水温は東が冷たく西が暖かくなる「インド洋のエルニーニョ」的状態が生じる。この現象は、インド洋ダイポール現象（Indian Ocean Dipole：IOD）と名づけられた。[7] このIODの成因はまだ明らかではないが、インドモンスーンにも影響を与えるだけでなく、赤道西部インド洋の対流活動によるテレコネクションで、ときとして日本列島に暑い夏をもたらすことがある。ただ、熱帯太平洋でのENSOの影響が複合していることもあり、判断が難しい年もある。

偏西風の蛇行――もうひとつの天候のゆらぎ

小笠原高気圧の強さを決めているもうひとつの要因として、近年注目されているのが、対流圏上層のチベット高気圧の北側に沿って流れる偏西風ジェット気流の蛇行パターンである。チベット高原北側のシルクロード地域に沿った波動のパターンであるため、「シルクロード・パターン」ともよばれている。[8] 夏季のユーラシア大陸上の偏西風ジェット気流は、チベット高気

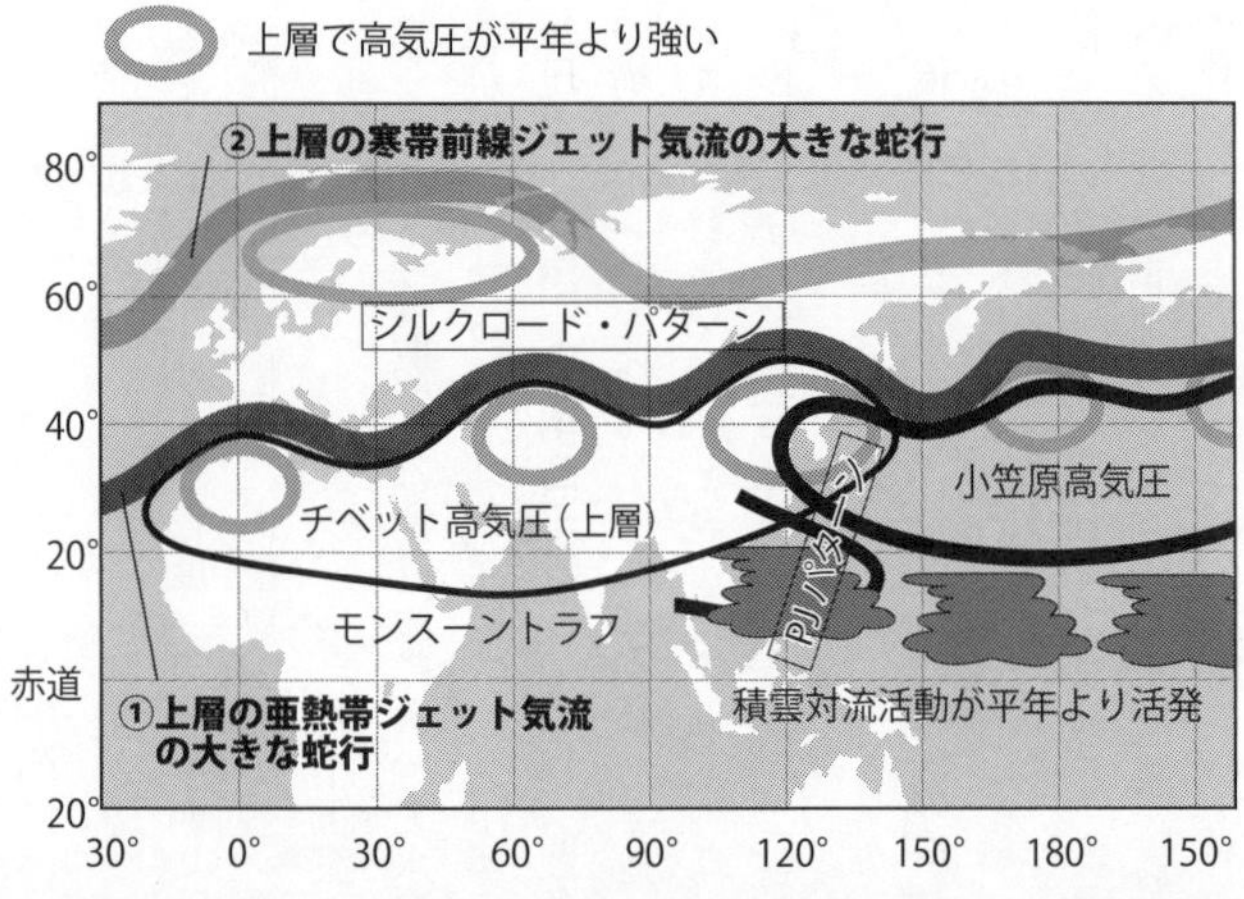

図４—２　2018年の酷暑（７月中旬以降）をもたらした大気循環のパターン（気象庁異常気象分析検討会資料に加筆）

圧の北側にあり、大陸上空で最も強い。

このジェット気流の強さは、チベット高気圧の強さやシベリア上空の温度などに影響されるが、この強弱によって、偏西風の蛇行パターン（波長と振幅）が変化するため、日本付近の小笠原高気圧を強めたり弱めたりする働きがある。たとえば２０１０年の日本列島は非常に暑い夏だったが、この年はロシア西部でも熱波となり、同時に、パキスタン・アフガニスタン付近は気圧の谷が停滞し、天気が非常に悪く大洪水が起こった。しかし風下側の日本付近は反対に気圧の峰が強化され、地上の小笠原高気圧も強く、酷暑の夏となったのである。２０２０年夏（８月）も同様な偏西風の蛇行パターンによる小笠原高気圧の強化が起こった。前節でのべたチベット高気圧の２週間程度の季節内変動も、シルクロード・パターンとして現れ、小笠原高気圧の変動も同じ周期で出現することが多い。偏西風ジェット気流の変動は中緯度由来の「天候のゆらぎ」ともいえるが、それを引き起こす原因は、熱帯の季節内変動であったり、偏西風の波動そのものが持っているカオス的なゆらぎ現象であったりする。天候の長期予報を難しくしているゆえんである。

図4―2は、2018年7月中旬以降、非常に暑い夏であったときのユーラシア大陸から北太平洋上での大気循環と熱帯の雲活動の状況を模式的に示した図である。日本列島付近は、地上付近での小笠原（太平洋）高気圧が東から張り出している。同時に対流圏上層のチベット高気圧が西から張り出し、日本付近は、地上から対流圏上層まで高気圧が重なったダブル高気圧の構造となっている。熱帯側を見ると、フィリピン沖での活発な雲活動と日本付近は雲のない高気圧がペアになったPJパターンとなっている。チベット高気圧の北側には亜熱帯偏西風ジェットが、チベット高原の北側で蛇行したシルクロード・パターンとなり、日本上空では、北へ蛇行して気圧の峰となっている。

21世紀に入ってから酷暑の夏が日本では頻発しているが、ダブル高気圧、熱帯のPJパターン、亜熱帯偏西風ジェットのシルクロード・パターンの組み合わせは、多くの年に共通する大気循環パターンとなっている。

表4－1　台風の平年値

	1月	2月	3月	4月	5月	6月	7月	8月	9月	10月	11月	12月	年間
発生数（注1）	0.3	0.3	0.3	0.6	1.0	1.7	3.7	5.7	5.0	3.4	2.2	1.0	25.1
接近数（注2）				0.2	0.7	0.8	2.1	3.3	3.3	1.7	0.5	0.1	11.7
上陸数（注3）					0.0	0.2	0.6	0.9	1.0	0.3			3.0

平年値は、1991～2020年の30年平均。（注1）「発生」は協定世界時（UTC）基準。（注2）「接近」は台風の中心が国内のいずれかの気象官署から300km以内に入った場合。（注3）「上陸」は台風の中心が北海道、本州、四国、九州の海岸線に達した場合。（気象庁）

6　秋雨と台風の季節——夏から秋へ

8月後半から9月にかけて、大陸が次第に冷えてくると、モンゴル・シベリア地域の地上付近は低気圧から高気圧に転じる。いっぽう北太平洋上の小笠原（太平洋）高気圧は次第に弱まってきて、日本付近は両方の高気圧にはさまれるかたちとなり、大陸からの寒気と南からの湿った暖気のあいだで前線が現れやすくなる。これが秋雨前線であり、特に北日本や東日本でしとしと雨を降らせる。ただ、この時期は、熱帯域のアジアモンスーンはまだ続いていることが特徴である。モンスーンに伴う南からの湿った空気の流入は、秋雨前線付近でも、積乱雲系の雲が発達し集中豪雨をもたらすことがあり、近年はその頻度が高くなっている。2021年8月は、小笠原高気圧の縁辺沿いに南からの水蒸気の流入が特に強く、お盆の頃に、広く西日本から中部日本に集中豪雨をもたらしたことは記憶に新しい。

西部熱帯太平洋上の暖水プールでは、水蒸気の蒸発も多くなるため、水蒸気の潜熱をエネルギー源とする熱帯低気圧や台風が発生しやすい。台風の発生は、表4―1にあるように、暖水プール域の海面水温が高くなる7～10月に多くなる。小笠原高気圧が東に後退する8月の終わりから9月には、高気圧の縁に沿って北上し、日本付近に達すると、上空の偏西風に乗って急に東向きに針路を変え、日本列島に接近・上陸することが多くなる。

近年の注目すべき変化は、日本近海の海面水温が地球温暖化に関連して高くなってきており、台風が勢力を保ったまま日本付近に接近することや、台風の発生そのものが日本のすぐ南方の海上で起こることが多くなっていることである。台風が秋雨前線を活発にして、豪雨をもたらすことも多い。

7　時雨の季節――秋から冬への序奏

大陸が次第に冷えて北の寒気団が強まり、アジアの夏季モンスーンも後退する9月から10月はじめ頃、上空の亜熱帯(偏西風)ジェットはチベット高原の北側から次第に南側のヒマラヤ山脈沿いにその気流の中心軸が移動していく。それに伴い、このジェット気流とチベット高原の北側を流れる亜寒帯ジェット気流は日本列島上空で合流するようになる。

偏西風は第2章でものべたように常に波打っているので、この季節になると地上付近では移

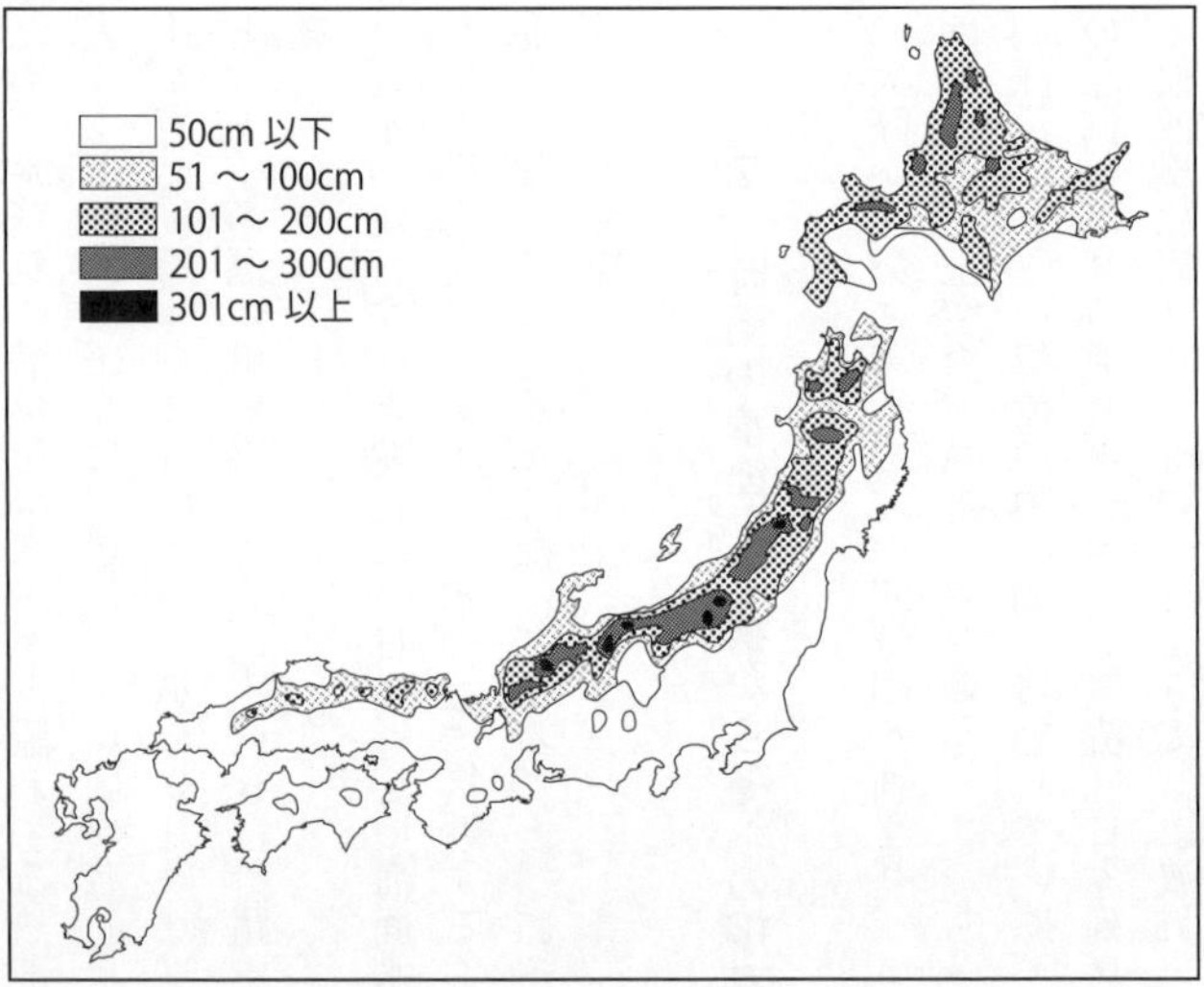

図４―３　日本列島における最大積雪深の平均値の分布（国土交通省北陸地方整備局資料より）

動性の高気圧と低気圧が数日から1週間程度の周期で日本付近を通過し、天気も周期的に変化する。雨をもたらす低気圧が通過した後は、一時的に大陸からの高気圧が寒気を吹き出し、日本海側や山沿いに、対流性の雲による時雨をもたらすことが多くなる。第1章で、冬の終わり（春先）に変化する天候を「三寒四温」とよぶとのべたが、冬へ至るこの時期にも同様の天候が続くことが多く、このことばは秋から冬への季節にも使われることが多い。穏やかな好天をもたらす高気圧は「小春日和」をもたらすが、次の低気圧が通過した後には、大陸で形成された冷たい寒気団（シベリア高気圧）が張り出し、冬に向かって次第に寒くなっていく。

8　冬の季節風と雪国

世界一の豪雪のしくみ

写真4―1　富山県の弥陀ヶ原高原（室堂・雪の大谷。標高2300m）

日本列島の冬は、世界の中緯度で最も寒いだけでなく、日本海側（北海道西部、本州の東北から北陸《ほくりく》・山陰《さんいん》地域）は、平野を含めて雪が積もる「雪国」となる。最も積雪が多いのは北陸地域で、海岸部でも最大積雪深は50㎝程度、山間部では100～200㎝から数mにおよぶところがある（図4―3）。富山県の立山《たてやま》連峰は豪雪地域として有名で、中腹の弥陀《みだ》ヶ《が》原《はら》高原（標高は1600mから2500m程度）は毎年10m以上の最大積雪深があり、登山道路の通行が開始される5月はじめには、場所によって10m以上の雪壁（写真4―1）が道路沿いに現れ、観光地としても人気がある。このような多積雪地域は、世界で最も寒い東アジアの中でも日本列島にしかみられない。

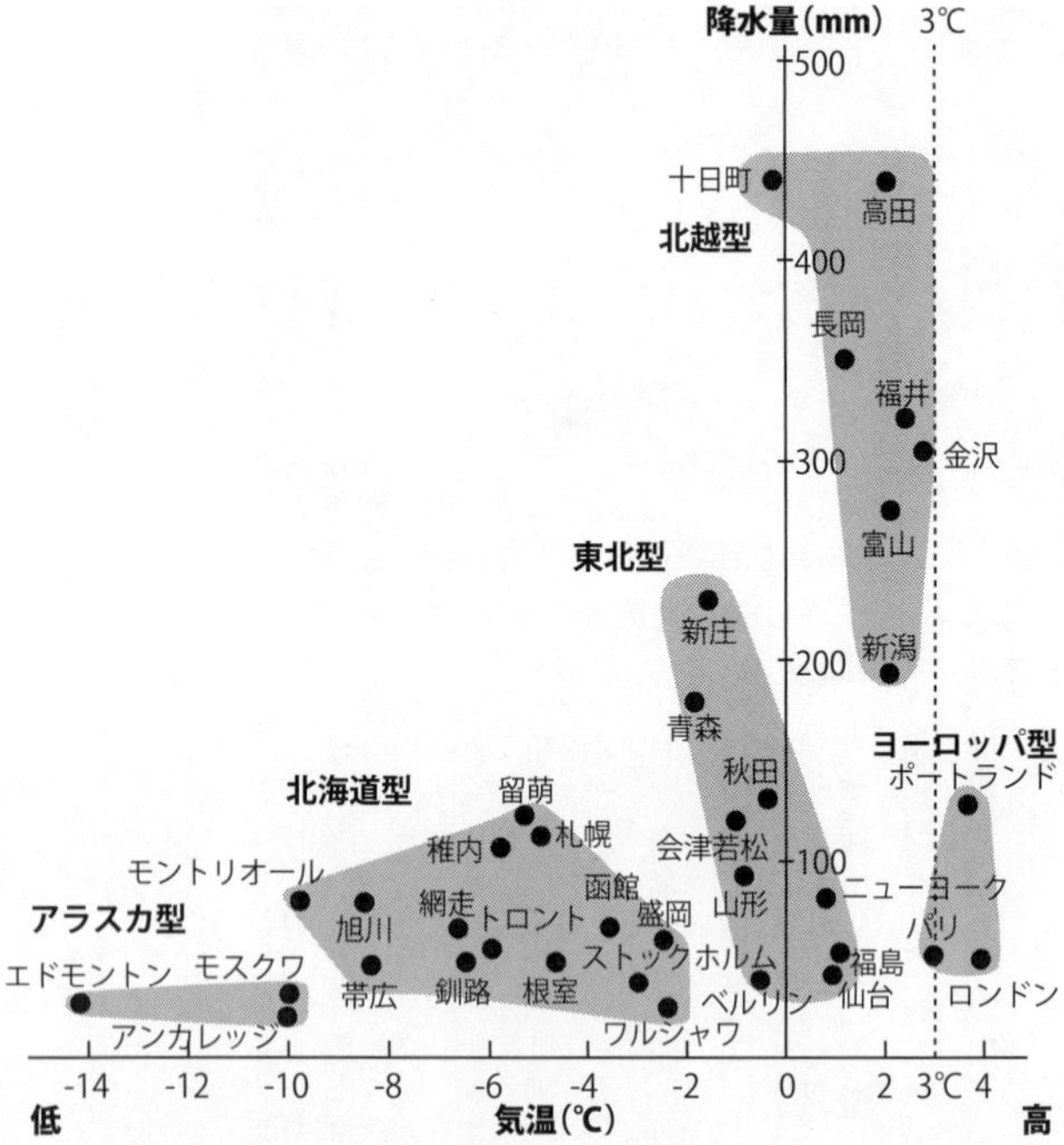

図4—4　北半球の中・高緯度における都市の1月(最寒月)の平均気温と積雪量(降水量換算)の関係(中村，1989を改変)

しかも、興味深いことは、地球上で冬季に積雪に覆われる地域の中では、最も気温が高い地域であるという事実である。図4—4は、北半球各地の都市のほぼ最寒月となる1月の平均気温と積雪量(降水量換算)の関係を示した図である。まず目につくのは、世界の多くの都市の降水量が50㎜からせいぜい100㎜までなのに対し、日本の雪国にある各都市の降水量は多く、特に北陸地域は200～400㎜と非常に多

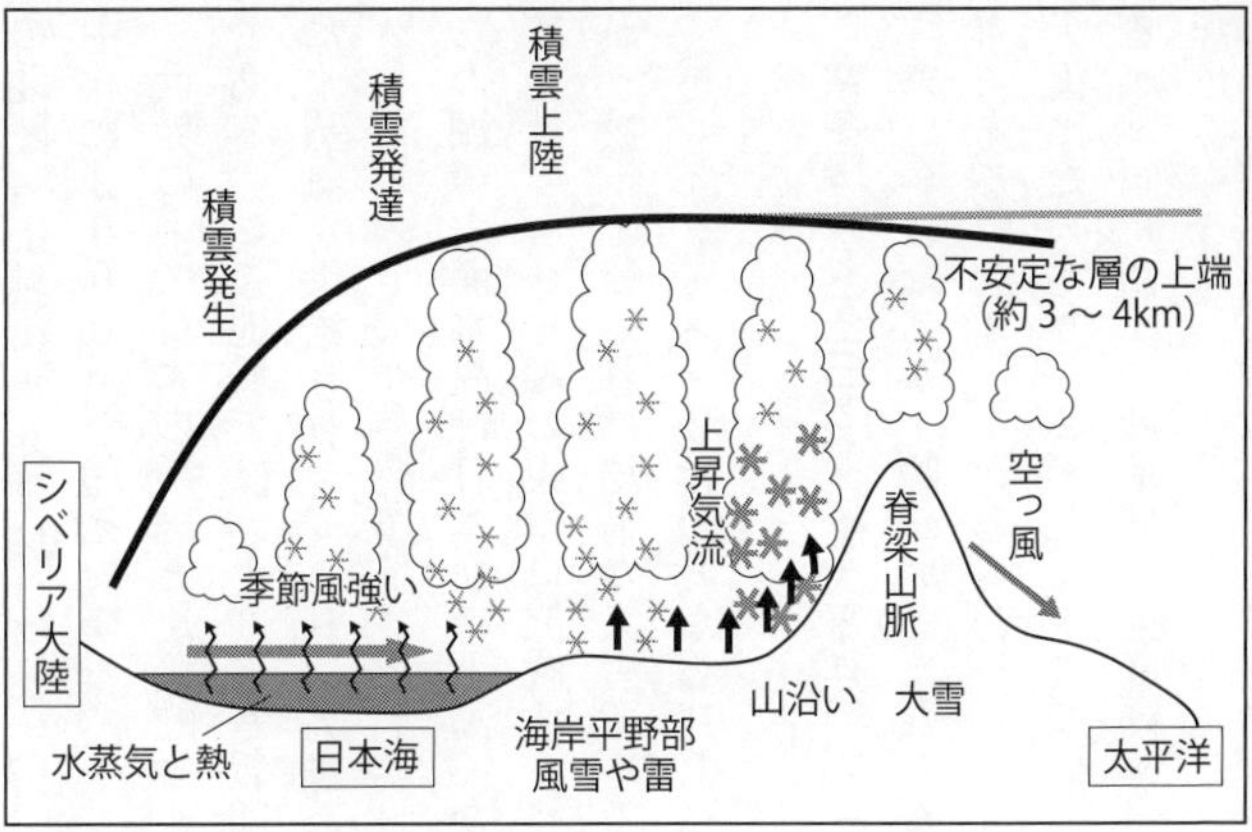

図4―5　日本海側に雪の降るしくみ（モデル図）（新潟地方気象台HPより）

いことである。しかも、気温が＋2～3℃と、世界の他の地域より数度以上高く、雪として降るか、雨として降るかの限界気温とされている3℃に非常に近い気温で多量の雪として降っていることを示している。このような冬の日本の積雪は「暖地積雪」ともよばれ、世界でも珍しい現象である。

冬の日本海側が平地でも大雪が降るのは、シベリアの寒気団が直接南下してくる東アジアに位置することと、日本海という暖流が流れる比較的暖かい海が風上側にあることのふたつの地理的な条件が重なっているからであり、世界に類をみない。冷たく乾いた大陸からの寒気団は、日本海上を吹き渡りながら、たっぷり熱と水蒸気を供給され、地表付近の大気は次第に不安定になり、積雲が発達し、雪を降らせる（図4―5）。したがって、降雪をもたらす雲は、日本列島に近づくほど、より発達して、日本海沿岸は大雪になる。日本海側の北陸・上越《じょうえつ》・東北地域は冬の大雪と夏の梅雨期の降水が加わり、年間降水量は北陸地方を中心に2000㎜を超えている。

世界の中で日本の雪国と比較的よく似た気候条件を持つのは、冬の北米大陸の五大湖の南岸である。この地域ではカナダの寒気団からの風がミシガン湖やヒューロン湖などを吹き渡る際に水蒸気を供給されて、これらの湖の南岸・東岸域に雪をもたらしており、「レイク・エフェクト・スノー（湖水効果雪）」とか「レイク・スノー」と現地ではよばれている。しかし、これらの湖の表面水温は日本海ほど高くないため、降雪量は日本海側に比べてはるかに少ない。たとえば、エリー湖の東岸に位置するバッファローは、このレイク・スノーで有名な都市であるが、数十㎝積もれば結構な大雪である。しかも、厳冬期に入ると湖面が凍結してしまう湖が多く、レイク・スノーは11月から12月に限られている。

寒冬暖冬を左右する熱帯太平洋の雲活動

寒い冬になるか、暖かい冬になるかは、特に日本海側の雪国の人たちにとっては重大な関心事である。図4―4からもわかるように、日本海側の平野部の積雪地域では、少しの気温差で大雪になったり、まったく雪のない冬になったりする。冬の生活にももちろん大きな影響があるが、同時に、この地域の生態系や融雪を通して、春以降の農業のための水資源にも大きく影響してくる。

日本の気候の年々変動には、第2章6節でのべたように、エルニーニョ・南方振動（ENSO）が夏だけでなく冬にも大きく影響している。ラニーニャ（西部熱帯太平洋の海水温が高く、積乱雲活動が活発な状態）のときには、図2－6(a)で示した南北のPJパターンと同様に、日本付近と熱帯（特に西部熱帯太平洋）のあいだの南北の循環が強まり、日本付近でのシベリアからの寒気の吹き出しを強めるように働くからである（第3章7節参照）。エルニーニョのときには逆に、南北の循環は弱まり、日本付近でのシベリアからの寒気の吹き出しは弱くなる。日本の寒冬・暖冬は中・高緯度でのテレコネクションに伴う偏西風蛇行により、北半球全体での大気大循環の変動として現れることが多い（第2章6節参照）。

ただ、1980年代後半を境に、日本は暖冬少雪傾向が続いており、数年周期の変動であるエルニーニョ・南方振動だけでなく、北太平洋のPDOや北極域でのより長周期の大気循環の変動と地球温暖化が複合して影響していると考えられる。

以上のべてきたように、日本列島の四季折々の多様な季節変化とその年々変動は、ユーラシア大陸と太平洋・インド洋のあいだで形成される夏冬のアジアモンスーンが、熱帯、中緯度の偏西風、北極域の大気循環と相互作用する過程で生じている。近年の地球規模での人間活動は、これらの相互作用にも大きく影響しているが、このことは第9章で触れることにしよう。

第5章　気候と生物圏により創られてきたモンスーンアジア

この章では、より長期的な気候を決めているもうひとつの重要な要素である生物圏（植生）の役割をのべる。特にアジアモンスーンが支配する地域は世界でも有数の豊かな植生が広がっており、この地域の気候と人間活動の関わりを考える際にも重要な要素であることを指摘する。

1　気候と生物圏は相互作用系

地球の気候は、長期的な視点で考えると、生物の分布や進化と密接につながっている。しかし、気候が生物圏を決めるという一方向の関係だけだろうか、という疑問を私は長いあいだ持ち続けていた。気候そのものが生物圏によって形成・維持されている側面も考えるべきではないか。

たとえば、私たち人間を含む動物の生存には酸素が必要であるが、その酸素は植物の光合成

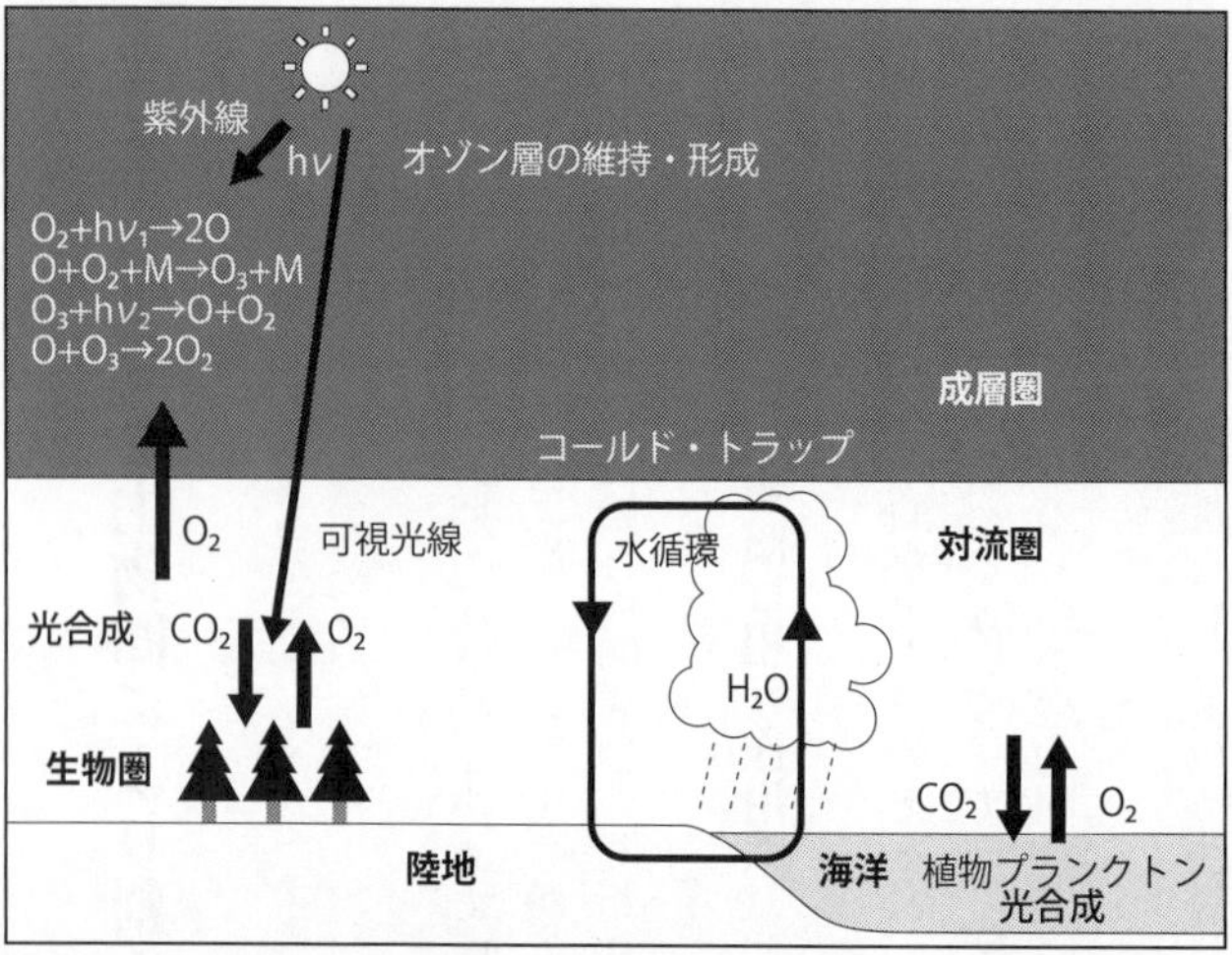

図５―１　地球の大気圏（成層圏・対流圏）が、生物圏（光合成・呼吸作用）と水循環を介して形成・維持されていることを示す模式図（安成，2018）

により創られている。いっぽう、すべての生物は水がないと生きていけない。水は対流圏といわれる地球表層の大気圏で循環して維持されている。対流圏の上には成層圏があるが、この層はオゾンにより暖められた安定な大気層として存在している。そのオゾンは対流圏から運ばれた酸素が太陽光の中の紫外線によって分解・再合成されてできる。対流圏はこの成層圏によってフタをされたかたちとなっているため、水は地球からほとんど失われることなく、対流圏と地表面のあいだで循環できている。すなわち、図５―１に示すように、生物圏自身が酸素を創り出し、成層圏を形成し、自らに必要な水を保持しているのである。同時に成層圏は生物にとって有害な紫外線をカットする役割も果たしている。

地球の環境や人間活動の影響などを考えるとき、生物圏と気候は、このように密接に相互作用しているシステムであることを理解しておく必要がある。この章では、特にアジアモンスーン気候が支配している地域で、モンスーン気候と生物圏がいかに相互作用しているかを、最近の研究の成果を踏まえてのべる。

2　アジアのグリーンベルト（Asian Green Belt）

まず世界の植生分布（図５―２）を見てみよう。

モンスーンアジアは、夏・冬の大規模なモンスーンに伴う大気循環と降水量の明瞭な季節変化が卓越する地域で、ユーラシア大陸東岸域を高緯度から赤道域まで南北に連なっている。モンスーンアジア地域は年間の降水量も多く、湿潤な気候に対応して図５―２に示されるように、森林を中心とする非常に広大な植生域が発達している。赤道のインドネシア付近から東南アジア・中国、朝鮮半島、それから日本、さらに北極圏も含む東シベリアまで、森林が南北につながって分布しており、アジアのグリーンベルト（Asian Green Belt）ともよばれている（以下グリーンベルトとよぶ）。このグリーンベルトには世界の人口が集中し、現在、世界全人口80億人のうち、約55％が住んでいる。

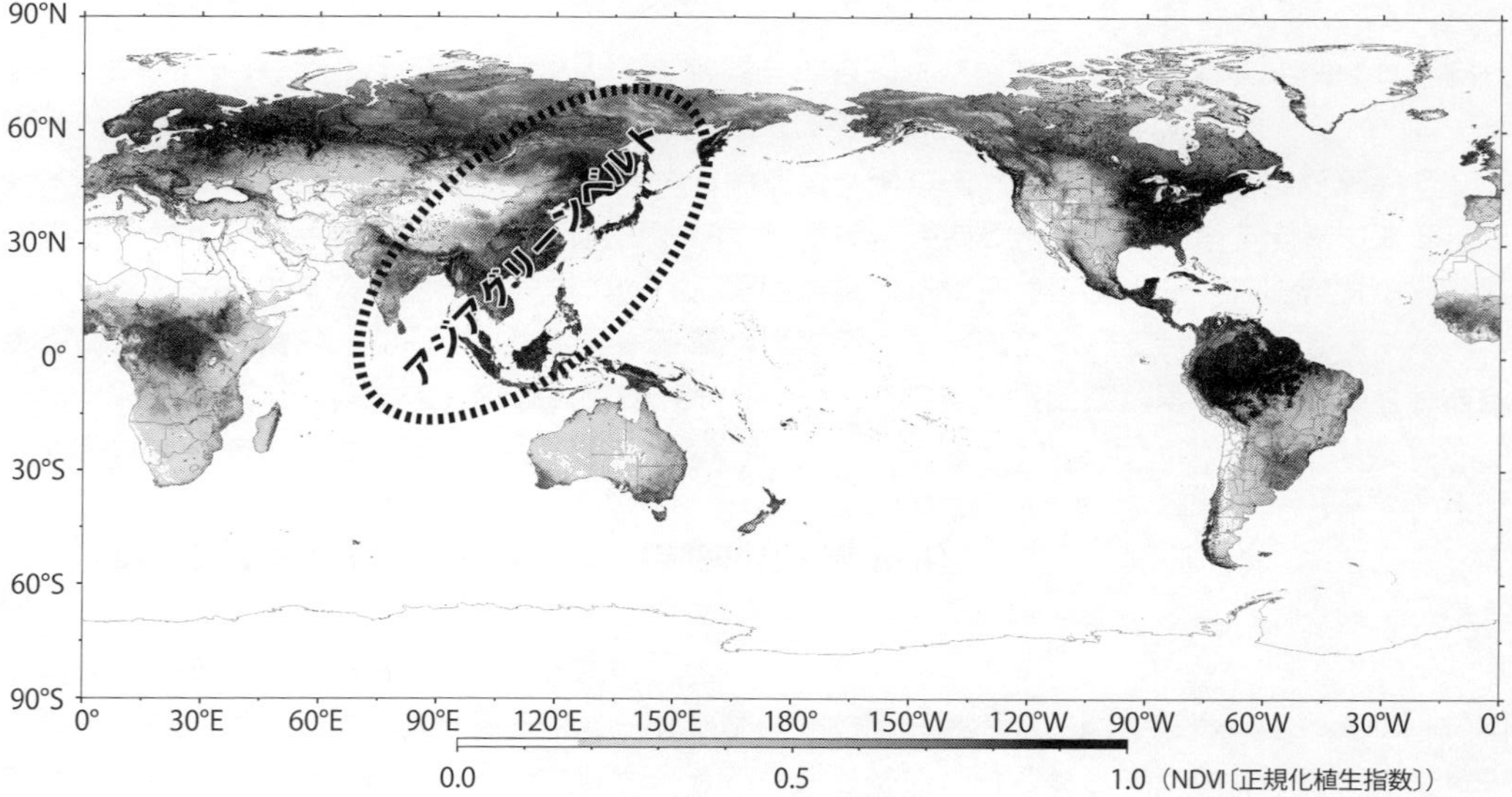

図５―２　世界の植生活動分布とアジアのグリーンベルト（©JAXA/NASA/GSFC）

森林帯が南北に赤道付近から北極域まで大陸東岸沿いに連続して分布しているのは、実は世界でここだけである。北米大陸は、フロリダ半島からカナダまでの東半分は森林がつながっているが、フロリダ半島から南は、海面が下がった氷期にも陸続きとはならず、植生は赤道域まではつながっていなかった。メキシコから中米までのメキシコ湾沿いも、テキサス・メキシコ東部の乾燥地域のため森林はつながっていない。

特筆すべきことは、このグリーンベルトの生物相は世界でも最も多様なことである。グリーンベルトの存在はもちろんモンスーンアジアの気候と密接に関係している。

3　気候・植生・水循環の密接な関係

気候と植生の関係

ここで、（森林を含む）植生と気候の関係について、あらためて考えてみよう。図5―3は、気温・降水量と植生の対応を示した植生気候分布図である。気温と降水量は特に大きく植生に影響する気候要素で、この図は、気候により植生分布がどのように決まっているかを示す図としてよく用いられている。地球の陸地は、約30％は森林に覆われ、草原や農耕地などを含めると約70％が何らかの植生に覆われている。図5―2に示したグリーンベルトには、北のシベリアから赤道地域まで、ツンドラ、亜寒帯針葉樹林（タイガ）、冷温帯落葉広葉樹林、暖温帯常

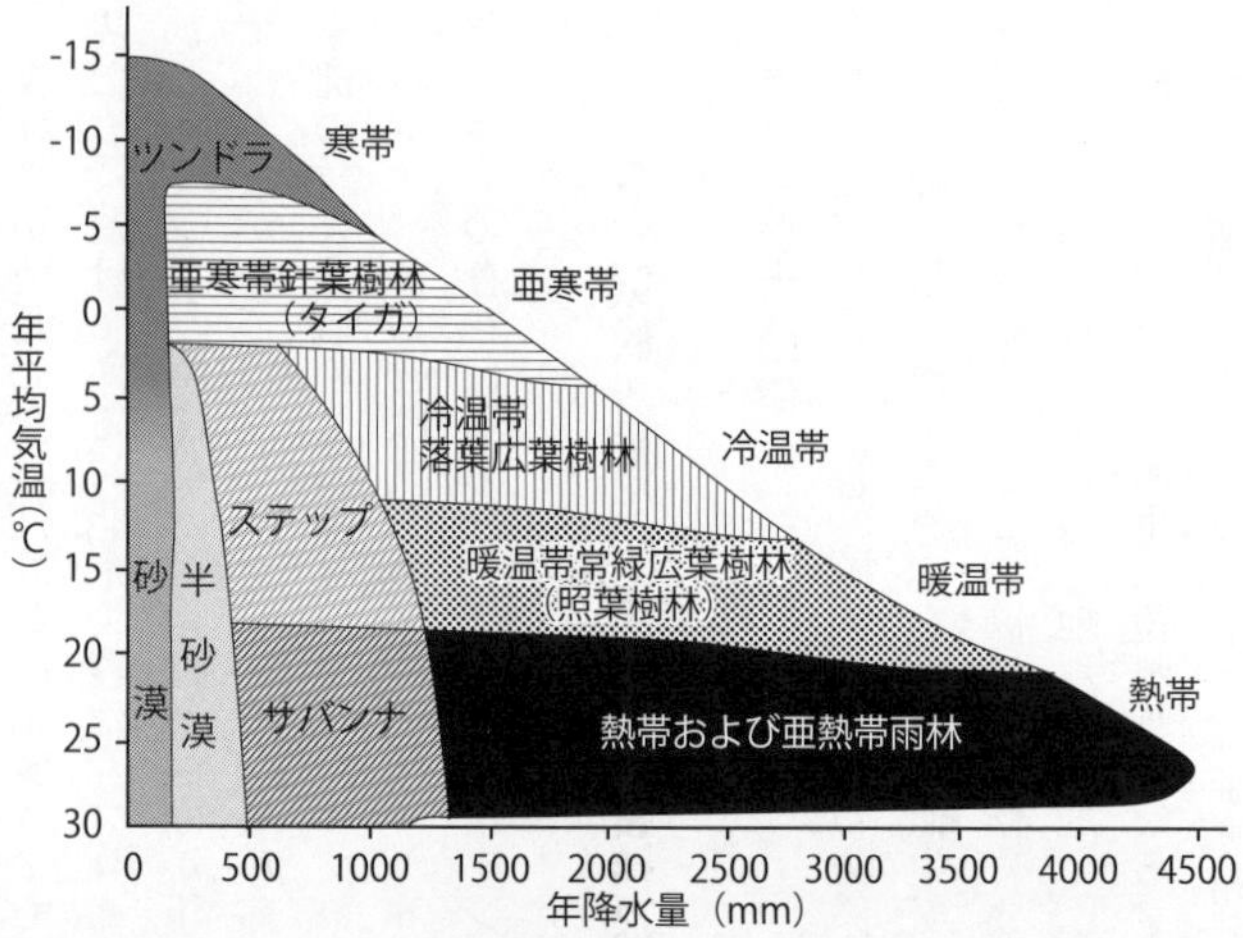

図5—3　植生と気候要素の関係（中西哲他，1983）

緑広葉樹林、熱帯および亜熱帯雨林が分布している。図5—3では、左上（低温で少降水量）から右下（高温で多降水量）につながる森林に相当している。

光合成は炭素循環と水循環を調節

森林は地球環境の維持の観点から大きく注目されている。そのひとつは、地球温暖化の抑制に必須の二酸化炭素（CO_2）削減に関して、森林が光合成により二酸化炭素を吸収するという役割である。全地球表層の生物圏による二酸化炭素吸収のうち、森林による吸収は約60％を占めると推定されている。森林は吸収した二酸化炭素をセルロースに変えて植物繊維として草木を構成し、地球表層の全炭素現有量の50％ぐらいを蓄積している。

もうひとつは地球の水循環における森林の

役割である。光合成は葉の気孔から二酸化炭素を吸い込んで酸素を放出するプロセスであるが、このとき、水循環の視点から重要なのが、水蒸気を大気に出す蒸散作用である。また、降った雪や雨は土壌にいったん蓄えられるが、森林は樹木表層や土壌からの蒸発と光合成を通した蒸散を合わせた蒸発散により、大気圏と地表のあいだの水循環をコントロールしている。さらに、地表面から大気への水蒸気の輸送は、潜熱の輸送過程でもあり、森林の存在はこの熱の移動を介して地域的な気候にも影響している。グリーンベルトの一部であるシベリアの広大な亜寒帯針葉樹林（タイガ）や東南アジアの熱帯雨林などでは、気候と水循環への影響は非常に大きいことも次第に明らかになってきた。以下に、その一部を紹介しよう。

シベリアの森林・凍土・気候の共生系

写真５―１は、東シベリアのレナ川流域のヤクーツク付近に広がるタイガ（Taiga）とよばれる亜寒帯林の写真である。シベリアのタイガ特有の落葉カラマツ林が地平線の彼方《かなた》まで果てしなく広がっている。この地域の夏の降水量は、中緯度や熱帯での砂漠・半砂漠に相当する年間２００㎜から２５０㎜程度という少降水量にもかかわらず、カラマツ林は樹高20～25ｍに達する大森林を形成している。この大森林は、ユーラシア大陸の高緯度（おおむね北緯60度以北）に広がる永久凍土帯にほぼ対応するように広く分布している。カラマツ林の樹高は高いが、根は永久凍土があるために非常に浅くて、せいぜい数十㎝しかない（日本での針葉樹の樹高と根

写真5—1　シベリアのタイガ（亜寒帯林）を代表する落葉性のカラマツ林　樹林は、数百mの永久凍土層の上に広がっている。サハ共和国ヤクーツク近郊の観測タワーからの写真

の深さの比は5：1程度であるが、シベリアでは平均すると20：1以上である）。永久凍土とは氷と土壌が一体となった層であり、夏季の2〜3ヵ月のみ表層の数十cmだけ融けるため、カラマツ林はこの表層の融水を利用し光合成を行っている。

私たちはアジアモンスーンの国際共同研究の一環で、1990年代からロシアの研究機関とともに、タイガと永久凍土層からなるシベリアの大気・地表面での熱収支・水収支・炭素収支などの研究を20年近く行ってきた。その結果、非常に降水量が少ない気候の下で、タイガと永久凍土は、（それぞれがその生存・存在を維持しあっている）共生系として、密接につながった相互作用システムとして維持されてきたことがわかってきた[1]。

永久凍土層は、数万年以上続いた氷期の非常に寒いときに地面が次第に凍って形成されたもので、最も厚いところでは数百ｍに達している。長い氷期の気候の過去が履歴として残っているわけである。ただ、氷期が終わると気候が暖かくなり、凍土は融けてくるはずであるが、現在もほとんどは融けずに維持されている。そのしくみはどのようなものなのか。季節進行の中でみてみよう。

夏のはじめ、落葉林のカラマツの葉はまだ開いていない。そのため日射は直接地表面にまで達し、水分をたっぷりと含んで凍っている永久凍土は、強い日射エネルギーにより表層（数十㎝からせいぜい１ｍ）のみが融けて非常に湿った土壌になる。この湿った融解層の水を利用してカラマツは新葉を開いて（展葉して）活発な光合成を行うことになる。根から吸収された凍土の水は葉から蒸散される。カラマツ林のタイガは、すべての樹種が短い夏の日射を有効に活用して光合成を行う。このため、蒸発散による潜熱の放出により地表面温度の上昇が抑制され、その結果、夏の途中で凍土層の融解にブレーキがかけられることになる。

夏の短い期間にたかだか２００㎜程度の降雨量で樹高20ｍを超えるような大森林が形成されるのはなぜだろうか。この地域の大気・地表面での水収支（水循環）を調べてみると、興味深い事実が出てきた。シベリア地域でそれぞれの量の季節変化を調べると、夏季における外部からの実質的な水蒸気の流入量（収束量）は非常に少なく、降水量の大部分は、地表面からの蒸発散量による水蒸気供給であることがわかった（図５―４）。実際、人工衛星データから推定される光合成活動の活発な地域と、全球気象データから計算された蒸発散量の多い地域の分布

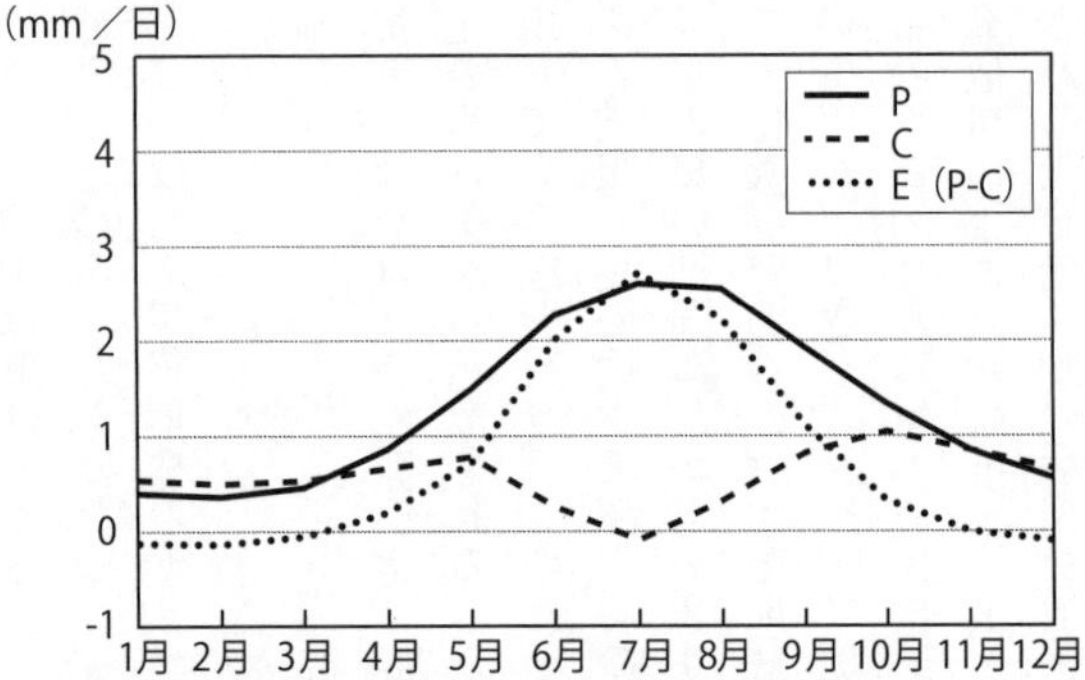

図５－４　東シベリア（東経90度～130度、北緯55度～70度）のタイガ（亜寒帯針葉樹林）域における大気水収支の季節変化　P：降水量、C：水蒸気収束量、E：蒸発散量（P－Cで計算）（安成，2018）

はみごとに一致していることもわかった。(2)

すなわち、タイガの植生全体が光合成を通して蒸発散する水蒸気は上空で雲を形成し、その雲から雨となって降り、表層の土壌をさらに湿らせ、それをタイガが再び利用するという水の循環が起きている。このプロセスは、タイガと凍土層の結合で維持される。タイガ地域は、森林・凍土・気候がひとつの共生系として形成されているわけである。

シベリアの永久凍土層は、数万年から10万年スケールで続いた氷期にできたとされているが、その後、現在に至る完新世(3)といわれる暖かい気候下でも、タイガと結合した共生系を創ることにより、現在まで融けずに残ってきた。ただ、この共生系も、最近の地球温暖化で崩壊の危機にさらされている。この問題は、第9章でもさらにふれよう。

東南アジアのボルネオ島――熱帯雨林と気候の共生系

ハドレー循環の上昇流を担っている赤道付近の熱帯収束帯（第２章３節参照）は、降水量分布（図３―４）でみると、実際には、海洋上よりも大陸・島嶼《とうしょ》部の３地域（ボルネオ・ニューギニア島地域、南米大陸、アフリカ大陸）に集中的に分布していることがわかる。その中でも、東南アジアのボルネオ・ニューギニア島地域は、気候学などでは海洋大陸ともよばれ、降水量が、年間３０００㎜を超える世界で最も雨の多い地域となっている。なかでもボルネオ（カリマンタン）島は全島熱帯林に覆われた島で、グリーンベルトが赤道まで達した地域と位置付けられる。

赤道にまたがったこの島は面積約73万㎢（日本列島全体の１・９倍）で世界第３位の大きさの島である。海面水温が30℃に近い暖かい海洋に囲まれているが、熱帯降雨観測衛星（ＴＲＭＭ）の観測により周囲の海洋上よりも降水量が多いことが明らかになっている。全島の大部分は熱帯林に覆われており、年間降水量は島内の多いところでは３０００㎜から４０００㎜以上に達している。

ボルネオ島における大気水収支の季節変化（図５―５）をみると、島全体の平均年間降水量は約８㎜／日（年総降水量で約３０００㎜）で、季節変化は小さいが６～８月が弱い乾季になっている。島の周りの海洋は暖水プールとよばれる30℃を超えるような高い海水温の海にもかかわらず、島への水蒸気収束量（正味の流入量）（Ｃ）は３㎜／日以下と小さく、特に乾季はほと

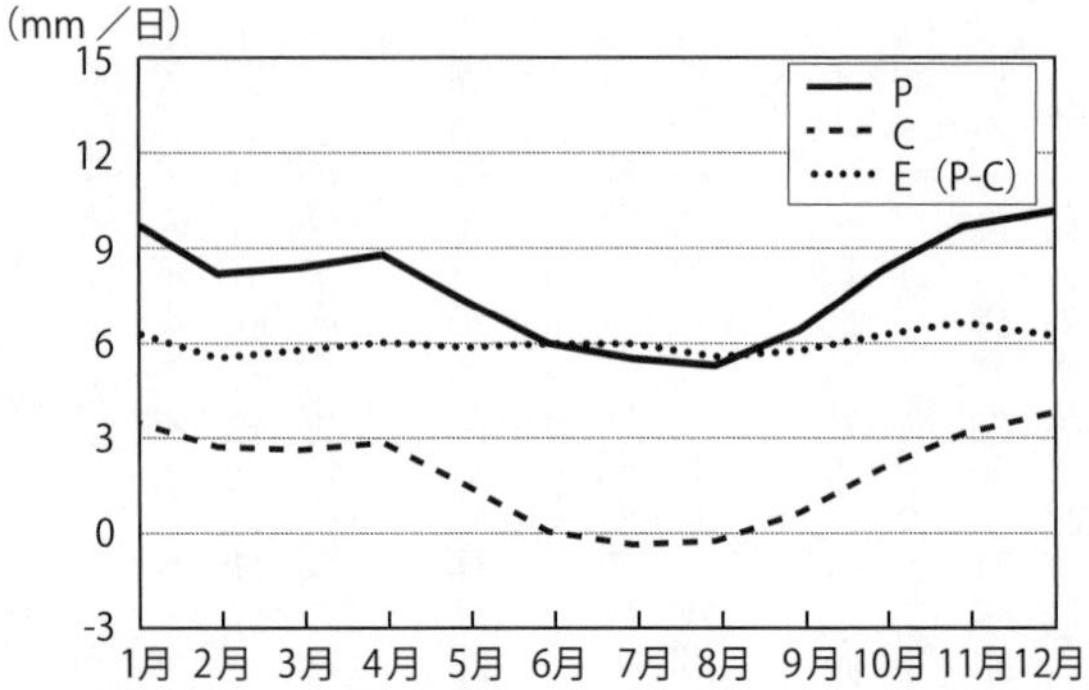

図5—5　東南アジアのボルネオ島における大気水収支の季節変化　P：降水量、C：水蒸気収束量、E：蒸発散量（P－C）（安成，2018）

んどゼロである。蒸発散量（E）はほぼコンスタントに大きく、6㎜／日前後であり、年平均では降水量（P）の75％（雨季には65％程度、乾季にはほぼ100％）に相当する。すなわち、この熱帯雨林地域も、シベリアと同様に、ボルネオ島という地域内での水の循環の割合は非常に高くなっている。

実際に私たちのグループによるサラワク（西ボルネオ）での熱帯雨林内での水文気象（水循環に関わる気象）の観測から、熱帯雨林からの蒸発散量が、降水量そのものに大きく寄与していることが明らかになっている。興味深いことに、周辺の暖かい海洋上では降水量に対する蒸発量の割合は、ボルネオ島よりも小さい。樹高が数十mから80mにも達するこの地域の熱帯雨林も土壌層は薄く根も浅い。にもかかわらず、乾季にも枯れずに湿った土壌が維持されるのは、熱帯雨林自身からの蒸発散が乾季の降水をもたらし、その降水が土壌を湿らせるという水の再循環が大きな役割を果たしているためである。ボルネオの熱帯多雨林は多雨気候のため存在できているが、その多雨の条件そのものも、森林自体が周囲の暖かい海洋よりも大きな蒸発散によって雨雲を発達させることで創りだしているともいえる。

地表面の森林の大きな蒸発散（による多雨）に強く依存した水循環を持つボルネオ島の熱帯林では、見方を変えると、森林破壊などの地表面改変が、降水量にも大きく影響を与えることを意味している。事実、１９７０年頃からボルネオ島の森林伐採が広がっており、島全域の降水量も減少傾向を示している。森林伐採が（蒸発散の減少という）水循環の変化を介して、降水量の減少につながっている可能性は極めて高い[4]。

雷と熱帯雨林

ボルネオ島の熱帯雨林の樹高は平均でも40〜50ｍ、高いものになると80ｍにも達する巨木となる。しかし熱帯雨林気候帯での土壌は貧困で薄く、その根は非常に浅い。幹の支えと地上での栄養を集めやすくするために、地上の樹幹の周りにいわゆる板根《ばんこん》とよばれる板状の根が発達しているのは、このためである。土壌層は、シベリアのタイガと同様に非常に薄く、基岩の上に数十cmから１ｍ程度しかない。幸い、赤道直下の熱帯雨林地域は基本的に風が弱い。植物には光合成のための光と水に加え、窒素やリンなどの栄養が必要であるが、熱帯雨林の土壌は浅い上にやせており、これらの栄養素をどのように補給しているのかも大きな問題である。キノコ類（菌根菌）などと熱帯雨林の共生による土壌中のリン酸や窒素化合物の樹木への供給が重

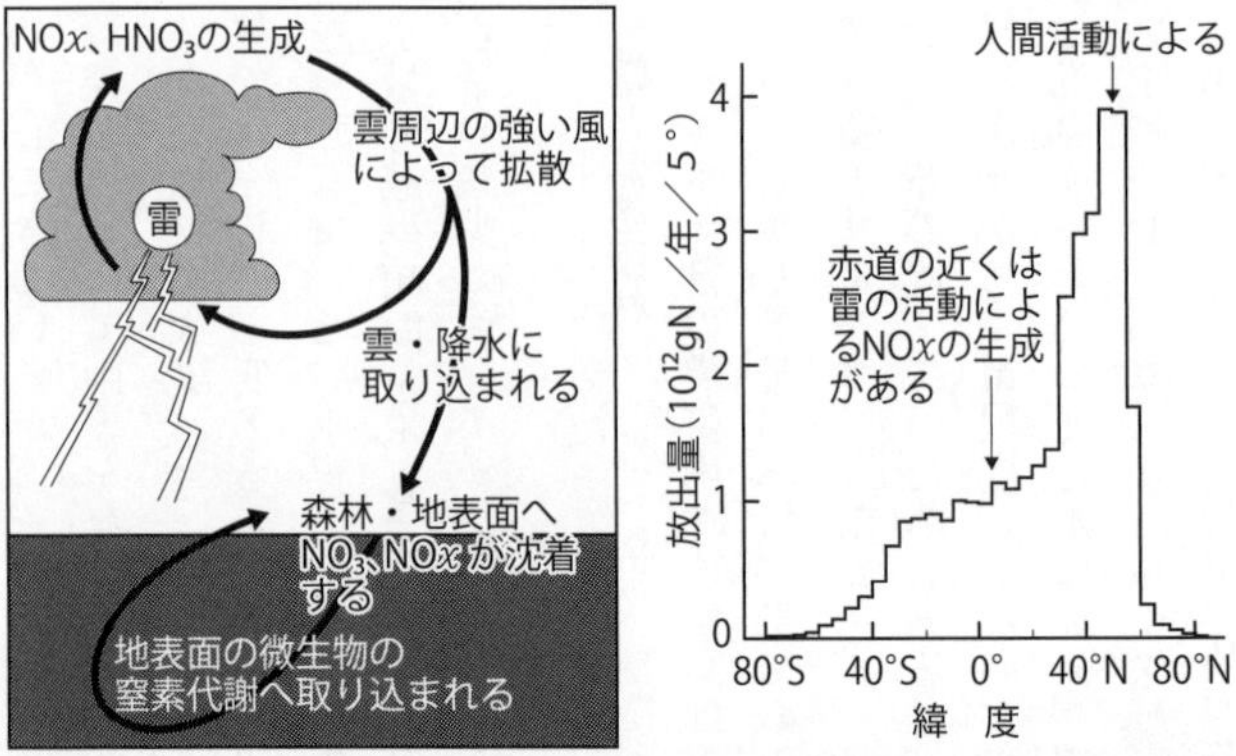

図5—6　熱帯の積乱雲に伴う雷活動が大気中の窒素を窒素酸化物に変換し、降水により地表面の微生物の窒素代謝に取り込まれるプロセス（安成・岩坂，1999）

要とされているが、その土壌への窒素の供給には、雷が大きな役割を果たしている可能性も指摘されている（図5—6(左)）。すなわち、雷光による放電が大気中の窒素をNO_x（窒素酸化物）に変換し、このNO_xが雨によって水に溶け込んで栄養になり、それが地面に入って土壌の栄養になるというプロセスである。

図5—6(右)にはNO_xの大気への放出量の緯度分布が示されている。中緯度の高いピークは人間活動による大気汚染や農業での窒素肥料の施肥で放出されているが、これらの人間活動による量を差し引きすれば、赤道付近での自然の放出量が大きく、熱帯収束帯では積乱雲に伴う雷活動がNO_x生成にかなり寄与している。すでに紹介した熱帯降雨観測衛星（TRMM）は宇宙から雨を測るだけではなくて、雷の活動度を、雷の閃光《せんこう》の頻度で観測している。この衛星による数年以上にわたる

観測で、熱帯での雷は海の上は少なくて、むしろ島嶼部を含む陸上で多いことがわかってきた。陸上の熱帯雨林の地域では、蒸発散が大きく大気も不安定になりやすいため積乱雲に伴う雷活動が活発なのである。雷放電による NO_x 生成量の多くが降水に溶け込んで熱帯雨林の土壌に降り注いでいることになる。

熱帯雨林の存在が積乱雲発達と降水を作り出していると説明したが、熱帯雨林は、生存に必要な栄養素の供給そのものも、積乱雲に伴う雷放電を通して自ら作り出していることになる。

4　森林はモンスーン気候を強化している

チベット高原と森林被覆の効果

第3章2節では、チベット高原がアジアモンスーン気候の形成に重要な役割を果たしていることをのべたが、ここでは、チベット高原に加え、グリーンベルトを中心とする森林が、現在のモンスーン気候の形成にどう寄与しているかを数値気候モデルで調べたシミュレーション結果を示そう(5)。

そもそも森林があると、森林のない地表面に比べて何がちがうのか。まず、森林は葉で光合成を行うので、太陽の可視光を吸収しやすいように緑色の葉をたくさん付けている。森林はたとえば砂漠などに比べ、太陽光の反射率が小さい。飛行機などから森林をみると黒っぽくみえ、森林のない砂漠などは白っぽくみえることで、反射率のちがいが大きいことがすぐにわかる。

次に、森林のあるところは植生などの有機物が分解された土壌が必ず形成されている。このような土壌では水分もかなり保持されているため、大気への蒸発散量が植生のない土地よりはるかに多くなる。さらに樹木が集まった森林では地表面での粗度（デコボコ度）が大きく、風に対する地表面の摩擦の効果が大きいので、植生がない平らな地面より大気の流れに対する影響が大きくなる。このような森林の大気に与えるいくつかの効果（図5—7(上)）を、スーパーコンピュータを用いた全球気候モデルに入れた場合と入れない場合で、大気の循環と気候がどう変化するかを調べたわけである。

図5—7(下)は中国を中心とする東アジアモンスーン地域の降水量を気候モデルのシミュレーションで再現した結果である。東・東南・南アジア地域で平均すると、まず、チベット高原も植生もない場合、モンスーン季（6～9月）の雨は400㎜程度にしかならないが、チベット高原の地形効果のみで600㎜程度と約1・5倍に増加した。それでも、実際の今の降水量よりもかなり少ない。これにユーラシア大陸の現在の植生分布に対応した植生被覆と土壌の効果を入れたモデルで計算すると約830㎜とさらに38%の増加となり、実際の降水量とほぼ同じ値となった。雨が降るから植生がある、というのが一般的な常識であるが、いっぽうで、アジアモンスーン地域のような広域で考えると、植生があるから雨も降る（あるいは増える）ともいえる。アジアモンスーンは水循環を通して豊かな森林を形成しているが、森林からの活発な

蒸発散により水循環をさらに活発化してモンスーンを維持強化している。アジアモンスーン気候と森林を中心とする植生は、相互にフィードバックしあうひとつの動的平衡系として存在しているともいえる。

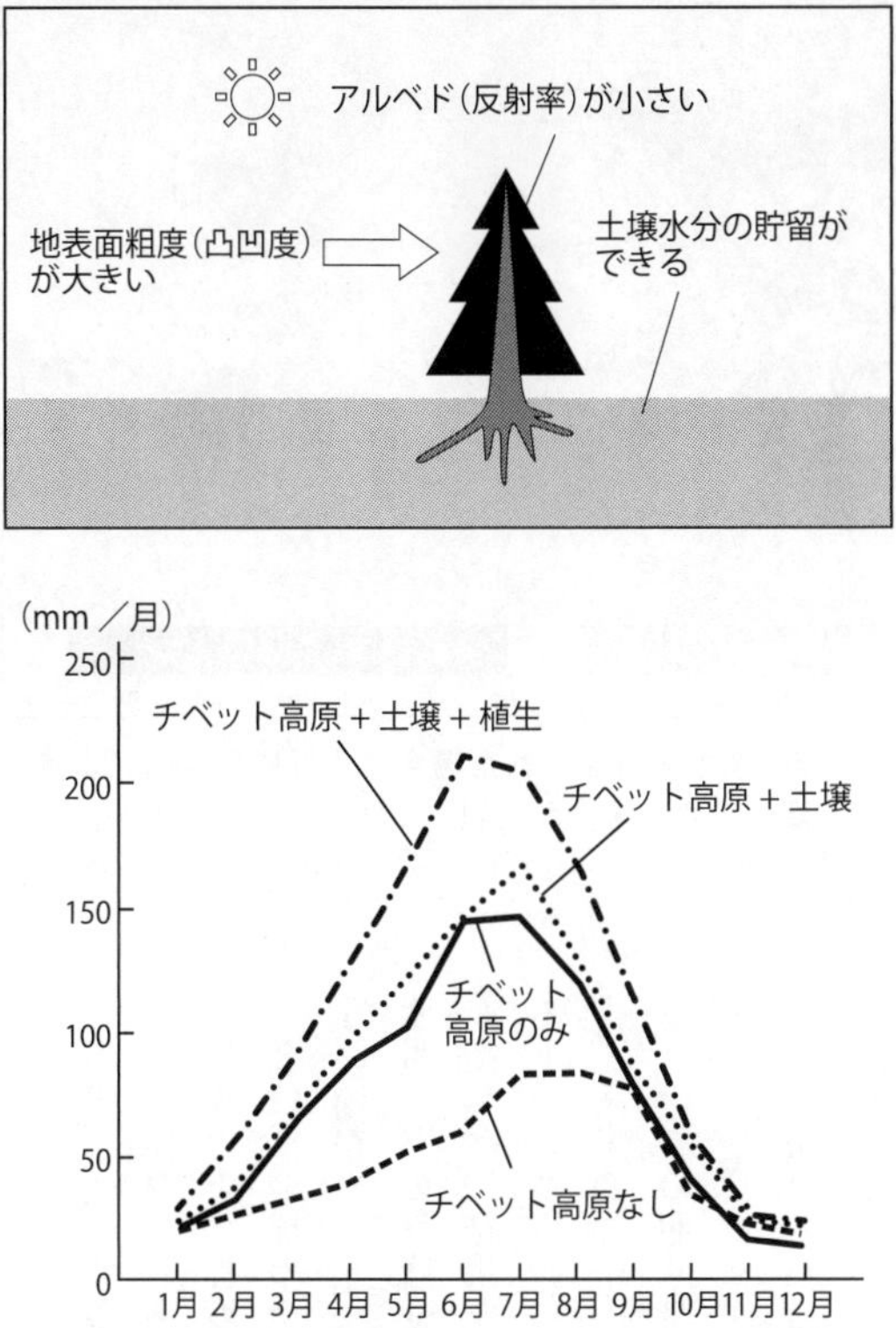

図5―7　(上)森林(植生)が地表面での放射・熱・水収支に与える効果、(下)チベット高原の有無と土壌・植生の有無による東アジア(中国)モンスーン地域の降水量季節変化の気候モデルによる数値シミュレーション (Yasunari, Saito and Takata, 2006)

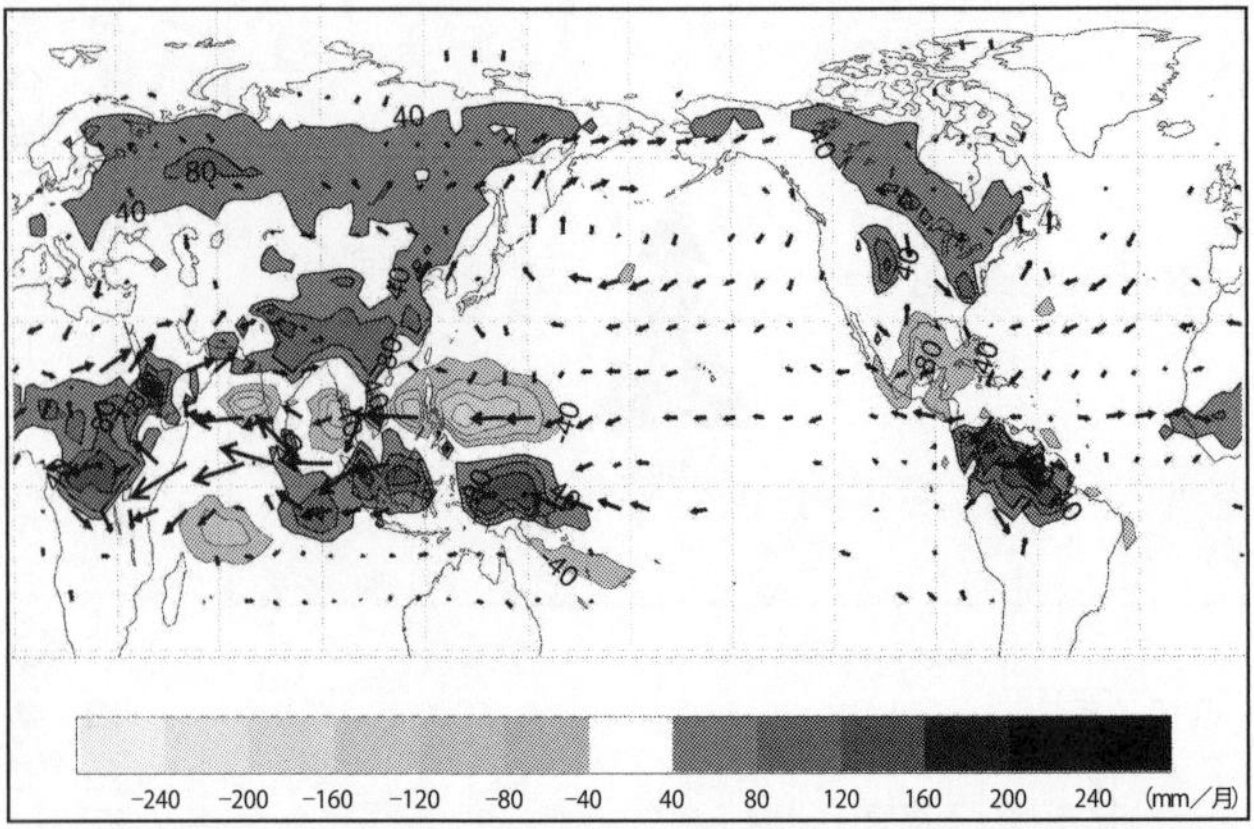

図5―8　実際の植生分布を入れた場合の北半球夏季の降水量（6～8月）の変化　濃い灰色が増加した地域、薄い灰色が減少した地域。矢印は風ベクトルの変化を示す（Yasunari, Saito and Takata, 2006）

植生による水の再循環

　では森林を含む植生があることで、地球の気候はどの程度変わるのだろうか。図5―8は、地球の全陸上に植生がある場合とない場合で、北半球夏季（6～8月）の降水量がどの程度変化するかを同じ気候モデルで調べた結果を示している。植生を加えるとモンスーンアジアのグリーンベルト地帯、南米の熱帯雨林地域に加え、シベリアやカナダの亜寒帯林での降水量が大きく増えている。シベリアの亜寒帯林（タイガ）と永久凍土との強いつながりについてはすでにのべたが、森林植生の存在により、夏季降水量が150mm以上増えていることがわかる。シベリアの夏季には、図5―4にあるように、森林からの蒸発散量が降水量にほぼ匹敵するので、その場での水蒸気の供給と再循環により降水量が増えていることになる。興味深いことは、アジアモンスーン地域やメキシコ湾などの熱帯海洋上の降水量はむしろ減少していることである。海面水温が高いにもかかわらず、熱帯の対流活動は、森林植生のある陸地に、より集中したことになる。このことは、熱帯雨林に覆われたボルネオ島での実際の大気水収支（図5―5）の結果とも符合している。

極地に近い高緯度での大陸の内部では、水蒸気は、もとはといえば海から運ばれてきたはずである。水蒸気が海洋から大陸内部奥深くまで輸送されるための鍵となるのが、森林が沿岸地域から内陸部まで続いていることであろう。いったん海から入った水蒸気は沿岸域で降水となって沿岸部に近い森林に水を供給し、森林の蒸発散で運ばれた水蒸気が、さらに内陸に雨や雪を降らして森林が拡大する、というサイクルが繰り返され、次第に内陸まで水が輸送されるというプロセスが、長い年月をかけて創られてきたと考えられる。特に、大陸規模で広がるユーラシア大陸での亜寒帯林と気候は、モンスーン地域と同様に、水循環を通して相互作用する動的平衡の状態で維持されてきたと理解すべきであろう。

動的平衡系では、ENSO（第2章5節参照）の説明でものべたように、熱帯の大気・海洋系の中の要素がお互いに強めあう方向で成立した非常に巧妙なシステムとして維持されている。しかし、このような平衡系は、どこか一部が、あるいは外的な大きなインパクトで連鎖が断ち切られればガタガタと全体が崩れる可能性がある。こうした見方は、生態系や生物多様性と気候変動の関係や人間活動の影響を考える上で非常に重要である。熱帯雨林でも亜寒帯林（タイガ）でも、人間活動による森林破壊は、森林と気候のあいだの動的平衡系を壊してしまうという視点をもつべきであろう。

5　アジアのグリーンベルトは生物多様性の宝庫

際立った種の多様性

この章のはじめで、モンスーンアジアの陸域を覆うグリーンベルトは生物多様性において類をみない地域となっているとのべたが、この節ではより具体的にみていこう。

図5―9は、世界の樹木や草本類を代表する維管束植物の種数の分布を示している。グリーンベルトの中でも特に中国・チベット高原周辺と東南アジアおよびインドネシアの海洋大陸域は、アマゾン川流域と並んで植物の多様性が高いことがわかる。この狭い日本でも、北海道を除いてどの地方も維管束植物が1500種以上、西日本は2000種以上で、全土で5600種の固有種があるとされている。グリーンベルトで最も種数が豊富なチベット高原南東端に位置する雲南《うんなん》省では1万4000種もある。これに対してユーラシア大陸の西の端に位置するイギリスでは1250種程度である。世界的にみると、種数が2000以上の地域は、他の大陸では熱帯域に限られているが、グリーンベルト地域は日本や中国の中・南部を含む中緯度にも

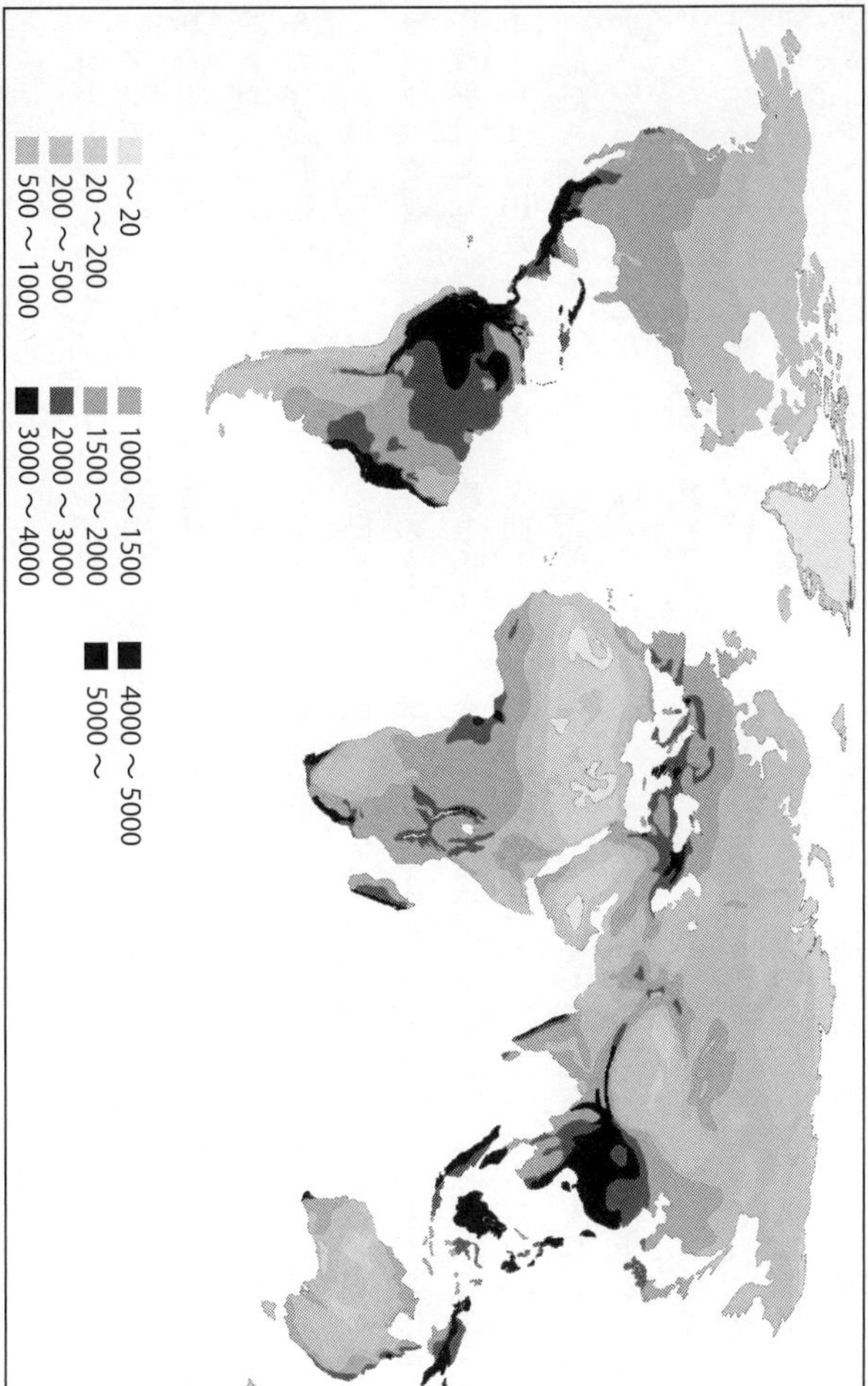

図5—9　維管束植物の種数の世界分布　灰色が濃い地域ほど種の数が多い (Barthlott et al., 2005)

広く分布している。その理由はなぜなのか考えてみよう。

氷床に覆われなかったグリーンベルト

アジアのグリーンベルトは過去の地球の歴史からみて非常に特異な地域である。過去約300万年は氷河時代といわれ、地球上に大きな氷河が存在していた。現在もグリーンランドや南極には大きい氷床があり、山岳域にはまだ雪氷や氷河が広く分布している。「地球温暖化」が今大きな問題になっているが、現在も私たちは氷河時代に生きているのである。

氷河時代には、より寒くなる時期と相対的に暖かくなる時期が繰り返される氷期・間氷期のサイクルがある。約300万年のあいだ、地球は大氷床が大陸を覆う氷期と、氷床が縮小あるいは融けてなくなる間氷期が繰り返されてきた。特に最近100万年ぐらいの氷期・間氷期サイクルは約10万年程度の長い周期となり変動の振幅も特に大きくなっている。

最終氷期は約1万8000年前に最盛期となり、その後急激に温度が上昇して現在（完新世）の温暖な気候になった。図5―10は氷期が一番拡大した時期の氷床と植生の分布を示している。北米大陸は北半分が氷床に覆われ、ユーラシア大陸もスカンジナビア半島を中心にシベリア中部まで氷床に覆われて、西シベリアからモンゴル、チベット高原付近は、植生が貧弱な寒冷砂漠ないしは草原ツンドラ（凍原）が広範に広がっていた。しかし、北米大陸と異なり、グリーンベルト地域は100万年のあいだに何度もあった同様の氷期中にも氷河や氷床には覆われたことは一度もなかった。これは生物の多様性を考える上で非常に重要な事実である。ヨーロッパや北米では間氷期には森林が復活していたはずであるが、氷床・氷河にいったん覆われてしまうと全部死滅してしまい、氷床が融けると再び森林が南からじわじわと北上してくるというプロセスが繰り返されていた。いっぽうで、グリーンベルト地域では植生が氷床に

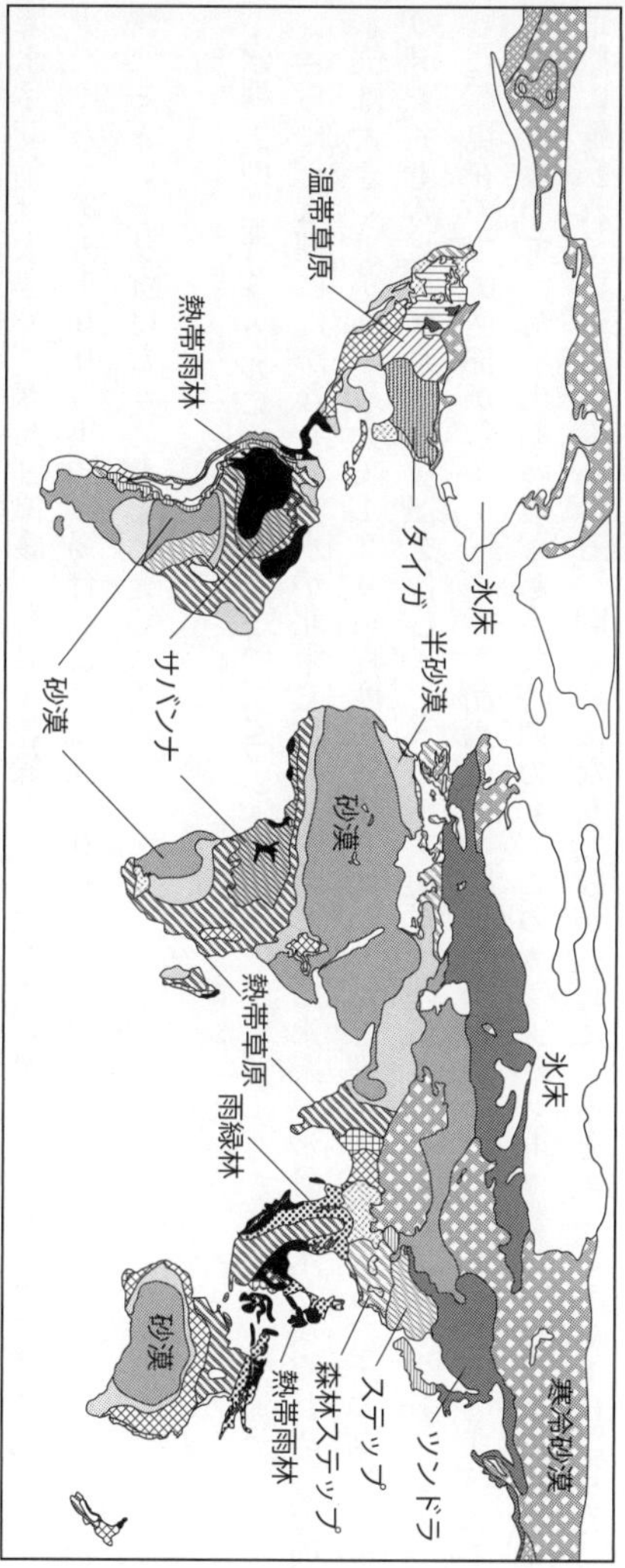

図5—10　最終氷期における氷床と植生の分布（Ray and Adams, 2001）

よって完全に破壊されるプロセスは一度もなかった。もちろん気温やモンスーンの変動に伴う降水量変動は大きく、寒冷・温暖、湿潤・乾燥という気候の変動は大きかったはずであるが、少なくとも過去100万年間、場合によっては300万年、氷床が拡大して植生がまったく消失するという状況はなかったと考えられる。

氷期・間氷期サイクルにより消長するスンダランド

さらに、氷期にはかなりの海水が北米やスカンジナビアの氷床・氷河の氷となるため、海面水位は大きく下がり、最大で120m程度現在より低かったと推定されている。その結果、今のボルネオ島、スマトラ島などを含むインドネシア海洋大陸域は図5—10でも示されているように、現在の中国南部からインドネシア諸島部まで陸地でつながったスンダランドとよばれる亜大陸となっていた。氷期の最も寒冷な時期でも、このスンダランドは熱帯・温帯域の森林や草原に覆われていたこともわかる。間氷期になり気候が温暖になるとスンダランドは、現在のような熱帯の海洋と島嶼が混じる海洋大陸に戻っていく。そのような繰り返しが数万年から十数万年の周期で、少なくとも100万年から300万年は繰り返されていたと想定される。

このような気候的地理的条件に加え、地形学的条件も植生の形成に関係している。チベット高原の東・南側はアジアの地殻変動帯をなす非常に複雑な山岳地形と海岸地形で構成されている。これらの条件により、グリーンベルト地域では、少なくとも数百万年という時間スケールで、植物相、動物相ともに、水平・垂直の移動や適応、単一の祖先から多様な形質の子孫が出現する放散、あるいは競争・棲《す》み分けなどが繰り返し起こっていたと推定される。その結果、この地域では世界の他の地域ではみられない豊かな生物多様性が創り出されたのである。

第6章　モンスーンアジアの風土

　前章まで、アジアモンスーンとその時空間的な変動を、自然科学の視点から記述し、そのメカニズムを論じ、さらにアジアモンスーンの地球気候における重要性をのべてきた。言いかえれば、人間が関与しない「自然」としてのアジアモンスーンを、気象学・気候学に生物科学の視点も含めて論じてきた。ここからは、アジアモンスーン気候が支配する地域（モンスーンアジアともよばれる）で、そこに住む人々がその自然に影響を受け、あるいはその恩恵を受けながらも、いっぽうで自然と自然観を変えながら、いかに「モンスーンアジアの」社会を築いてきたのかを、「風土」という視点を基調において論じてみたい。

　本章ではまず、そもそも風土とは何かをまず議論したい。その上で、モンスーンアジアの人と自然が織りなす典型的な風土としての水田稲作農業の持つ意味についてのべる。さらに、東アジア、南アジア、東南アジアの地域ごとに、それぞれの地域の気候・地形・生態系の中で、稲作農業を中心にした伝統的な社会がいかに形成されてきたのかを概観する。

1　風土とは何か

「風土」ということばは、よく使われるが、その意味するところはやさしそうで難しい。あるいは、偏った意味で使われていることもある。

たとえば、テレビ番組で最近はやりの「旅もの」などでは、レポーターがある土地を旅行あるいは取材したときに、その地域特有の家や食べものに出会ったとき、「この家（食べもの）は、この地域の風土によく合っています」というような使い方をしていることが多い。このような言い方は正しいのだろうか？　この場合、「この家（食べもの）はこの地域の（気候や水環境、地形、植物などの）自然環境をうまく利用しています」とか、「自然環境に適しています」というような意味で使っている。すなわち、そこに住む人たちが、生活様式や習慣など（広い意味での文化といえるもの）を自然環境に適合させて暮らしている、という意味になろう。

しかし、このような「風土」の使い方は、自然が人間に与えている影響という視点に限られており、明らかに抜け落ちているのが、そこに住む人たちが「自然環境」にも深く影響を与えていることや、住む人たちがそのような文化を創った存在であるという視点である。すなわち、人と自然は二項対立で分けられる存在ではなく密接につながった存在である、という視点こそが、「風土」ということばの本質には含まれているべきなのである。

2　風土論の系譜

和辻哲郎の「風土」論

「風土」の視点に明確に言及したのが哲学者和辻哲郎であった。和辻は、『風土――人間学的考察』[1]の冒頭で、以下のようにのべている。やや長いが、大切な部分なので段落全体を引用する。

この書のめざすところは人間存在の構造契機としての風土性を明らかにすることである。だからここでは自然環境がいかに人間生活を規定するかということが問題なのではない。通例自然環境と考えられているものは、人間の風土性を具体的地盤として、そこから対象的に解放され来たったものである。かかるものと人間生活との関係を考えるという時には、人間生活そのものもすでに対象化せられている。従ってそれは対象と対象との間の関係を考察する立場であって、主体的な人間存在にかかわる立場ではない。我々の問題は後者に存する。たといここで風土的形象が絶えず問題とせられているとしても、それは主体的な人間存在の表現としてであって、いわゆる自然環境としてではない。この点の混同はあらかじめ拒んでおきたいと思う。

ややわかりにくいが、要は単に人間と自然の関係を考えるのではなく、人間存在そのものに、周りの自然環境がどのように組み込まれているかを考察することが、風土を考えるということであるという主張である。そして、「風土の3つの類型」として、「モンスーン」、「沙漠」、「牧場」を挙げた。この類型は、和辻がヨーロッパに留学した際、中国、東南アジア、インド、中近東を経由しながら地中海に入り、ヨーロッパに達した船旅の経験にもとづいて発想されたことは第3章4節でも触れた。

この類型をもとに、和辻は、東アジア、東南アジア、南アジアのモンスーン地域の風土的特性として、暑熱と湿気との結合を指摘する。特に海洋からの湿った季節風がもたらす「湿潤」は、この地域に住む人間にとって堪えがたく、かつ防ぎがたいものであるが、にもかかわらず、人々に「自然への対抗」を呼びさまさないことを指摘している。その理由として、ひとつは、湿潤が草木や動物などの自然への恵みを意味すること、ふたつ目に、湿潤が、大雨、暴風、洪水などの自然の暴威を意味することを挙げている。そして、これらの「湿潤」のもつ〈恵みと諦め〉という特性により、モンスーン地域に住む人間の構造を「受容的・忍従的」として把握することができると和辻は主張している。

これに対し、中近東や北アフリカに代表される「沙漠」の風土的特性は「乾燥」であり、乾燥気候での生活は「渇き」である。この地域では、人は常に水を求める生活であり、自然の脅威と戦いつつ他の人とも戦わねばならず、人間の構造は「対抗的・戦闘的」として把握できる。「自然への対抗は自然に対して人間を際立たせる一切の文化的努力に現われる」。エジプトのピラミッド・スフィンクス群やアラビア風の装飾模様などがいかに著しく「人工的」であるかと和辻はのべる。自然への対抗・戦闘性が最も顕著に現れているのは、砂漠における生産様式、すなわち遊牧である。「人間は自然の恵みを待つのではなく、能動的に自然の内に攻め入って自然からわずかの獲物をもぎ取るのである」。このような「自然への対抗は直ちに他の人間世界への対抗と結びつく」。自然との戦いの半面は、人間との戦いとなっていることも、和辻は指摘する。

いっぽう、ヨーロッパの風土的特性は「適度の湿潤と乾燥」であり、人間に対し「従順」な気候や植生で、土地は放っておいても雑草もあまり生えず、家畜を自由に放牧できる「牧場」を、風土類型の象徴として指摘している。自然が従順であることは、自然が合理的であることに連結し、人は自然の中から容易に規則を見出すことができる。第5章5節でのべたように、ヨーロッパは氷期に長く氷床に覆われていたために、植生（あるいは生態系）がモンスーンアジアに比べて比較的単純であることも、たとえば生物学における法則性を見出すことが比較的容易であることにつながっているかもしれない。見出された「規則にしたがって自然に臨むと、自然はますます従順になる」。このような過程を通して、ヨーロッパでは自然の探究すなわち自然科学が発達する。近代の自然科学は、まさにヨーロッパのこのような牧場的風土の産物であると和辻は主張する。さらにイギリス、ドイツ、フランスなどの西欧や北欧は、明るく快適な夏は短く、寒くて陰鬱な冬が長い。このような陰鬱さは、人間の「陰鬱さ」につながり、人をして自己への内面性への力強い沈潜が引き起こされる。西欧の思想、哲学、文学、芸術における発達には、このような風土性が強く関わっていることも和辻は主張している。

オギュスタン・ベルクの「風土」学

フランスの地理学者・哲学者であり日本での長い滞在経験もあるオギュスタン・ベルクは、先に引用した和辻の風土論の理論的枠組みには強く共感しながらも、上述の「風土の3つの類型」の議論は、和辻の理論からはずれた、古典的な「環境決定論」へと滑り落ちていると批判している(2)。この理由として、和辻自身の日本からヨーロッパへの旅行や留学滞在中の印象と、その地域の住民の長い歴史の中での経験を区別しなかったため、他者の主体性の代わりに自分の主観性を据えた議論になってしまっていることを挙げている。

ベルクは、このような和辻への批判も踏まえながら、風土とは、ある社会の、空間と自然とに対する関係性であるとしつつ、以下の3つの命題の重要性を指摘している(3)。

風土は自然的であると同時に文化的である。
風土は主観的であると同時に客観的である。
風土は集団的であると同時に個人的である。

この概念は、考える実体と、考える対象となる実体は別物であるという、デカルト的な二元論あるいは人間と自然を二項対立的に峻別《しゅんべつ》する西欧的近代科学の思考法と相いれないのは明白である。すなわち、風土とは、人とその周りの（自然）環境をそれぞれ独立に捉えて、その関係を考えるというものではないと主張されている。ここでベルクは、風土におけるこれらの相反する性質をつないで理解する次元として、「通態性（trajectivity）」というベルク風土学において根幹をなす独特な概念を導入している。

たとえば石油を考えてみよう。石油は、地下深くに存在する地質学的な事実であるが、それだけだと人間にとっては存在しないも同然である。それを人間にとって意味のあるもの（エネルギー資源）として認め、それを採掘する（人間による）石油技術があってはじめて資源となる。石油は人間にとって意味のあるもの、すなわちひとつの資源として通態され、自然にのみ属するわけでも社会にのみ属するわけでもないもの、つまり風土に属するものとして現れる。(4)

この見方は、19世紀生まれのドイツの生物学者ユクスキュルが唱えた「環世界」という概念と相同的である。すなわち、ある生物種にとっては、客観的な自然環境すべてが問題なのではなく、その種が生きるために関わり、「みえている」環境である「環世界」のみが意味を持っているという考えである。(5)すなわち、実証科学と現象学との双方から拾い集めたそれぞれの要素を合理的に調合するだけではあきたらず、人間の文化と自然を「通態性」を通して認識する一方法論としての風土学をベルクは提唱している。

西欧由来の近代科学としての気象学や地球科学を学び、どっぷりと浸《つ》かってきた者として、このようなベルクの風土論あるいは風土学の視点を完全に理解することはなかなか難しい。ただ、人間も含む自然をどう理解し、「人新世」を引き起こしている人類が、今後地球で何をすべきかという命題に立ち返ったとき、人間と自然を分断してきた近代科学を超克するひとつのアプローチとして、和辻やベルクの提唱した「風土学」的視点は重要ではないか。本章を含む本書の後半では、アジアモンスーン地域（モンスーンアジア）の風土論を私なりに展開してみたい。

3 モンスーンアジアの自然——気候・地形・水循環・生態系

豊かなモンスーンアジア

私たちはユーラシア大陸の東・南側に広く位置するモンスーンアジアとよばれる地域に住んでいる。明瞭な季節の移り変わりと豊かな水、そして多様な生物相を持つこの地域に、地球の総人口80億人の約55％にあたる約44億の人間が生きている（図6―1参照）。私たちが地球全体の環境問題を考えるとき、モンスーンアジアでなぜこの人口を養えているのかは非常に大きな鍵である。

この地域に住む44億の人々にとっての風土の前提となる、もともとの自然、あるいは原風景としての自然とはどのようなものなのか、あらためて考えてみよう。

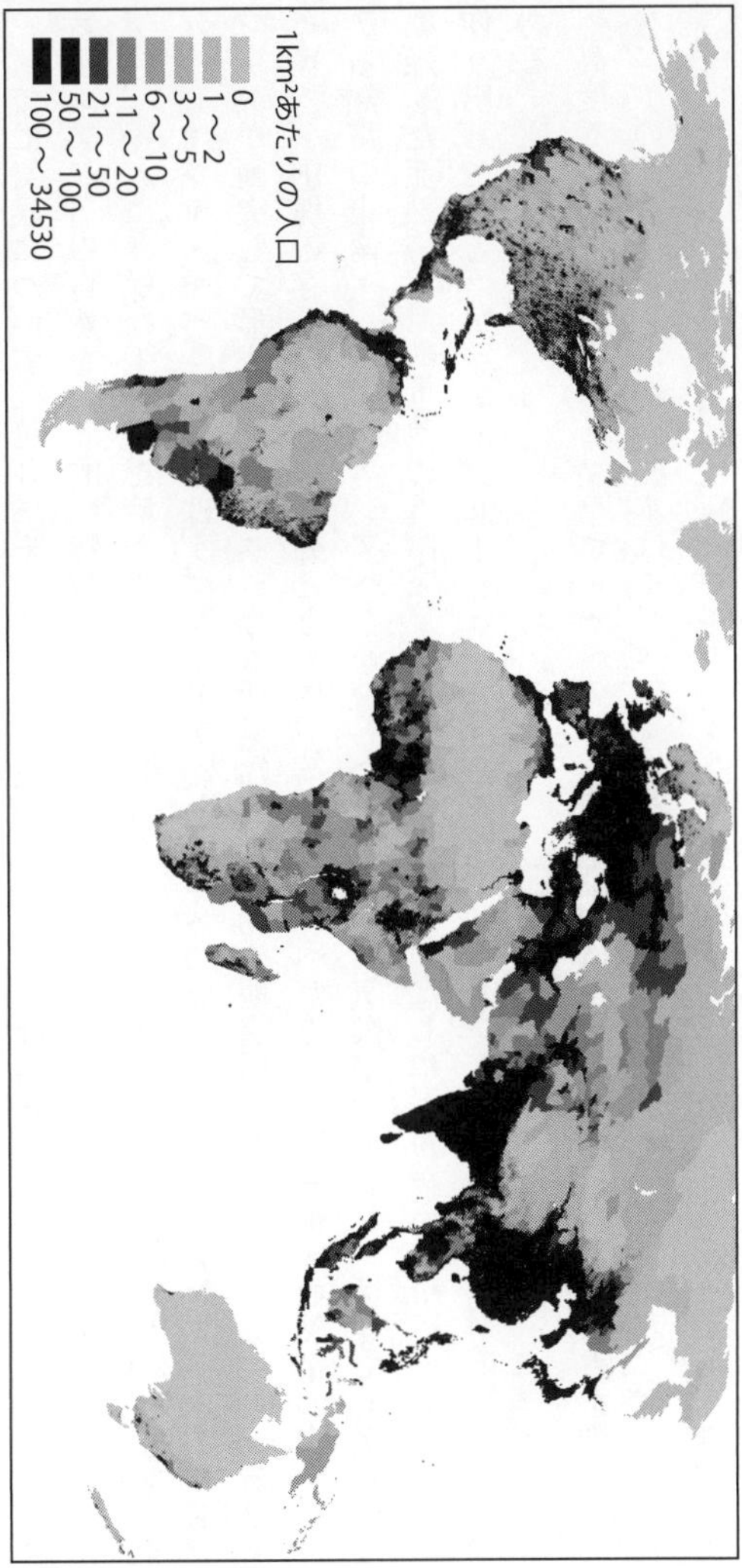

図6―1　世界の人口密度と人口分布（Gallup and Sachs, 1999）

活発な造山運動と沖積平野の形成

すでに気候については第3章や第4章で、生態系については第5章で詳しくのべたが、モンスーンアジアの自然を大局的に特徴づけるのは、ヒマラヤ・チベット山塊の存在、モンスーン気候、それに多様な生物種を培ってきたアジアのグリーンベルトであろう。世界の屋根といわれるヒマラヤ・チベット高原は、プレートテクトニクスでいうユーラシアプレートとインドプレートが衝突して形成されており、今も活発な造山運動や地震活動が続いている。ヒマラヤ・チベット山塊の存在は、その上昇とともに、第3章でのべたとおり、温帯・亜熱帯の東アジアから熱帯の東南アジア、南アジアへと連続したモンスーン気候帯を形成し、世界でも例外的に、乾燥した亜熱帯（亜熱帯高圧帯、図2―3(a)参照）での分断なしに温帯から熱帯への湿潤気候を作り出している。アジアのグリーンベルト（第5章）は、まさにこの気候帯に対応したものである。

高度5000m以上のヒマラヤ・チベット山塊の高山域は氷河を含む多くの氷雪を維持し、アジアの給水塔としてその融水はモンスーンアジアを流れるインダス、ガンジス、ブラマプトラ、イラワジ（エーヤーワディ）、サルウィン、チャオプラヤ、メコン、長江、黄河《こうが》、紅河《こうが》、珠《しゅ》江《こう》など多くの大河川群に豊かな水をもたらしている。

さらにヒマラヤ・チベット山塊は、現在も活発な地殻運動によって上昇しつつある変動地形であり、同時にアジアモンスーンによる大量降雨のため際立って激しい土壌侵食が起こっており、図6―2に示すように大量の土砂を海に流出させている。山岳地域の侵食で生まれたミネラルの豊富な土砂は、中・下流流の低地に堆積して大沖積平野を、そして沿岸部にはデルタを発達させてきた。[6] 世界の沖積平野の約30%は、モンスーンアジアに集中している。

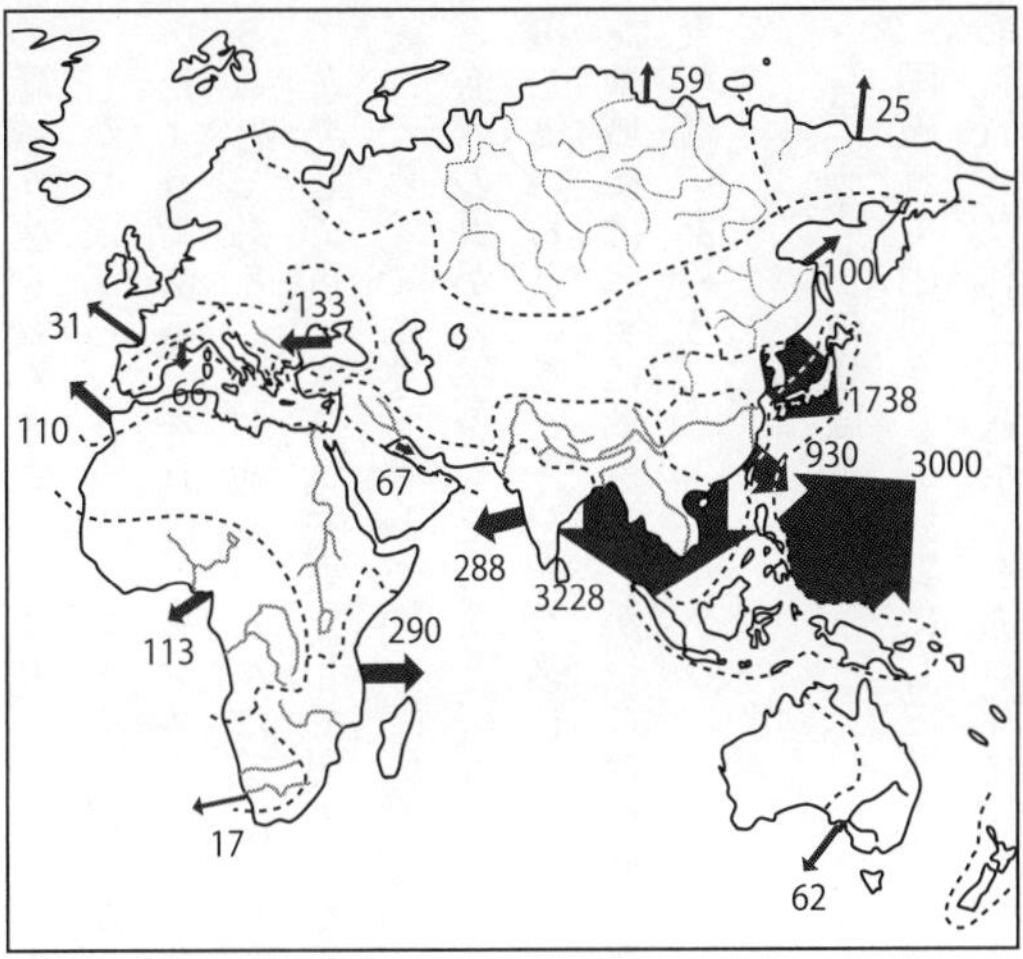

図6―2　主要排水域からの年間土砂排出量（単位：100万t）（久馬，2016）

モンスーンアジアには雨季と乾季が厳然とあり、その年々の変動は、ときに干ばつや洪水をこの地域にもたらし、人々を苦しめる。しかし、季節的に必ずやってくる雨は、水の管理を可能にし、集約的な農業の生態的基盤を人々に与えている。

モンスーンに伴う活発な水循環と季節サイクル

和辻は、このようなアジアモンスーンの気候の下で生きる人間の精神構造を、受容的・忍従的と規定した。[7] モンスーンが、人間に生を恵むとともに、ときには、その変動に伴う（干ばつ、熱暑、洪水などの）自然の猛威が生を脅かすことにより、このような精神の構造が創られるとしたのである。

しかしながら、モンスーンという現象が人に与えうる、もうひとつの属性を和辻は見逃していたようである。それは、モンスーンが、非常に活発な水循環システムにほかならない、ということである。この地域の人々は、雨として降った水が川に入り、流れて海に至り、そして海で蒸発して再び水蒸気や雲として戻ってくることを、近代の気象学や水文学の知識を借りることなく、すでに感覚として知っていたはずである。毎年、同じ頃に海からの風が雨季を、陸から海への風が乾季をもたらすというはっきりとした「季節サイクル」そのものが、すべては循環しているということを強く感じさせる。この季節サイクルとしての水循環がアジアモンスーン地域には確実にあることが、この地域の農業、そして風土を創りあげた、もうひとつの重要な契機であろう。

「草木深し」の生態系

「国破れて山河在り、城春にして草木深し」で始まる唐《とう》の時代の詩人杜甫《とほ》の有名な詩がある。戦乱などで国土が破壊され荒れ果てても、山河は残り春あるいは雨の季節がくれば、また緑に覆われる。モンスーンアジアとはそのような生物相の復元力（回復力）に恵まれた土地であることを示唆している。(8) 第5章でのべたアジアのグリーンベルトの温帯から熱帯域は、まさにそのような生物相の地である。対照的に、ヨーロッパの冷涼な気候や中近東や北アフリカの乾燥気候の土地では、いったん植生をなくすと、その復元には非常に時間がかかるか消失してしまう可能性が高い。

いっぽうで、そのような生物相のモンスーンアジアでは、ひとたび農地を開拓しようとすると、農作物の生長をさまたげる雑草との戦いが必要になる。この地域で雑草のない、あるいは少ないところは、水辺である。沖積地のわずかな水辺や湿地あるいは河口近くのデルタこそ、次節でのべる水田稲作への契機となる自然的条件である。

4　水田稲作圏の形成

稲作の起源

モンスーンアジアの風土を築いてきた生業で最も重要なものは、水田稲作農業であることは、図6―3の現在の米生産量分布をみても明らかであろう。水田による稲作は、アルプス・ヒマラヤ造山帯という地質学的条件に、大量の降水をもたらすモンスーンの気候的条件が重なって形成される沖積台地・平野で、独自に発展した農業である[9]。湿潤気候が熱帯、亜熱帯、温帯で南北につながっている世界で唯一の地域で、稲（イネ）という野生種が出現することができ、栽培イネ（*Oryza sativa*）が選択されたことが、モンスーンアジアで稲作を盛んにしたと考えるべきであろう。

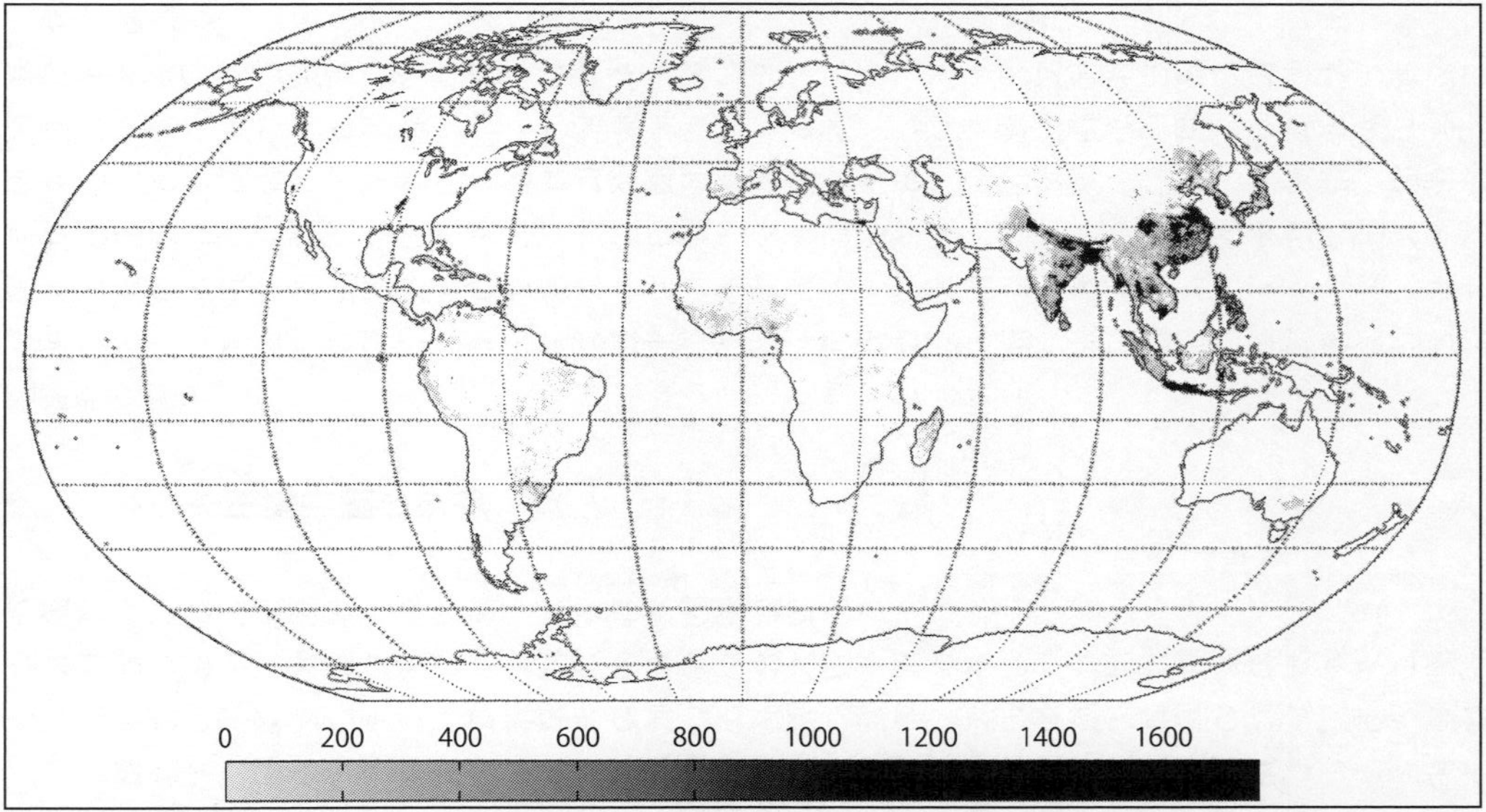

図6—3　世界の米生産の分布図　2000年における単位面積（緯度経度5分×5分）ごとの生産量（kg/ha）を示す（Monfreda et al., 2008）

水田稲作の起源については、いろいろな説があるが、現在では、中国長江中流域の洞庭湖《どうていこ》周辺で1万年ほど前に始まったという説[10]や、中国南部の珠江中流域ではじめて栽培種が出現したという説[11]が有力である。稲作を伴ったこの地域の文明は、世界の4大古代文明（黄河、インダス、メソポタミア、エジプト）よりも古く、完新世（最終氷期が終わった約1万年前から現在までの比較的暖かい気候が続いている時代）に入ってから世界最初の「長江文明」があったとも主張されている。[12]

いずれにせよ、水田稲作を柱にした農耕社会が、グリーンベルトの亜熱帯から温帯にかけての湖や川岸に近い低湿地で、完新世のかなり早い時期に始まったことはまちがいなさそうである。[13]

水田稲作の持続可能性

栽培イネは、モンスーンアジアでもともと自生していた野生種を、モンスーンによる夏季の降水によって湛水《たんすい》する低地でも栽培できるようになって広く普及したものである。もうひとつの食用作物として世界の温帯地域で広く栽培されている小麦は、収量が平均で3・1t（1haあたり）であるが、イネは4・5tと高い収量を誇り、それを支えているのは、水田の土と水である。水田稲作は非常に持続可能な農業とされているが、その農学的な理由は、以下の3つに要約される。[14]

①湛水した水田は、常に流れている水から養分が補給される。また、湛水により土壌中の酸素が少なくなる環境となりやすく、有機物の分解をさまたげるため、水および土壌からの養分（窒素やリン）の供給が可能なイネは、高い収量が可能となる。

②多くの畑ではほとんどは微生物や昆虫および雑草による障害である連作障害がみられる。しかし、乾季に干上がり、生育期に湛水された水田では、大部分の嫌気性・好気性微生物も耐えることができず、雑草も水があると根呼吸ができずに生えにくく、連作が可能となる。

③湛水のために土地を水平にならし、田圃《たんぼ》一枚ごとに畦《あぜ》をめぐらす水田は、土壌侵食が防止できて、長期的な連続使用、すなわち持続可能性の高い農地となる。さらに、沖積平野やデルタでは土砂の堆積が常に起こっており、土壌の疲弊・退化が抑えられ、むしろ年々更新されて生産力の低下が起こらない。

水田稲作圏——ひとつの風土の形成

ひとたびイネの湛水栽培が始まれば、今度はその特長を積極的に利用するために、自然条件下では湛水しないところまで、人為的に水を引いて水田を作るという、灌漑《かんがい》を伴う水田稲作が広がっていく(15)。イネに適した気候や地形そして水の条件の特性を知ったモンスーンアジアの人々は、水田を作ることによって、この地域の自然景観そのものも変えていった。

モンスーンアジアは、前述のようにイネという種およびイネ栽培そのものの発祥地であり、稲作文明の発祥もこの地域であった。熱帯と温帯というふたつの世界が存在し、片方からもう一方に文明が伝播したというよりも、モンスーン気候のもとで、本来的にひとつであるアジア稲作圏とでもいうべき生態的世界が形成された(16)と考えるべきであろう。その稲作農耕を可能にしたのは、先にのべたモンスーンアジア特有の地形的条件である、肥沃な沖積平野の存在であった。沖積平野を中心として始まった稲作農耕により、平野の集約的な利用が可能となったことで周囲の山地の森林環境も維持できる。維持された森林は水源となり平野での恒常的な水利用を可能にし、こうしてひとつの安定した農業・生態系が、モンスーンアジアの沖積平野周辺を中心として作られた。

温帯から熱帯にまたがるモンスーンアジアのグリーンベルト域にほぼ対応するこの地域では、初期には焼畑と水田稲作地が入り混じる土地利用であったのが、イネ栽培が高い生産性を有し、イネの栄養価や貯蔵性も高いという利点によって、稲作が開始された早い時期（紀元前数千年頃？）から水田化は急速に進んだと考えられる。熱帯の低湿地の原植生としての森林を水田化することで、森林を生息地とするマラリア蚊を減少させるという大きな効果もあり、人口が稲作地域に集中して増加していった。人口の集中化により、水田稲作はさらに高度に集約化されていくことになる。こうしてモンスーンアジアでは、小面積を占めるにすぎない山間部や川沿いの沖積平野の稠密《ちゅうみつ》な人口と、面積的には圧倒的大部分を占めるが人口希薄な山地での焼畑空間のモザイクが、近代化以前にすでにできあがっていた。

コメの持つ総合的な栄養価は小麦などに比べてもはるかに優れており、人口を養う上でも理想的な主食穀物であった。そのため、モンスーンアジア地域の人口は稲作圏の発展と軌を一にして増加し、紀元前後にはすでに世界の総人口の60％前後に達しており、以後現在に至るまで、その割合は維持されている。(17) 人口密度は世界全体では1haあたり0・54人であるがモンスーンアジア地域は2・3人と約4倍である。加えて、モンスーンアジア地域は人が住めない山岳域が多いため、耕地面積ベースでの人口密度は7・9人と、実に世界平均の約15倍の人口密度となる。

高い人口密度（図6―1参照）下での水田稲作は、数千年以上にわたる歴史を持つ。モンスーンアジアの山間部から平野部の沖積地やデルタでの水田稲作農業は、ベルクの風土学の視点（第6章2節参照）でのべると、それぞれの自然条件と民族が「通態」していき、地域ごと民族ごとの多様な風土が形成されていったことになる。水田には、雨季の雨に頼る天水田と湛水・灌漑システムに頼る灌漑水田があり、その規模や形態も、比較的小さな沖積地（山間部の棚田や川沿いの沖積低地）からデルタのような比較的大きな水田域までさまざまである。

その土地の自然環境に調和的な水田システムを維持するためには、何らかの集約的で互助、共助の労働が必要であり、それぞれの地域のコミュニティ（あるいは民族）は、そのための社会システムを作っていった。[18] アジアの水田稲作民のコミュニティには、それぞれの社会での規範を作り、それを遵守する道徳的傾向が強いことが統計社会学的に示されている。[19] 日本においても、水田稲作が開始された弥生時代以来、農村では稲作農業のために共同・協調を必要とし、またそのための社会が築かれていった（第7章も参照）。現代にいたるまで、稲作を基盤とした農村社会は、良くも悪くも守るべき規範を持ち、長いあいだ日本の政治における「保守」の基盤でもあった。水田稲作という生業に従事する人々が持つ地域コミュニティへの協調的、規範遵守的な態度を、和辻哲郎は、旅行者の視点から「受容的・忍従的」と、やや表層的に感じ取ったのかもしれない。

5　モンスーンアジアの伝統的社会の形成と変容

多様性と多元性

モンスーンアジアは、大きく東アジア、東南アジアおよび南アジアに分けられる。いずれの地域もモンスーン気候に根づいた水田稲作農業をその生業のベースとしながらも、それぞれの地域ごとの気候や生態系の特性と人種・民族のちがいから、伝統的社会の形成とその歴史的発展は大きく異なる。この過程で醸成されてきた社会と文化は、要約すれば、多様性と多元性である。少なくとも近代以前のモンスーンアジアの中では、それぞれの地域の社会と文化は、地域ごとの多様性と歴史的発展過程の多元性を前提としつつも、相互のつながりと共存があったともいえる。

ここでは、それぞれの地域における近・現代の社会の基層をなしている「近世」までの伝統的社会の形成について、もう少し詳しくのべてみたい。ここでいう「近世」とは、地域により多少異なるが、おおむね16世紀半ば頃から西欧諸国によるアジアの植民地化が始まる19世紀半ば頃までである。

中国――ひとつの水利社会

東アジアは大きく中国、朝鮮半島、日本に分けられるが、ここでは中国と日本を取り上げる。中国は、長江の北と南で、気候学的、水文学的、地形学的特徴が大きくちがう。南はモンスーン季の降雨量が多く、地形も山地が多い。北は降雨量が少なく平野部が広がっている。南は多くの少数民族が棚田を中心にした稲作を行う天水田が多く、それぞれの狭い地域で異なった伝統的文化を守っている。いっぽう長江流域の平野部から北側は漢民族が主流の地であり、水田稲作や主要作物である小麦などの畑作には、灌漑が必要となっている。

古代から村落単位での灌漑水田を共同で維持、管理し、さらに広域に保守するためには強い権力が必要とされてきた。ウィットフォーゲル(20)は、中国の広大な地域の灌漑水田稲作農業を基盤としたこの社会制度を「東洋的専制主義」と命名して、マルクスが主張する「西欧的な所有」ではない「共有」にもとづいた専制社会と位置付けている。「水利（水力）を制する者が国家を制する」というウィットフォーゲルの「水利（水力）社会論」は、20世紀に入ってからのソ連や中国の社会主義革命に関する多くの抗争もからんで、賛否両論の多くの議論[21]が国内外でされてきたが、ここでは立ち入らないことにしよう。ただ、中国という今（2022年現在）も世界第一の人口を擁する国が成り立つためには、近代資本主義の基本とされる「私的所有」ではなく、人間と自然が相互作用で作り上げた水田稲作農業という「第二の自然」（まさに「通態された自然」）を共有することが必然であったというウィットフォーゲルの指摘は、今も非常に新鮮なものがある。

日本――小農社会と勤勉革命

日本での灌漑水田稲作とそれに伴う社会は、紀元前10世紀前後からの弥生時代に始まった。当初は環濠《かんごう》集落のような規模の小さい集落社会であったが、朝鮮半島からの渡来人などによる組織的な共同体システムや祭祀《さいし》などを伴った青銅器文化が導入され、やがてより強い政治権力が支配する古墳時代へと変質していった[22]。

奈良時代に入ると、「大宝律令《たいほうりつりょう》」が701年に制定され、律令制の一環として班田収授法やその改良型の三世一身法が制定され、世代を限定した土地（水田）所有を認めて水田開墾を促したが、うまく機能しなかった。そこで、743年に制定された「墾田永年私財法《こんでんえいねんしざいのほう》」により、新しく開墾した土地の私有を認めたが、実質的に大規模な水田開発を行えるのは力のある豪族や大寺院などに限られ、小農はその開発に雇用されるという身分になっていった。

このような大規模な水田は「荘園《しょうえん》」とよばれるようになり、荘園が成立する過程でこの法律は実質的に崩れていき、以後、公家《くげ》、寺院、武家などが支配する荘園制による水田稲作が基本となった。佐藤泰弘《さとうやすひろ》によれば、「荘園制が確認できる期間が日本における中世の時期であり、中世における日本国の範囲なのである」(23)とされるように、荘園制は日本の中世社会を規定する社会制度、土地制度であるといえる。

そして中世の終わり（近世の始まり）は、豊臣秀吉《とよとみひでよし》による太閤《たいこう》検地と兵農分離による後期封建制の始まりである。江戸時代（徳川《とくがわ》将軍による幕藩体制）の約260年間は土地（稲作水田）の評価を「石高制」で行い、ムラ単位の年貢の査定も、大名やその家臣への給与の支給もこの「石高」で行われていた。「鎖国」体制によりほぼ自給自足の経済体制であったことも含め、水田稲作依存の経済が、日本近世としてのこの時代を特徴づけている。

小農家族（イエ）と、その連合体で大名などの藩主に対しても交渉できるムラを中心とした日本独特の農村社会は、江戸時代を通して続くことになった。ムラは水田稲作農業を担う基本単位であり、同時に年貢としてのコメの供出が課せられる単位でもあった。18世紀初頭には耕作フロンティアが消滅して農地の大開墾が一段落し、土地に対する人口圧が高まったことを契機に農業の集約化が進み、集約農業に適合する農村社会組織として、主に家族労働に依存する小農家族社会が実質的に成立したのである。[24]

ただ、水田稲作農業が、日本列島に住む人々の生業として、また経済の中心としてどの程度大きな割合を占めていたかについて、また上述のような水田稲作農業と政治体制の関係についての説明には異論もある。日本列島はその70%が山地・森林であり、水田稲作が可能な沖積地の割合は非常に限られている。さらに列島は海に囲まれて長大な沿岸域があり、おびただしい貝塚群が残された縄文時代から現在まで、豊かな海産物による生業が長い歴史を持っている。山地・森林を活用した狩猟や採集、炭焼、漆などの伝統的な生業の歴史も、縄文・弥生時代から現代まで続いており、それらの「海の幸・山の幸」の交易による経済活動も、決して小さくはなかったはずだという指摘[25]もある。東アジアのグリーンベルトとモンスーン気候に加え、沿岸を流れる暖流・寒流が育む陸と海の多様な生態系に恵まれた日本列島では、水田稲作に加えすべての「山野河海」を利用した多様な生業が、江戸時代260年間の「自給自足的経済」を支えていたとみるべきであろう。気候変動の影響も含めた日本の風土性の変遷については、第7章でさらに詳しく議論したい。

いずれにせよ、18世紀以降の人口圧の増大が、マルサスの主張するような貧困化や社会不安の増大などを引き起こさず、むしろ農業の集約化に加え生業の多様化で克服するという径路[26]をたどることになった点は、人類史上でも極めて注目すべき出来事であった。[27]農業の集約化は、農民による「勤勉革命[28]」によるものと指摘されているが、この「勤勉革命」は労働集約型の

「勤勉革命径路」として西欧の資本集約型発展径路とは区別され、日本のみならず、中国などを含む東アジアにおける経済発展にとって、非常に重要な要素となっている。(29) この側面は第8章でさらに詳しくのべる。

インド――モンスーンと職分権（カースト）制

インドは熱帯のモンスーン気候が典型的に現れている国である。雨季はせいぜい4ヵ月、北部地域では3ヵ月程度と短く、雨季の開始と終わりも、他のモンスーンアジア地域と比べて明瞭である。第3章でものべたように、ENSOやユーラシア大陸での冬・春の積雪や偏西風波動に影響され、洪水や干ばつを伴う年々の変動も大きい。インド亜大陸は同時にモンスーンの影響の地域差も大きく、湿潤な南東部から半乾燥気候の北西部まで、降水量や雨季乾季の長さも異なり、この気候の多様性に伴って、多様な森林・植生に覆われている。

多様なモンスーン気候と豊かな森林という自然の中で、人々はどのように伝統的な地域社会を形成してきたのだろうか。ここでは、東部のオリッサ州で長期間の文化人類学的研究を行った田辺明生《たなべあきお》の論考(30)をもとに考えてみよう。

インドの（特に農村の）人々にとって、モンスーンによる降雨は毎年訪れる当たり前の気象現象ではなく、神の意志という、人間にとっては不可知の力の働きである。もちろん、ここでいう「神」とは、さまざまな自然現象が関係する多神教・汎神教的なヒンドゥー教の神である。

自然現象は神から人間へのメッセージであり働きかけである。人間は、自然によって生かされてあることを認識し、圧倒的な力を持つ自然に対して謙虚さとともに祈りと捧《ささ》げものを通じて働きかけようとする。和辻は旅行者として垣間見《かいまみ》たインドの農民のこのような姿を、「受容的・忍従的」と感じたのかもしれないが、現地での長期の人類学的調査を行った田辺は、インド農民のこのような姿に、お互いの人格と行為主体性を認めた人間と自然の相互作用があることを見抜いている。

インドモンスーンの雨はその開始も終わりも明瞭な季節限定的な降水であり、天水を利用する水田稲作にとっては、集中的に農業労働力が必要な時期であるが、必要でない時期（乾季）も長い。たとえば、イギリスによる植民地化以前の18世紀のインドの伝統的な農村社会では、広大なインドの大地に、まだ開墾できる森林が多く残されている中で、稲作を中心に行う農業労働者と非農業労働者を大量に抱え込む社会が形成されていた。非農業労働者は自分たちの専門の仕事をこなす職能集団としてのカーストを形成しており、農閑期にはそれぞれの仕事に従事していたが、いざ農繁期になると農業に従事したのであった。また、農地と森林のあいだのさまざまな自然利用を、それぞれの専門知識で行う職分権集団が職能カーストとして存在していた。人々の生業は、稲作に加えて、焼畑における棉花《めんか》、シコクビエなどの雑穀の栽培、荒蕪《こうぶ》地《ち》での放牧による家畜飼育、森林での狩猟や動植物の採集など、さまざまな自然資源を多元的な社会集団が多様なかたちで利用し、社会全体が分配と交換を通じてそれらを享受することができた[31]。

こうした社会的工夫により、雨季に集中的な労働力を必要とする稲作農業などの需要にも対応できる、余剰労働力を維持するしくみが地域社会にはあった。その意味でインド特有のカースト制度の発展は、森林の多様な利用と開墾、そして明瞭な雨季・乾季を利用してきた水田稲作農業の歴史と密接に関係してきたとも考えられる。

職分権にもとづくカースト制による生業の分業は、不安定なモンスーン降水などの自然変動に強く依存する水田稲作だけに頼らず、多くの人々が生きていくための多重のセーフティネットとして機能していたということでもある。このような多様な生態環境、多様な生業、多様な社会集団の近接的なつながりが、（植民地化以前の）18世紀までのインド社会の「しぶとい豊かさ」[32]を支えていた。ただ、イギリスによる植民地化以降、このような人や集団の多様性そのものを認めあう価値観が弱まり、互いを共通の目線で比べる価値観が広がることにより、カースト制度は上下関係や貴賤《きせん》関係といったヒエラルキー（階級）構造が強調されることになった。

海域東南アジア――モンスーン（季節風）を利用した交易の世界

東南アジアは、インドシナ半島部の大陸域と、インドネシアやマレーシア、フィリピンを含む海域の、大きくふたつに分けられる。海域東南アジアは西部熱帯太平洋の暖水プール地域の一部で、広い意味でのアジアモンスーン地域である。季節的な風系は変わるが、年中湿潤多雨の気候が支配している（図3—4参照）。この地域はフィリピンからインドネシアの多島海をなしており、ジャワ島やバリ島、フィリピンなどの島嶼の一部では水田稲作農業は非常に長い歴史を持っている。雨季と乾季があるという意味ではアジアモンスーン地域であるが、赤道に近い熱帯湿潤気候も重なり、乾季でも一定水量のある地域が多く、稲作は二期作、場所によっては三期作が可能となっている。

この地域は、インド洋と太平洋をつなぐ島嶼や半島を含む広い海域で、南シナ海とジャワ海およびマラッカ海峡を中心とした海域である。気候的特徴は、北半球での風系が、南西風（夏）から北東風（冬）と大きく逆転すること（図3—1、図3—2参照）であり、この季節的変化を利用した中国とインドをつなぐ海上交易が、古くから盛んであった。沿岸沿いには、中継貿易の拠点で風待ち港にもなった港市国家（港を中心とした小さな都市国家）が古くは紀元前後から西欧の植民地化が進むまで栄えていた。現在のタイ・カンボジア・ベトナムにまたがる地域にあった扶南《ふなん》国やチャンパー、現在のインドネシア地域を中心としたシュリーヴィジャヤ王国（7～14世紀）やその後のマジャパヒト王国（13～16世紀）などがこの地域の交易を支配していた。図6—4でもわかるように、現在のパレンバン近くにあったシュリーヴィジャヤ王国の首都は、貿易の中継拠点として、また季節風が入れ替わるときの「風待ち港」として栄えた。夏季（南西）モンスーン季には、首都から中国あるいはインドへ、冬季（北東）モンスーン季には、中国あるいはインドから首都へ、風を利用した航海が容易であった。

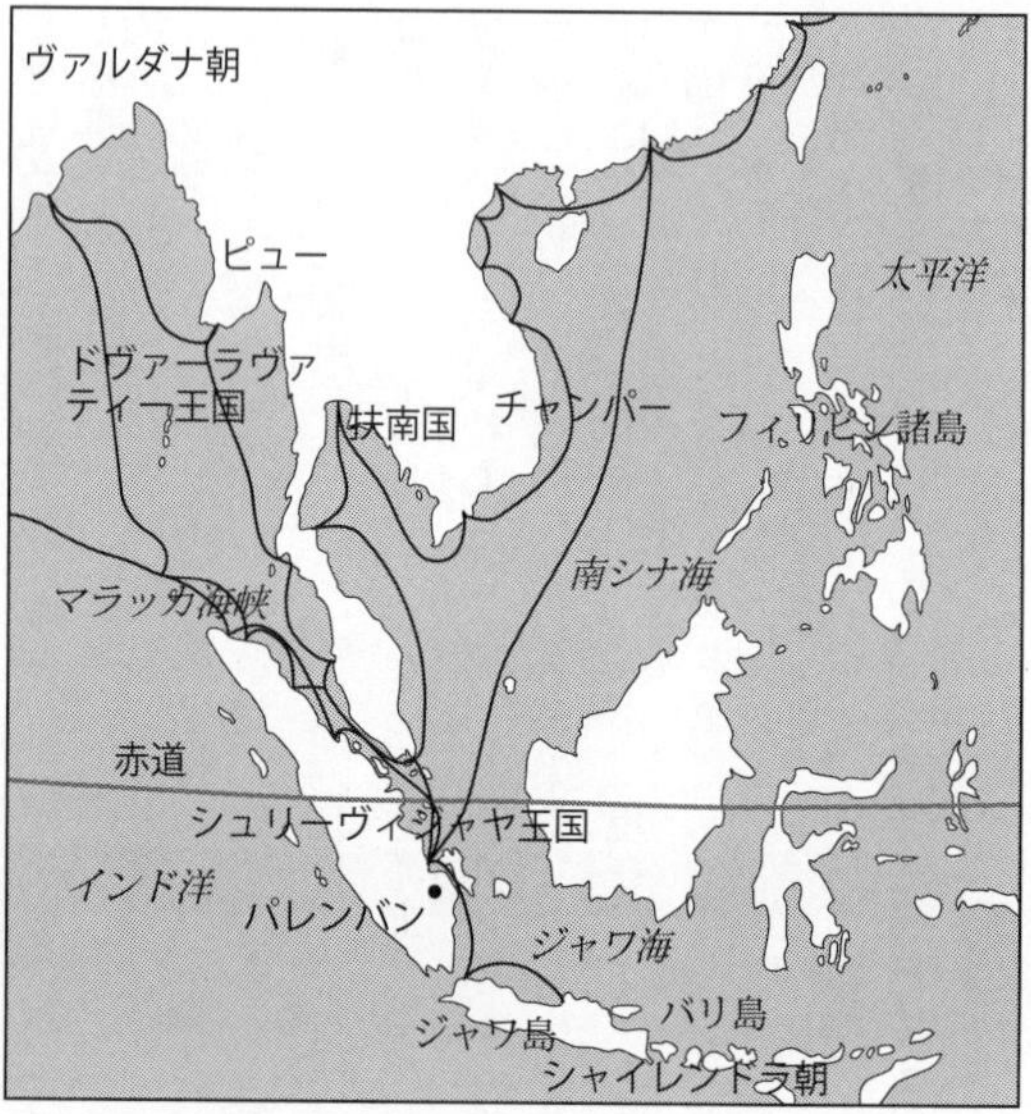

図6―4　7～9世紀の東南アジアにおける主な国家群と主要な交易ルート

マラッカ海峡からインド洋に出ると、モンスーンの端境期には、北インド洋では東風と（西向きの）北赤道海流が流れており、これらを利用した南インド（およびアラビア半島やアフリカ）との交易が可能であった。この交易により、インドから仏教、ヒンドゥー教、イスラム教などが東南アジア地域に広がっていった。民族もインド・アーリア系、中国系およびマレー系が入り混じった交流がなされ、宗教も含めた現在の東南アジア地域の人々の文化的包容性にもつながっている。グリーンベルト地域での熱帯林からは香料などの豊かな生産物が得られ、これらの交易と商品米が政治と経済の原動力となって、前近代からの東南アジアの歴史は作られてきた[33]。

この地域の物資の豊かさは、大航海時代にこの地域を訪れた西欧の支配層を魅了し、やがて

18世紀以降の西欧諸国による侵略と植民地化の動きにつながっていった。

大陸域東南アジア――小規模な自立的生業によるルースな稲作社会

タイ、ミャンマー、ラオス、カンボジア、ベトナムなどの大陸東南アジア地域は、第4章2節でのべたように（図4―1参照）、夏季アジアモンスーン地域の中では最も早くモンスーンが開始される地域であり、またモンスーンの終わりも10月頃と最も遅く、長い雨季に特徴づけられる。地形的には、この地域を流れる大河川に沿って、上中流の山地、中下流部の平原（あるいは氾濫原）、そしてデルタに大きく分類できる。沿岸部の港市は海域での活発な交易の末端に組み込まれていたが、平原と山地からなる内陸地域は、モンスーン気候に特有の（雨季に緑葉をつけ乾季に落葉する）雨緑樹林や照葉樹林で豊かな自然資源に恵まれ、水田稲作や焼畑農業、メコン川などの大河川での漁労など、自立的な生業システムが成り立っていた(34)。この地域には多くの民族が分布しており、それぞれの地域の環境が持つ生物多様性を最大限生かした人と自然の持続的な関係が保たれていたが、先にのべたインドとはまた異なるかたちの地域社会を形成している。

面積的に大きい部分を占めるタイの山間盆地や平野部は、ミャンマーとの国境をなす1000m程度の山脈の風下側となるため、モンスーン地域にしては雨季の降水量が1000㎜前後と少ない。水田稲作には、多くの地域で堰《せき》や用水路などによる灌漑システムが必要であった。

このようなシステムは13世紀前後から発達し、小規模な場合には村落共同体による用水管理が行われたが、大規模になると国家権力による管理が必要となった。ただ、ウィットフォーゲルが中国について指摘したような強い集権的国家による水利社会ではなく、ある程度のモンスーン季の雨が期待できる山間低地での用水管理を可能とする「準水利社会」であった。石井米雄《いしいよねお》はこのような生態学的条件に適した社会として、小国家群の形成が、タイにおける近世の国家形成の歴史にとって重要であることを指摘している(35)。

いっぽう、中下流域の氾濫原にあたる地域の川沿いの低地では、雨季には上流からの水が溜まって、広大な低湿地は天水田となり、タイ特有の「浮稲」が栽培された。上流からの溢流《いつりゅう》水《すい》がそのまま農業用水となる自然灌漑によっており、排水も季節進行の中で自然にそのまましたがう稲作である。収量も上流の山間部での水田よりも高い。必要なのは雨季開始頃の土地耕起・播種《はしゅ》と乾季（1～2月）の刈り取りなど、農繁期の労働力だけであった。そのため、この地域の村落社会は、家族や親族を中心とした相互扶助の重合的集合体からなる地縁社会であった。

タイを中心とする大陸東南アジアの人々のあいだには、圧倒的な自然の力に対する畏怖の念に発する、土着の精霊（ピー Phi）崇拝が長い歴史の中で続いている。精霊は雨や水のみならず、樹木、山林、土地、家屋、人間の霊など森羅万象に遍《あまね》く存在しているのである。上座部仏教は、シャム王国（スコータイ王朝）の国家統治とともに後にこの地にも入り、この精霊信仰と習合して民衆宗教として土着化していった。(36) モンスーン季の豊かな水を利用した水田稲作は水利における共同作業もほとんど不要だったことから、相互規制や年寄り・若者のあいだの上下の力関係や男女の差別なども弱い「ルースな（柔らかな）」構造を持つ農村社会が形成された。(37) この「ルースな」社会の構造こそ現在の「東南アジアらしさ」を表しており、たとえば「勤勉革命」を醸成した風土の中で、アジアで先導的に経済発展に成功してきた日本や中国などの東アジア社会とも、また、職能カースト制にもとづくインドの相互依存関係の社会とも異なっている。

以上、簡潔にのべてきたが、モンスーンアジアとよばれる広大な地域では、アジアモンスーン気候と自然生態系、そして地形・地理的条件の下で、人々は水田稲作農業を、完新世の1万年近い歴史過程の中で多様に展開させてきた。その結果の一端が、人口の集中（図6―1）と水田の分布（図6―3）としてみえているが、地域ごとの多様な自然との関わり合いの中で、極めて多様・多元的な風土と社会、そしてこれらを統治する「アジア的」国家群が築かれてきたのである。それらは、第7章、第8章でものべるように、それぞれの地域での18世紀以降の近代化の発展径路にも複雑に作用していくことになる。

第7章　日本の風土と日本人の自然観の変遷

この章では、日本列島内での自然の多様性を、気候、地理・地形的要因や生態系などと関連させながら説明する。その上で、気候・地形・水環境や生態系の恵みを受けながら、日本人は、完新世の約1万年の歴史の中でいかに日本列島特有の風土を築き、自然観を形成していったか、特に中世以降、人と自然の関係性を文学として醸成した和歌、俳諧（俳句）の史的展開も取り上げて議論してみたい。

1　多様で変化に富む日本列島の自然

夏・冬のモンスーンがもたらす多様な地域気候

第6章では、モンスーンアジア地域全体の風土を俯瞰《ふかん》する中で、日本の風土の形成についても短く触れた（第6章5節参照）。ここではまず、日本列島の自然の地域的多様性と、それに人の歴史がどのように関わりながら、現在の日本の風土が形成されていったのかを考察してみたい。

夏の日本列島では、西南日本と東北日本で梅雨期の気候はかなり異なっている（第4章3節参照）。西南日本では雨が多く湿度も非常に高いが、東北日本は、太平洋側の沿岸に沿って「やませ」とよばれる冷たい北東風が吹き、現在でもしばしば東北地方の冷害の原因になっている。梅雨が明けた後は、小笠原（太平洋）高気圧の湿った暖かい気団に覆われ、北海道を除く列島全体で蒸し暑い夏の訪れとなる。

冬の日本列島では、冷たく乾いたシベリアからの北西季節風は、日本海上で水蒸気をもらって湿潤で不安定な大気へと変質し、雪雲を発達させて日本海側に大量の雪を降らせ、世界でも稀《まれ》な雪国の気候を形成している（図4―5）。いっぽう、太平洋側は、季節風は山を越えて「空っ風」となって吹き、乾燥注意報や警報が出されるような乾燥した天気をもたらす。シベリアからの季節風は、列島の脊梁《せきりょう》山脈を境にして極めて対照的な天候をもたらしている。

日本列島の森林分布――照葉樹林・ブナ（ナラ）林・針葉樹林

夏には西南日本を中心に蒸し暑さと雨をもたらし、冬には東北日本を中心に寒さと雪をもたらすアジアモンスーンは、日本列島の植生（森林）分布に強く影響している。図7―1に現在の日本の森林分布を示す。長い歴史の中で、森林の伐採や植林、あるいは火災などの人間由来

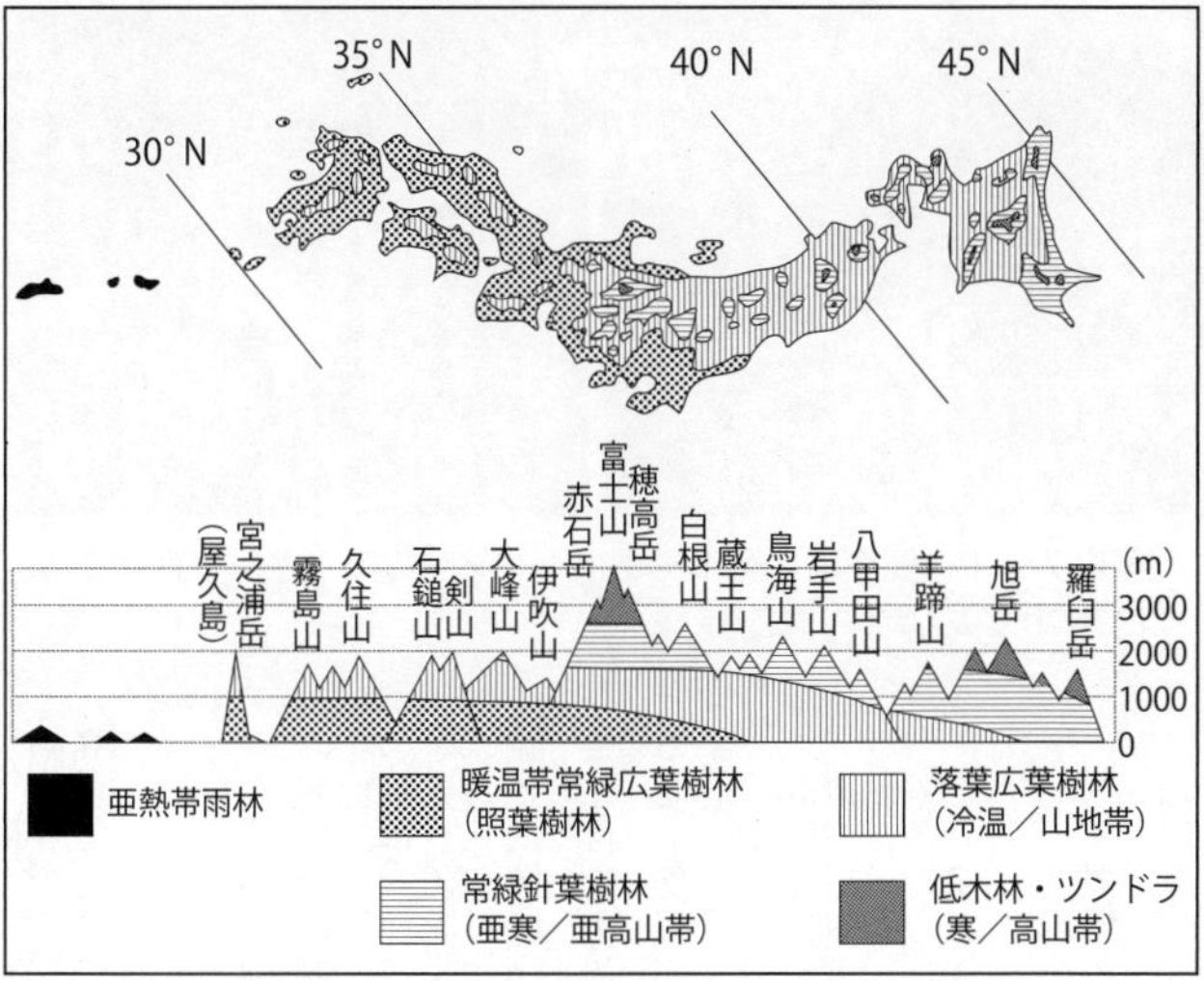

図7—1　日本列島の現在の森林分布（森林・林業学習館 HP より）

の活動により、平野部を中心に現在はこれらの原植生の多くは失われているが、おおまかな分布としては、南から琉球列島には亜熱帯雨林、九州・四国から本州の西半分と関東平野を中心に照葉樹林（暖温帯常緑広葉樹林）、標高数百m以上の中部地方と東北地方全体にはブナ・ナラなどの冷温帯落葉広葉樹林、そして本州の標高1000m以上の高山域と北海道には、亜寒帯常緑針葉樹林が広がっている。

　照葉樹林は、シイ・カシ・ツバキ・タブノキ・クスノキ（写真7—1左）のように葉が厚く、文字通り葉の表面の照りが強い樹種が多く、ヒマラヤの麓から東南アジア山間部を経て中国南部に広がる湿潤亜熱帯モンスーンに広く分布している。冷温帯落葉広葉樹林を代表するブナ林（写真7—1

写真7―1　照葉樹の代表であるタブノキの葉（左）と東北地方白神山地のブナ林（右）

右）は冬の積雪の多い日本海側と山岳域周辺に分布しており、冷涼な気候だけでなく冬季の積雪も十分な生育には必要であることがわかる。

冷温帯でも雪の少ない太平洋側では、春先の山火事などの大規模な攪乱《かくらん》や先史時代からの人間活動の影響が大きく、ナラ類（ミズナラ、カシワ、コナラなど）、クリ、シデ類、カエデなどを中心とした落葉広葉樹林が成立しており、大陸の乾燥した地域に多い温帯落葉広葉樹林に近い。また、太平洋側や中部地方の山麓域など、夏の気温は高いものの冬の寒さが厳しい気候下にも上述の落葉広葉樹林に似た森林が広がっているが、コナラなどがより多く、暖温帯落葉広葉樹林、あるいは中間温帯林ともよばれ、両者は連続的に分布する。(1)

2　先史時代の自然と文化

照葉樹林文化とブナ林文化――日本列島の風土のふたつの基層

最終氷期が終わりに近づいた約1万3000年前以降、北

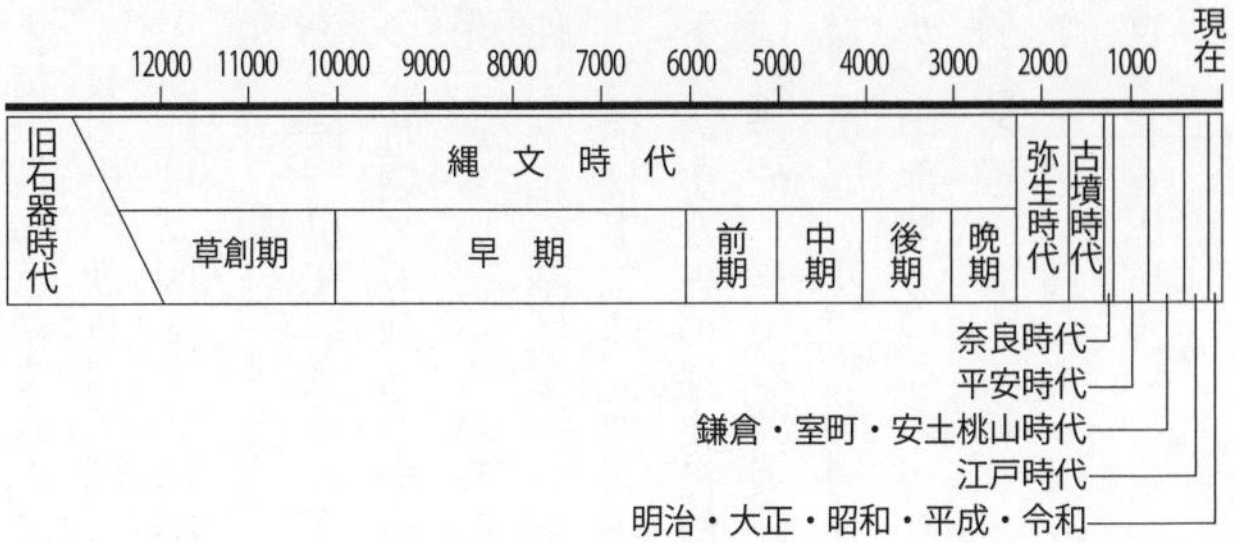

図７―２　日本列島の歴史編年（約13000年前～現在）

欧スカンジナビア半島と北米カナダ東部を中心に存在していたふたつの巨大な氷床が数千年のあいだに消えていったことで、後氷期あるいは完新世とよばれる世界的に温暖な気候の時代になった。この後氷期には海面が１００ｍ以上も上昇して日本海が形成され、現在の日本列島ができた。同時に大陸氷床とヒマラヤ・チベット高原での氷河群が縮小していくとともに、非常に弱かった夏のアジアモンスーンも活発になり、日本列島には豊かな温帯・亜熱帯系の森林が広がっていった。モンスーン気候の復活により四季の季節変化が明瞭になり、黒潮やその分流である対馬暖流、ベーリング海から千島列島沿いに南下する寒流（親潮）が列島の周りに流れ込み、海産物も豊富だった。

氷期の大陸と陸続きであった時期に、マンモスやナウマンゾウあるいはシカ類を追いながらすでに大陸から移動してきた人たちは、森林の動物を狩猟し、森林の果実類を採集して暮らしていたが、後氷期には沿岸での貝や魚の漁労で十分生きていける生態環境になったため、定住生活を始めた。[2] 食物の保存や加工のために簡単な土器を作り、その文様に縄目模様を用いたことで、彼らは縄文人とよばれるようになった。

日本史の教科書では、縄文時代は日本の歴史における黎明《れいめい》時代と位置付けられているが、この時代は、図7―2に示すように約1万3000年前頃から2000年前頃まで実に1万1000年（以上）という長い期間であったことを、まず私たちは肝に銘じておくべきであろう。その後、現在に至る日本列島の歴史はたかだか2000年にすぎない。縄文時代の人口は最も多い時期でも列島全体で20万人を超える程度と推定されているが[3]、この時代は私たちの「祖先」ともいえる人たちが自然の恵みを受けながら、現在の私たちが持っている民族としての属性や文化の基層を、さまざまなかたちで培ってきた時期ともいえる。

西南日本では、カシ、シイ、クスなどを主体とする照葉樹林帯の山地を中心に、ドングリやトチの実などの採集経済が主たる生業であったが、特に縄文時代後期（4000年前以降）には雑穀やイモ類の焼畑農耕が始まった。照葉樹林特有の樹種でもある茶の栽培やウルシの利用などが広がり、照葉樹林文化といわれる自然と文化の複合が形成された[4]。いっぽう、東北地方から中部地方のブナ・ナラ林帯には、シベリアなど北方経由で移動して住みついた縄文人が、狩猟や漁労とともに、クリやクルミ、トチなどの木の実の採集をしていたが、後期には、ヒエやアワを中心とする畑田の開墾をしつつ、ブナ（ナラ）林帯文化ともいわれるもうひとつの縄文文化を広げていった[5]。

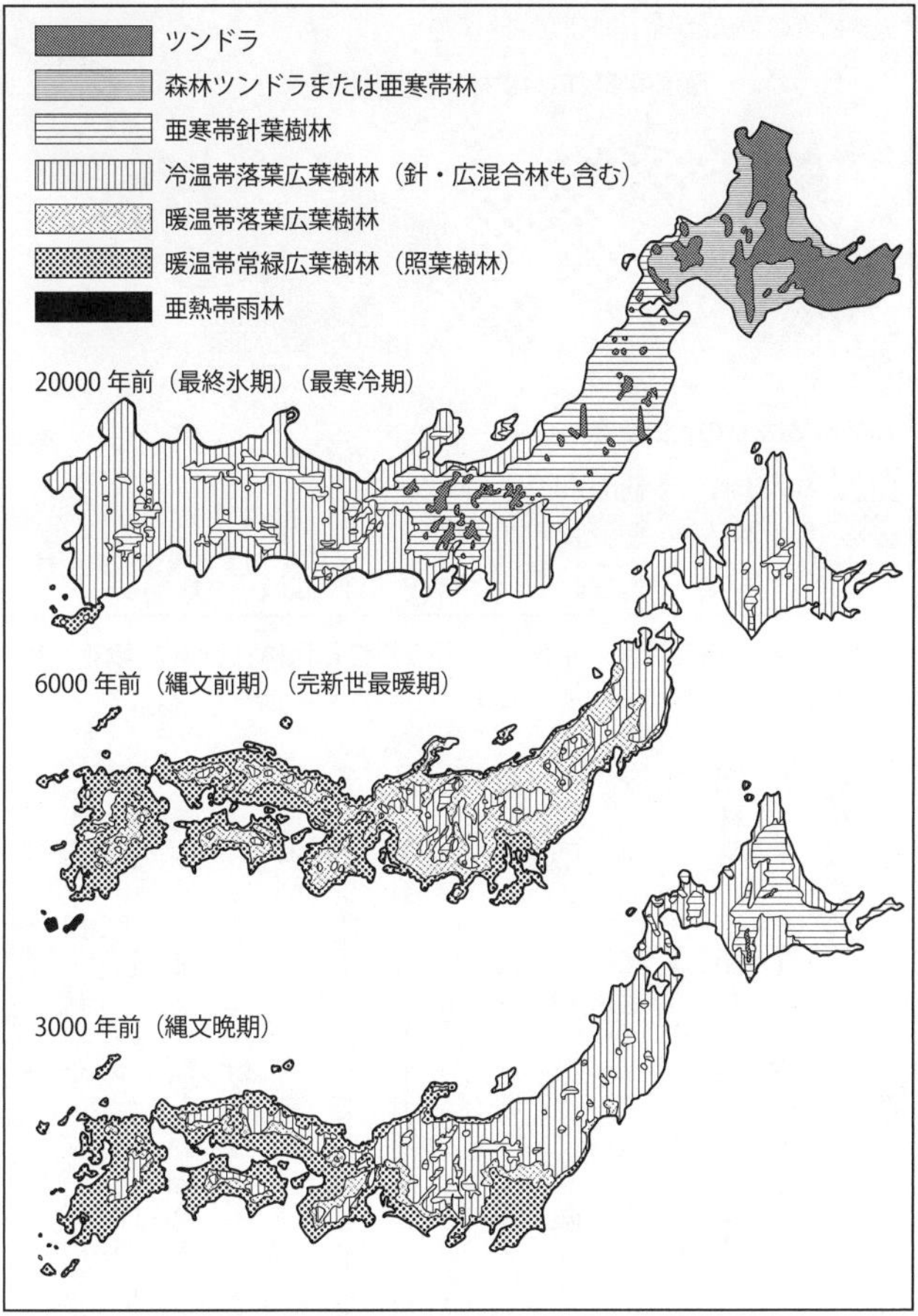

図７―３　最終氷期から縄文晩期までの日本列島の古地理と気候・植生の変遷（https://suido-ishizue.jp/daichi/part2/01/02.html）

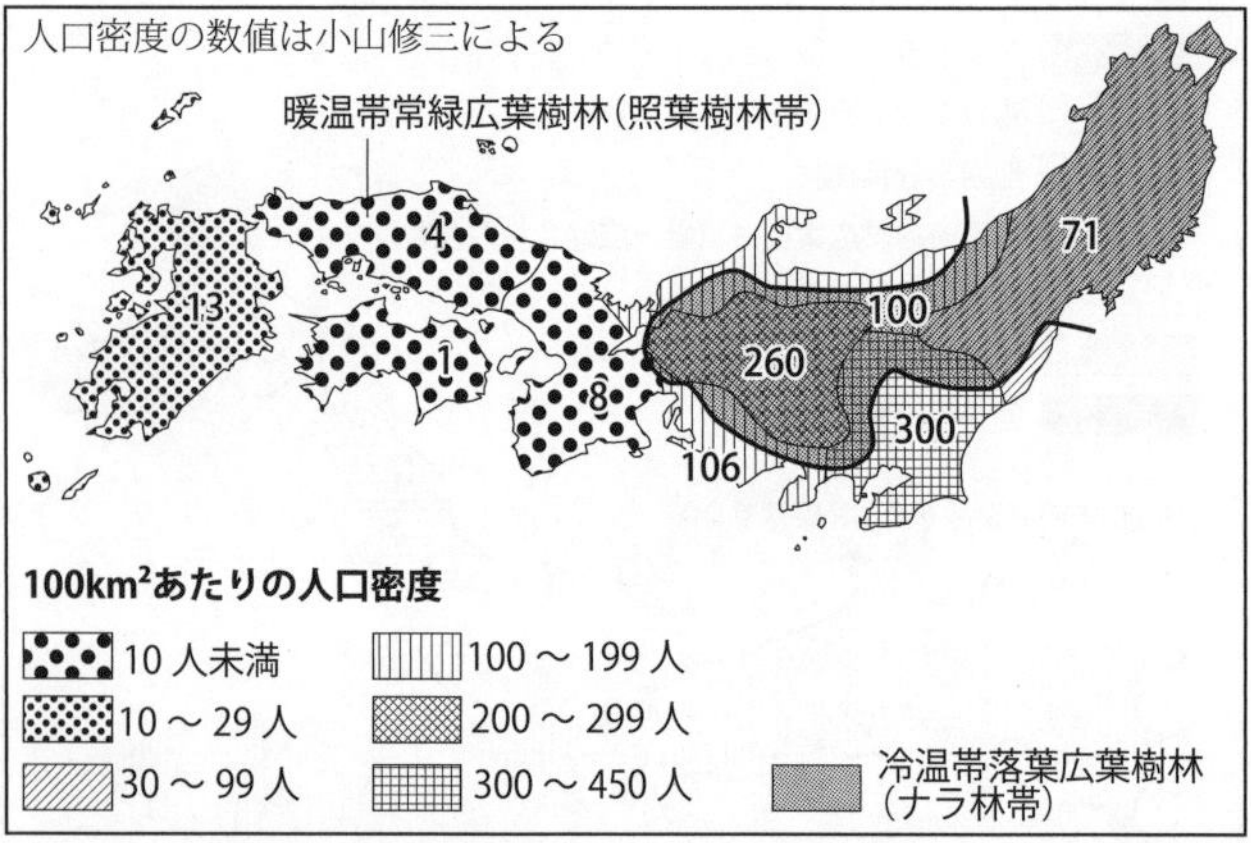

図7―4　縄文時代（中期）の人口分布と森林分布　太実線はナラ林帯と照葉樹林帯の境界を示す（佐々木高明，1997）

気候温暖期と縄文海進

1万年以上続いた縄文時代は、地球規模で気候が温暖化していった完新世の長い時代に対応している。縄文早期といわれる1万年前から6000年前頃にかけては、土器などの分布から、西日本から関東の沿岸域にかけての広い地域に多くの集落が存在していたと推定されている。5000〜7000年前は、完新世の中でも世界的に最も気候が温暖な時期であり、気候最適期とよばれ日本列島では縄文早期末から前期に対応する。現在以上に温暖であったと推定され、年平均気温が1℃以上高く、植生も図7―3(中)に示すように西日本や関東の沿岸部に照葉樹林帯が広がり、中部から東北地方にかけてはクリやトチなどの樹種が多い暖温帯落葉広葉樹林が広がった(6)。

森林植生とともに重要な自然環境の変化は

「縄文海進」とよばれる海面水位の上昇である。氷期にユーラシア大陸と北米大陸に存在していたふたつの巨大な氷床は、後氷期になり融解が進み7000年前頃に完全に消滅した。これらの氷床の融解に伴って、地球全体の海水量が増加し、世界的に海面水位が上昇した。日本列島付近の海面水位も、この時期には現在の水位に比べて最大で5m程度高くなり、列島の平野部の多くの地域が海となっていた（図7―3(中)参照）。

東日本では、落葉広葉樹林を中心とする森林での狩猟・採集に加え、沿岸地域では漁労も重要な生業になった。狩猟・採集による「山の幸」と漁労による「海の幸」の両方の自然の恵みにより、特に関東・東北・中部地方ではその拠点としての集落が急増し、図7―4に示すように、人口も縄文中期には大きく増加していった。

興味深いのは、照葉樹林帯が広がった西南日本では、この時期、人口が極めて少なかったことである。採集経済が中心であったこの時期、西南日本の採集経済はドングリなど、水にさらすアク取りが必要だった照葉樹林の堅果類（木の実）に頼っていた。東日本は、クリなどそのまま食べられる堅果が大量に採集できた落葉広葉樹林での採集経済で、こちらのほうがはるかに効率的であった。関東ではさらに、貝の採集や漁労による水産物も豊富であった。このような列島東西での食料供給状況のちがいは人口扶養力の差を生み、人口数のちがいを引き起こしたと考えられる。このことは、この時期の東日本の沿岸地域での貝塚の多さからも推定できる。

火山大噴火による縄文文化の盛衰

西日本における少人口のもうひとつの大きな原因は、約7300年前に九州南方の薩摩硫黄《さつまいおう》島《じま》で起こった鬼界《きかい》カルデラ超巨大噴火であった可能性が高い。この大カルデラ噴火により西日本を中心に20㎝以上の火山灰が堆積したため、この地域にあった縄文人集落はほとんど全滅したと推定されている。(7) 厚い火山灰により破壊された森林の回復には1000年単位の時間を要するため、森林からの採集に頼っていた西日本の縄文人は生活の糧を断たれたのであろう。以後、縄文文化はほぼ完全に中部日本と東日本に移った。

このような超巨大噴火は、火山帯の日本列島では過去12万年間に、平均すると1万年に1回程度の頻度で起こっており、今後も起こりうる。(8) 豊かな生態系を育むアジアモンスーン気候と同時に、ユーラシア大陸の東縁に沿った活発な地震・火山帯の存在も、日本列島に住む私たちは常に肝に銘じておくべきであろう。

水田稲作の開始――弥生時代へ

その後、縄文晩期から弥生時代に対応する3000~2000年前（紀元前10世紀~紀元前後）には、現在に比べて2m程度海面水位が下降している。ふたつの大きな氷床の融解は、6000~7000年前の縄文海進をもたらしたが、その後、海水量が地球全体で増加したため、アイソスタシー（地殻均衡）効果によりゆっくりと海洋底が押し下げられ、逆に海面水位が下がったとされている。この時期は気候も冷涼化し、東北日本はブナ・ナラ林が拡大した。いっぽうで、海面水位の低下により、沿岸付近の低湿地が列島全体で広がったことは、水田稲作が可能な土地が広がったことを意味している。

このような時期（紀元前10世紀頃）に、朝鮮半島南部から、灌漑を伴う水田稲作を生産基盤とし、青銅器文化を持った人々が北九州の玄界灘《げんかいなだ》沿岸地域に渡ってきたとされている。(9) 朝鮮半島から北九州に渡海してきた理由については、当時の朝鮮半島の社会に関するさまざまな考古学・歴史学的議論があるが、その背景には朝鮮半島における気候の冷涼化が日本列島より厳しかった可能性も否定できない。

西日本の狩猟採集民が水田稲作を受け入れたのは、縄文前期・中期よりは気候は寒冷化していたとはいえ、水田稲作が可能な気候・生態系の条件があり、狩猟採集や焼畑より安定した生業であったからであろう。樹木年輪の酸素安定同位体比を用いた過去２６００年の夏季の気候の復元(10)によると、紀元前5世紀頃から紀元前3～4世紀は比較的乾燥・温暖な気候が続き、水田稲作は、その間に西日本の太平洋沿岸と日本海側沿岸に沿ってゆっくりと東日本に伝わり、さらに紀元前4世紀には東北日本（青森）にまで伝播していった。

完新世の温暖な気候の下で水田稲作が西南日本から広がると、収量のはるかに多い稲作が収量の小さいヒエ農耕などを駆逐していき、西日本の人口が急激に増加していった。水田稲作には、灌漑や田植え、草刈り、収穫など集団での労働や農具開発が必要であり、そのための集落の形成や収穫を祈る儀式や祭祀など、農業と複合する文化が形成されてくる。いっぽうで、稲作は高い収量性のため、余剰のコメの蓄えの多寡などにより、貧富の差が生まれ、集団ごとの諍《いさか》いや争いが増える。そのような文化と社会を内包しながら、水田稲作文化は、列島を東進し、さらに東北地方へと北上していった。

しかし、紀元前1世紀前半、約300年続いた乾燥・温暖な気候は衰退し、降水量の増加と、東北地方はおそらく現在の「やませ」などを伴った夏の冷涼な気候のため、いったん広がった水田稲作は大打撃を受け、以後数百年間、特に東北北部では、水田稲作はおろか農耕自体が行われることはなかった(11)。

縄文時代から弥生時代は、特に夏季の気候の変動に伴い、自然・文化複合としての水田稲作地域は西から東へ拡大していったが、東北地方では、縄文時代からの木の実採集と一部ヒエやアワ栽培を伴うブナ（ナラ）林文化が続いていたと思われる。今も残る西南日本と東北日本の文化と風土のちがいは、この時期にまでさかのぼることになろう。

スギ・ヒノキ林の拡大

ここで、照葉樹林とブナ・ナラ林という森林に加え、これも日本列島特有の樹林であるスギとヒノキについてのべる必要がある。このふたつの樹種は、現在の日本列島の山地林としても非常に多く、春になると、多くの人たちがスギやヒノキの花粉症で苦しんでいる。現在のスギ・ヒノキ林は大部分が植林であるが、「温帯針葉樹」として、縄文時代の気候温暖期には、日本のモンスーン気候と急峻な山岳地形に適した天然林としてすでに存在し、暖温帯から冷温帯に分布していた。

スギは、温度的には暖温帯（照葉樹林帯）のやや低温の地帯から冷温帯（落葉広葉樹林帯）のほぼ全域に分布するが、ブナと同様に、降水量が比較的多いか、土壌が湿潤な場所を必要としている。現在の自然林の分布は、日本海側の雪の多い山間部に集中しており、太平洋側では、降水量の多い山地（屋久島《やくしま》、高知、紀伊《きい》半島、伊豆《いず》など）に限られている。縄文前期・中期（6000〜4000年前頃）には照葉樹林の拡大でいったん分布は縮小したが、縄文晩期から弥生前期の気候が寒冷化した時期には、西日本の山地に立派なスギ林として再び広く拡大していたことが、発掘された大木の埋没林などで明らかになっている。[12]

ヒノキはスギとは温度的にはほぼ同様の分布領域を持っているが、スギよりはやや乾燥した山地に多い。現在の自然林としてのヒノキは中部山岳地域周辺のやや乾燥した亜高山帯の下部に集中して存在している。

森林破壊の進行と二次的自然の拡大

紀元前後の弥生時代中期から古墳時代（3〜7世紀頃）にかけて、夏季モンスーン（梅雨）が活発化し降水量が増えた。[13] この時期には、水田の開発は低湿地から台地や山地の見晴らしのいい高台などに移り、集落もこのような高台に「高地性集落」が形成されていった地域が多い。「高地性集落」の出現については、水田開発に伴う地域間の土地争いが関与していた可能性など多くの議論がされているが、この時代には降水量が増え、洪水などを避けるために高台に移動したことも大きな理由のひとつと指摘されている。(14)

水田開発の拡大は、当然のことながら、台地や山地斜面における森林の伐採を伴っており、稲作水田の増加とともに、原生林の改変による森林植生の変化を引き起こし、水田と対になった二次的自然が形成されていくことにもつながっている。現在にも続く「里山」の景観が、この時期から作られていったともいえる。

森林伐採の対象となった樹種は、先にのべたように、弥生時代になって拡大したとされるスギとヒノキである。これらの樹種は針葉樹でまっすぐな幹を持ち、樹高は30〜40mにも達し、径は1〜2mにもなるため、家屋の柱や梁《はり》などの木材として最適である。そのため、古墳時代から飛鳥《あすか》時代になるとこれらの木は多く伐採されるようになった。特にヒノキは、山城《やましろ》盆地を中心に、奈良・平安の都が築かれる頃には、大規模な寺社仏閣や貴族の邸宅などの建造のため、周辺の山地から大量に伐採され、はげ山状態になる山地も増加した。その後、二次林としてアカマツなどに覆われるところもあったが、京都の北山《きたやま》のように、元の樹種と同じスギやヒノキが植林される山地も増え、現在の二次林の景観を構成している地域も多い。(15)

奈良時代以降、寺院や神社など立派な木造建築物が数多く築かれてきた歴史の裏には、列島全域でのスギ・ヒノキ林の大量伐採による森林攪乱の歴史があることを、私たちは忘れるべきではない。

3　古代から近世における風土の変遷

荘園の発展と二次的自然としての里山の形成

律令制を導入した奈良時代には、人々に耕作地を口分田《くぶんでん》として支給して租税を徴収する公地公民の原則により、稲作水田が一挙に広がっていくことになった。しかし、人口が増えて新たな土地が不足するいっぽうで、家族や少人数グループでの開墾では限度があり、天候不順などにより租税が払えない貧農が増えたりして、この制度は崩壊していく。

平安時代に入ると、崩れゆく律令制に代わる農業社会のしくみとして、国（天皇）が公家や寺社、武家などに土地を与えて大規模な水田農耕を託す荘園制が導入された。この荘園制度は、さまざまに変化しながらも、平安時代から鎌倉、室町幕府の時代を経て豊臣秀吉による「太閤検地」までの数百年間、農業生産の基本となった。第6章5節でのべたように、荘園制は日本の中世社会を規定する社会制度、土地制度であった。

荘園の拡大は、自然に対する人々の態度に大きな変化をもたらした。

荘園の新たな開発により、灌漑の容易な山麓や山間部低地の原生林の開墾が進み、人間が手

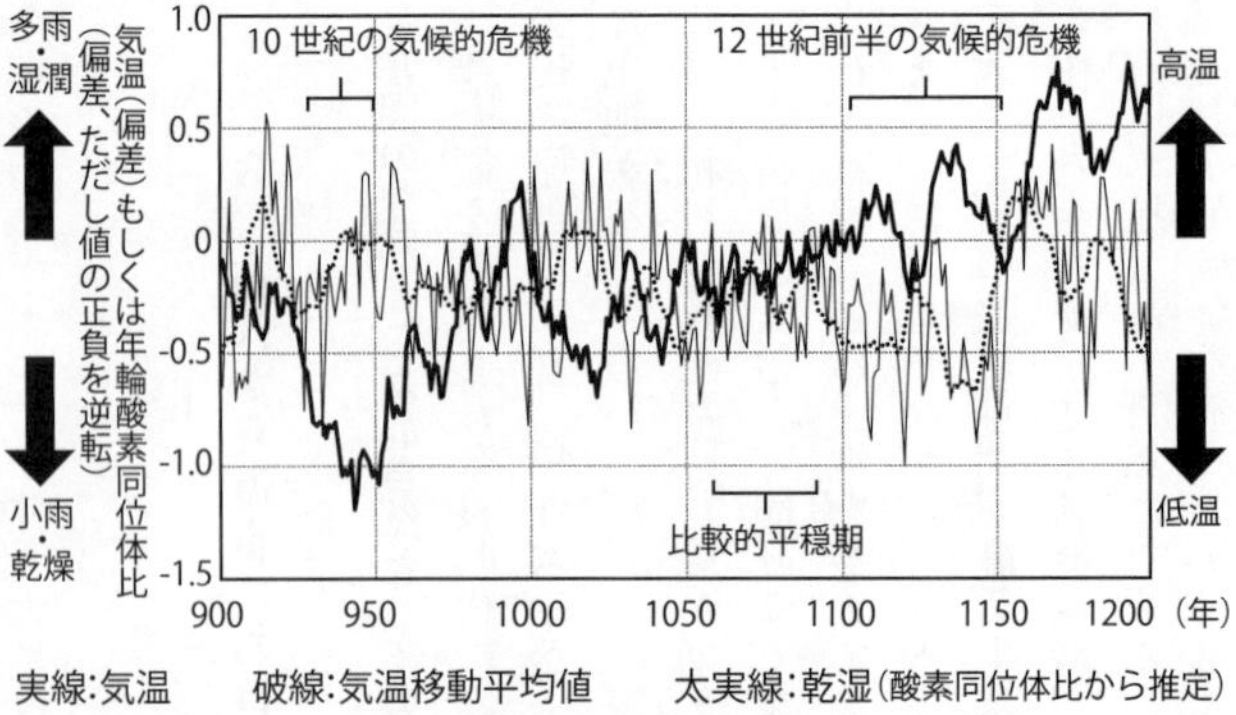

図7―5　10〜12世紀の夏季気温と夏季降水量の変化（田村，2021b）

を加えて作った二次的自然としての「里山」が広がった。里山の自然は、水田とその周囲の山や森から常に収穫が得られる循環と再利用が可能な自然であり、治水や灌漑を通して人間が技術的に管理できる自然として受け取られていった。

いっぽうで、新田を求めて広範囲に森林伐採を行って開墾する農民には、森を切り拓《ひら》きたい動機と、彼らが縄文以来持ち続けてきた、森や大木に宿る精霊に対するアニミズム的な信仰とのあいだに絶えず葛藤が起こっていた。このような森と里山のあいだを行き来する農民たちの精神的な葛藤については、中世の『日本霊異記《にほんりょういき》』や『今昔物語集《こんじゃくものがたりしゅう》』などに収められた多くの説話が物語っている。[16]

平安時代の社会・文化への気候変動の影響

平安時代は、日本の中世・近世を通じて最も温暖な気候の時期で、夏季は高温・少雨傾向が強く、水田稲作にとって、平均的には好適な時代であった。しかし、平安時代中期の10世紀頃や後期の12世紀は、気候が非常に不安定だった[17]。図7―5に、樹木年輪の酸素同位体比を用いて復元された、中部日本における夏季の気温・降水量の変動を示す[18]。900～1200年は平安時代中期から後期にあたる。この図から、特に10世紀中頃の数十年間は高温・少雨の干ばつ傾向で、12世紀前半には低温・多雨の冷涼な気候が半世紀にわたり続いたことがわかる。10世紀の高温・少雨は、小笠原（太平洋）高気圧が強まっていたため、逆に12世紀の低温・多雨は小笠原高気圧が弱まり、北の寒気団が相対的に強く梅雨前線が日本列島付近に停滞する傾向が強かったためと推測される（第4章参照）。これらの夏季の異常天候は数年周期を基本としながら、より長期的には数十年周期で変動しており、第2章でのべたPDO（太平洋十年規模振動）などがこの時代にも日本列島の夏季の気候変動に大きく影響していたことを示唆している。

この10世紀と12世紀における気候変化は、干ばつや冷夏を引き起こして稲作に大きな被害を与え、荘園で働いていた多くの農民はたびたび飢饉《ききん》に見舞われた。10世紀には、干ばつをきっかけとして国家としての祈雨儀礼が導入され、神社や当時台頭した仏教（天台宗《てんだいしゅう》）などが、このような祈禱《きとう》や儀礼に深く関与していくことになった。荘園を単位としたこのような災害への対応により、民衆が信じていたアニミズム的な神々は、稲作に欠かせない水、堰、灌漑などに関係した農耕の神、そして土地を守る鎮守の神へと変わっていった[19]。

さらに12世紀前半の冷夏に伴う度重なる飢饉の経験を通して、農民たちは、荘園での稲作だけでなく周辺の山野河海での多様な生業を求めるようになった。荘園領主もより安定な経営をめざして、複合的な生業も可能となるような変革が促され、荘園制はより強固なものとなった。その後400年間、中世を特徴づける制度として続くことになる。[20]

「四季のイデオロギー」の形成――文学に表れた中世的自然観

本書の前半で、日本はチベット高原の風下側の東アジアに位置し、日本海を隔てた列島にあるという地理的地形的条件の下、アジアモンスーンの影響により多様な季節変化のあることをのべた。このような季節変化のもとでの日本文化と自然観の系譜について、シラネは、奈良時代から江戸時代にわたって和歌や俳句を題材に詳しく論述している。[21]ここでは、彼の論考を紹介しながら、日本の中世から近世に至る社会体制と日本人の自然観の形成について考えたい。

奈良時代に編纂《へんさん》された日本最初の和歌集である『万葉集』には、天皇、貴族から下級官人、防人《さきもり》、大道芸人、そして農民など、さまざまな身分の人々が詠んだ歌が収められている。この和歌集で重視された季節は春と秋だけである。律令制の当時の社会が農業に基盤をおいており、春は種蒔《たねま》きの季節であり、秋は五穀を収穫する季節であったこと、および中国の漢詩が春と秋を重視していたことがおそらくその背景にあった。

平安時代半ばに『古今和歌集《こきんわかしゅう》』(905年頃)が編纂されたが、収録されている和歌はすべて、天皇、貴族や僧侶、高級武士など、荘園の所有が制度的に認められた支配層の人たちが詠ったものである。そこには、『万葉集』にあった、直接自然と対峙《たいじ》しながら農作業や開墾などに携わり、あるいは干ばつや冷夏などの自然災害や飢饉に苦しむ〈鄙《ひな》（いなか）〉の農民たちの自然観は、もはやみられない。都に住みながら、季節の移ろいの中での鳥や花や月を、また春の霞、冬の雪、夏の五月雨（梅雨）などの天気現象を、屋内に居て快く視聴覚や嗅覚として詠う歌が中心であり、夏の蒸し暑さなど耐えがたいものを詠むことはなかった。

ただ、そこに詠われた季節の歌の構成と内容は、その後、良くも悪くも近代までの千年におよぶ日本人の四季文化のモデルとなった。シラネはこれを「四季のイデオロギー」とよび、和歌は奈良時代から江戸時代までの日本人の自然観に圧倒的な影響をおよぼし、和歌以外の貴族文化としての文学や、屏風絵《びょうぶえ》、襖絵《ふすまえ》、絵巻のような視覚芸術にも浸透したと主張している。その結果、近代になると、季節をめぐる連想、調和、優雅さに重きをおいた和歌を基盤とする世界観だけが「日本人」の唯一の自然観とみなされ、農業などの人間の生の営みを通した人と自然の関係性や環境としての自然といった、その他の多様な視点は見逃されてしまったとも指摘する。

平安時代以降、天皇家や貴族に代わり、鎌倉幕府、室町幕府と武家政権が続き、戦国の乱世が約400年間続いた。この間、荘園制による稲作農業が国の経済を基本的に支えてきたが、没落した貴族たちは、この間も『古今和歌集』を引き継ぐ『新古今和歌集《しんこきんわかしゅう》』などを編纂して、京都を中心として「四季のイデオロギー」を守ってきた。

この「四季のイデオロギー」は、近世としての江戸時代にも明治以降の近代においても、貴族たちだけでなく、大半の日本人にとって自然観の基層、あるいは規範として広がり、現在に至るまで続いている。「四季のイデオロギー」の継承と変容については、この問題に大きく貢献した俳句に焦点をあてて、この後さらに考察することにしよう。

4　近世における風土と文化の形成

文明としての江戸システム

1615年の大坂《おおさか》夏の陣における徳川の勝利により戦乱に明け暮れた戦国時代は終止符を打ち、徳川家康《いえやす》による江戸幕府開始（1603年）から約260年間、統一された幕藩体制による「太平の世」が続くことになった。

江戸時代が始まった17世紀は、農業、経済、社会そして文化も日本史における最も劇的な変動期のひとつであり、中世から近世に移行した時期である。江戸幕府は全国を200以上の藩に分け、藩主としての大名の下に、武士を最上位におく士農工商という身分制度を敷いた。この制度ではすべてコメの石高制で、農民が作って年貢として藩に納めたコメが藩主から下級武士にいたるまで、俸給の代わりとして分配されていた。コメに加え、それぞれの地域（藩）の山野河海の生産物も人々の日常生活を支え、風や水という自然力に依存する社会であった。鬼《き》頭宏《とうひろし》は、これを、封建制という中世のなごりの上に、近代的な市場経済が不可欠のものとして組み込まれた「文明としての江戸システム」と命名し、この時代を西欧にはない「近世」と位置付けた。[22]「近世」は、コメ市場や全国の農産品などの物産流通を中心に経済活動を担っていた商人（町人）が次第に強力になり、士農工商の身分制度が時代の進行とともに大きく変質していき、実質的に明治の「近代」へ移行する時代であったといえる。

「鎖国」――ひとつの循環型社会

この「江戸システム」を政治・経済・社会・文化の面で大きく規定し特徴づけた、もうひとつの大きな制度が、いわゆる「鎖国」制度である。１６３３（１６３９）年から幕末を告げる１８５４年の日米和親条約までの２００余年間、海外諸国の人の出入りと通商および日本人の海外渡航が禁止された。鎖国を日本の近代化にとって負の制度であったと捉える研究者もあるが、文明論的にはむしろ大きな意味があったと考えるべきであろう。この時期、資源・食料・エネルギーについてはまさにクローズド・システムであったが、そのシステムを持続可能にしたのは、モンスーン気候下における豊かな生物資源である。すなわち、水田の新規開墾と、列島周辺の海流系がもたらす多彩な水産物を含む農林水産資源の活発な利用であった。加えて、銀・銅などの鉱物資源の利用とそのための技術開発なども、全国の諸藩が競いあって進めることにより、国内での経済活動と物流はむしろ活発になっていた。列島内という狭い範囲のクローズド・システムながら、生物的エネルギー資源に依存しつつ集約的な土地利用を行う「高度有機エネルギー経済」が展開されていたわけである。[23]

江戸・京都・大坂など当時の大都市では、周辺の農村からのコメや野菜、近くの海で採れた海産物が食料の基本であり、人馬の糞尿《ふんにょう》などは農村での肥料として活用する流通システムができていた。衣類や生活必需品なども、徹底してリサイクル、リユースする地域循環型社会であった。[24] 再生エネルギーと生物資源をベースにした「持続可能な」社会のひとつのプロトタイプが、江戸時代の大都市圏にはすでにあったというべきであろう。

5　近世における自然観の変化——俳諧・俳句の歴史から

「俳諧発句（俳句）」の成立

江戸初期の17世紀は、町人が経済的・文化的に有力な階級として台頭するとともに、武士の藩校、庶民の寺子屋など多人数教育が普及し、識字率は階級にかかわらず高くなった。さらに、印刷術が登場し、印刷・出版文化が発展をとげたことにより、身分を超えて古典文学に接する状況が生まれた。中世から近世江戸期へのこのような経済や社会体制の大きな変化を背景に、文化のパラダイムシフトが起こり、大量の新しい文学を生み出した。その代表が「俳諧」と、そこから派生した「俳句」であった。

俳諧は、俳諧連歌ともいわれるように、平安時代後期から始まったとされる連歌の流れを汲んでいる。連歌とは、何人かが集まり、短歌の上《かみ》の句（五七五）と下《しも》の句（七七）とを、交互に長く続けてひとつの歌として共に楽しむ、言葉遊び的な遊戯文化として室町時代に最も盛んに行われた。宮廷の貴族や大名たちや寺社の講として、古典や季節を題材にしながら、一種の連帯感を確認しあう文学であったともいえる。その単位となっている〈五七五〉と〈七七〉のリズムを持った句自体、日本の文学における伝統的なかたちであるが、その起源は、古代の稲作に伴う労働歌や歌垣、神楽などにあるともいわれている。

いずれにしても、文学というものが西洋では個性の主張・発現そのものであったのに対し、日本の伝統的な文学の一ジャンルである連歌は、共同作業で作り上げるという独特の文化を形成していた。稲作農業が協働によってしか成り立たないという、アジアモンスーン地域特有の自然・社会的背景がその基層にはあったのではないだろうか。

江戸時代に入り、俳諧連歌の楽しみは続きながらも、連歌の冒頭の上の句あるいは発句のみを取り上げた〈五七五〉で、自然に対峙しながら人のこころを伝える俳句が生まれる。世界で最も短い詩歌文学としての俳句を広げていった立役者が、松尾芭蕉であった。

変革者としての芭蕉

松尾芭蕉は、江戸時代初頭の17世紀に活躍した俳諧師であった。当時の俳諧は、和歌や古典にならった「四季のイデオロギー」（第7章3節参照）に沿った季節や自然と、当時の日常的な世界をからませて、多くの人たちに大変人気があった。ただ、中世の和歌や連歌の世界が貴族や大名など一部の特権階級により担われていたのに対し、俳諧の中心にいたのは、さまざまな階層に属する多くの民衆であった。蕉門《しょうもん》といわれる芭蕉の弟子（仲間）たちも、武士、医者、商人、職人などに加え脱藩した浪人など、社会の多様な階層の人々であった。

当時の大都市の他の俳諧グループでは、題材の多くは男女の仲など人情ものだったが、芭蕉と蕉門の人たちは、西行《さいぎょう》などの中世の歌人や中国の漢詩などの素養を背景としつつも、俳諧の対象については、自分たちが四季折々あるいは旅先で感じた自然や、地方の農民・漁師などのありふれた日常生活であることが多かった。(25)

芭蕉は中世的な「四季のイデオロギー」に縛られた俳諧連歌からの脱却をめざした変革者といわれているが、そのきっかけとなった句として、俳人長谷川櫂《はせがわかい》は以下の句を取り上げている。

古池や蛙飛びこむ水の音

中世の王朝時代、文学の主流であった和歌では蛙《かわず》はその声を詠むものと決まっていた。また、『古今和歌集』などの和歌の伝統では、蛙の声には花の山吹が「取り合わせ」と決まっていた。弟子の其角《きかく》が「上の句は山吹がいいのでは？」と進言したときも、芭蕉は古池のほうが質素で「実」があると主張した。古池をみていたわけではない。蛙が水に飛びこんだ音から、純粋に彼の想像力で古池をイメージしたのである。上の句の「古池や」と下の句の「蛙飛びこむ水の音」のあいだには、「切れ」があり、事実としての下の句と、こころに浮かんだ上の句のあいだには、まさに事実と詠み手のこころの「間」があることが大切なのである。すなわち、今まで言葉遊び（駄洒落《だじゃれ》）にすぎなかった俳諧に、はじめてこころの世界を開いたということであった。蕉風《しょうふう》とよばれる芭蕉の俳句は、古典を題材にした言葉遊びではなく、そのときの（リアルタイムでの）こころの世界を詠む文学になった(26)。

『おくのほそ道』――現代日本人の自然観の原点

芭蕉は1689年（元禄《げんろく》2年）3月、弟子の曽良《そら》を伴って、東北から日本海側の北陸を巡る5ヵ月の旅に出た。芭蕉によって書かれた紀行文『おくのほそ道』の冒頭の名文に、「古人も多く旅に死せるあり。予もいづれの年よりか、片雲の風にさそはれて、漂泊の思ひやまず」と旅の目的が書かれている。東北の名所や旧跡、尊敬する西行などの歌枕を訪ねて、また中国の詩人の杜甫や李白《りはく》に憧れて漂泊の旅をしつつ、そのときの思いを俳句として残したいという、やむにやまれぬ気持ちにかられての旅であった。芭蕉はこの長旅以外にも、俳句のためのいくつかの旅をしている。芭蕉にとって旅とは、まさに、俳諧（俳句）を通して新たな領域と言語を探求すべく不断に努力すること、そして詩的・文化的記憶の媒介者である自然や季節、風景に対する新たな視点を常に探し求めることであった(27)。

その『おくのほそ道』の旅も、白河《しらかわ》の関を越え東北地方に入り、松島《まつしま》を訪ねる頃までは、まさに名所旧跡や歌枕を訪ねる旅であったが、奥州平泉《おうしゅうひらいずみ》で中尊寺光堂を訪ねたとき、芭蕉の心境は大きな転換点を迎えた。平安末期に栄えた奥州藤原《ふじわら》家三代の墓所で、その栄華を偲《しの》びながら彼は次の句を詠んでいる。

五月雨の降りのこしてや光堂

この句は数百年間の東北の厳しい自然にも耐えてきた光堂（金色堂《こんじきどう》）をたたえるいっぽうで、藤原氏滅亡の後も毎年繰り返しやってくる五月雨（梅雨）という自然現象について強く感じた句でもあった。

この後、旅の後半に訪れた山寺の立石寺では、

閑《しずか》さや岩にしみ入《いる》蟬《せみ》の声

の句を詠んだ。この句を「岩に染み入るように鳴きしきる蟬の声を聞きながら、芭蕉が忽然《こつぜん》と宇宙の閑かさに目覚めた句である」と長谷川櫂は評した。さらに、この立石寺を境にして、最《も》上川《がみがわ》、羽黒山《はぐろさん》、月山《がっさん》、佐渡《さど》を望む海岸など、東北・北陸の荒々しい自然と、月、太陽、星とい

う荘厳な宇宙を次々と体験して詠んだ名句が文字通りきら星のように並んでいる。

五月雨を集めてはやし最上川
雲の峰幾つ崩れて月の山
暑き日を海に入れたり最上川
荒海や佐渡によこたふ天河《あまのがわ》

すなわちこの旅の体験を通して五月雨・雲の峰（積乱雲）といったアジアモンスーン特有の季節の現象や天体の運行が、絶えず繰り返されて動いているものの、大きな目で眺めれば（何千年何万年という長い時間スケールでも）何一つ変わることなく循環し、静かに繰り返されているという「不易流行」の宇宙観・自然観に達したのである。さらに、芭蕉がこの旅をきっかけに人生後半で到達した「かるみ」の思想とは、「不易流行」の宇宙・地球の自然の中で、生老病死といった苦しみに満ちた人間界を眺める姿勢、はかない人の世に向き合う人生観として生まれたものである。[28]

「かるみ」の思想とは、言いかえれば、俳句が自然に接したときのこころの動きをそのまま素直に表現する文学の域に達したことを意味する。私たちが『おくのほそ道』の句や芭蕉のその後の多くの句に感動する（できる）のは、これらの句が、中世の古典の世界を超え、近世の人情の世界も超えて、現代に生きる私たちが共有している自然観、宇宙観の琴線にも触れるからであろう。

文芸評論家の加藤周一《かとうしゅういち》は、『おくのほそ道』以降の芭蕉について、「自分の眼《め》で、日光の青葉若葉や水かさの増した最上川の流れを見、自分の耳で、遠い滝の音や「岩にしみ入る蟬の声」を聞いた。これはまさに画期的なことであり、ほとんど自然の発見というべきものである。一般に日本人が自然を好んでいたから、芭蕉が自然の風物を詠ったのではなく、彼が自然の句を作ったから、日本人が自然を好むとみずから信じるようになったのである(29)」とさえのべている。芭蕉は、その意味で、(西欧近代の影響なしに)私たち日本人が現在も持っている「自然観」の形成に多大な影響を与えたといえる。彼が始めた俳句が現代でも日本人に大変ポピュラーな文学であり続けているゆえんでもある。

芭蕉とニュートン――東と西の自然観・宇宙観

興味深いことに、芭蕉が『おくのほそ道』で宇宙や地球の自然に感じ入り、「不易流行」の自然観に達したほぼ同じ頃(すなわち17世紀末)、大陸の西側のイギリスでは、アイザック・ニュートンが万有引力を発見し『プリンキピア』を著して、西欧近代科学の基礎を創っている。『おくのほそ道』の旅が1689年、『プリンキピア』が1687年である。

ニュートンの万有引力の発見の前提には、フランスのデカルトによる『方法序説』(163

7年）があり、観測的事実としてはドイツのケプラーによる天体運行に関する「ケプラーの三法則」（１６０９年と１６１９年に発表）があった。西欧ではニュートン以降、主観を極力排し、対象となる宇宙や自然を客観的に観察し記述する「近代科学」が急速に発達していった。

いっぽう芭蕉は、ほぼ同時期に、中国からの朱子学《しゃしがく》や老荘《そうそう》の思想に強く影響を受けつつ、本来主観も客観もないこころで自然と人を表現する文学、しかも世界で最も短い詩歌文学として現在も生きている俳句を確立した。もちろん、これはどちらが良いという問題ではなく、どちらも、17世紀末という同時代に、地球上の、ユーラシア大陸の東端と西端の島国という、まったく異なる国の歴史の中で出現した新たな人類知の展開であったということである。

ニュートンと芭蕉を、17世紀末の同時代人だったというだけで結びつけるのは、いささか荒唐無稽ではないか、といわれるかもしれない。ただ、ニュートンが提唱した万有引力の法則の基礎となっている、離れた物体どうしが作用しあうという「遠隔力」の概念は、全知全能の神の存在を信じる中世からのキリスト教的価値観があったからこそ生み出されたとも指摘されている[30]。

いっぽうで、芭蕉の行きついた「不易流行」という思想は、中国の老荘思想などの古典的価値観に根を持ちながらも、地球の自然や宇宙の悠久さと人間のはかなさ小ささを、ひとつの世界ととらえ、ひとりの人間が受け入れる（あるいは達観する）という自然観であり、「脱中世的自我の気づき」によるものであろう。いずれも、ヨーロッパおよび日本それぞれにおける中世的価値観と、それを否定しようとする精神を止揚する中で生まれてきたことは共通しているといえよう。

そして、「近代」につながるこのふたつの異なる自然観は、約2世紀後の19世紀末にようやく日本とヨーロッパで遭遇することになる。これについては、第8章と終章で再び触れることにしよう。

コラム7―1　季語について

俳句においては、「季語」を入れることは必須の条件（あるいは決まり）になっている。ここでは、なぜ季語というものが必要だったのかについて、少し考えてみたい。

季語は、歴史的には奈良・平安時代からの和歌の「季題」にさかのぼる。和歌の「四季のイデオロギー」を引きずりつつ鎌倉・室町時代に流行《はや》った連歌では、すでに季語を入れる決まりとなっており、連歌の発句には一座の気持ちをひとつにする挨拶として、該当する季節の景物を詠みこむことが必須の条件に定められていた。(31) たとえば、古典と結びつけられて「花」「ほととぎす」、「月」「紅葉」、「雪」などに関連する季語が多かった。しかし、古典を排し、「不易流行」の天然自然の中で人のこころを語る俳句を主張するに至った芭蕉は、季語を大幅に広げ、「新たな季語」を発見し用いることを推し進めた。

俳句が、〈五七五〉という極端に短い文字列で構成され、文脈を拒絶する詩型である以上、自然や人生のような「場」を大前提としなければ、あいまいな言語の羅列になってしまう。その「場」の時空を決める自然的背景が「季語」である。俳句は日本語で書かれるから、「場」として通用する自然は、日本語が根ざした日本の自然、広くみてもアジアモンスーン地域の自然に限られる。第４章ですでにのべたように、日本の自然は夏・冬のモンスーン気候と、多様な地理・地形条件が複雑に絡み合って、季節的にも地域的にも非常に多様になっている。特に弥生時代以降の稲作農業を基盤とする社会では、このような多様な自然の要素は文化のありようを大きく規定する要素となっていた。さらに、縄文時代1万年間のアニミズムの自然観も混ざりあって、日本人の季節や自然への感受性が培われてきた[32]と考えるべきであろう。

「季語」と並んで、俳句にとってもうひとつ重要なのが文章的構造の「切れ」である。「切れ」は、詠み人のこころに「間」を作り出すが、「間」は（「季語」という）強力な「場」の上でしか成り立たない[33]。「間」をおくことにより、季語で決められた「風景」の中で、何を感じ何を想ったのかを、ひとりひとりのこころとして表現できる。

俳句とは、アジアモンスーン気候に規定された日本列島という風土の中で、「季語」と「切れ」でコード化された世界最短の詩型文学ということができる。

6　寒冷気候に苦しんだ江戸の経済・社会システム

小氷期

江戸時代の経済・社会は、鎖国の中で稲作と生物資源を基本としたユニークな地域循環型システムとして形成されたとすでにのべた。しかし、江戸時代（17〜19世紀半ば）の260年間は図7―6(a)に示されるように、過去2000年の日本の歴史の中で、最も低温で湿潤な気候であった。世界的にも完新世で一番寒冷な時期で、小氷期にあたっている。

東アジアでは、夏季は小笠原（太平洋）高気圧の張り出しが弱く、日本列島は湿潤で冷涼な梅雨的天候が強まる気候であった。特に江戸中期以降の18〜19世紀には、図7―6(b)の降水量変動の指標で示されるように、湿潤・冷涼な気候が数十年周期で強まり、これらの多雨・冷涼な時期に享保《きょうほう》（1732）、天明《てんめい》（1782〜87）、天保《てんぽう》（1833〜39）の3大飢饉が続いて起こった。西日本は多雨・洪水と日照不足、東日本は「やませ」（第4章参照）を伴う冷夏が続き、イネなどの農作物が不作となって、列島の多くの地域で食料不足により多くの農民が死亡し、人口も減少した。(34)全国の各藩では17世紀から低地や山地森林での水田開発を進めており、洪水や土砂災害を受けやすい土地が増えていたことも被害を助長した。

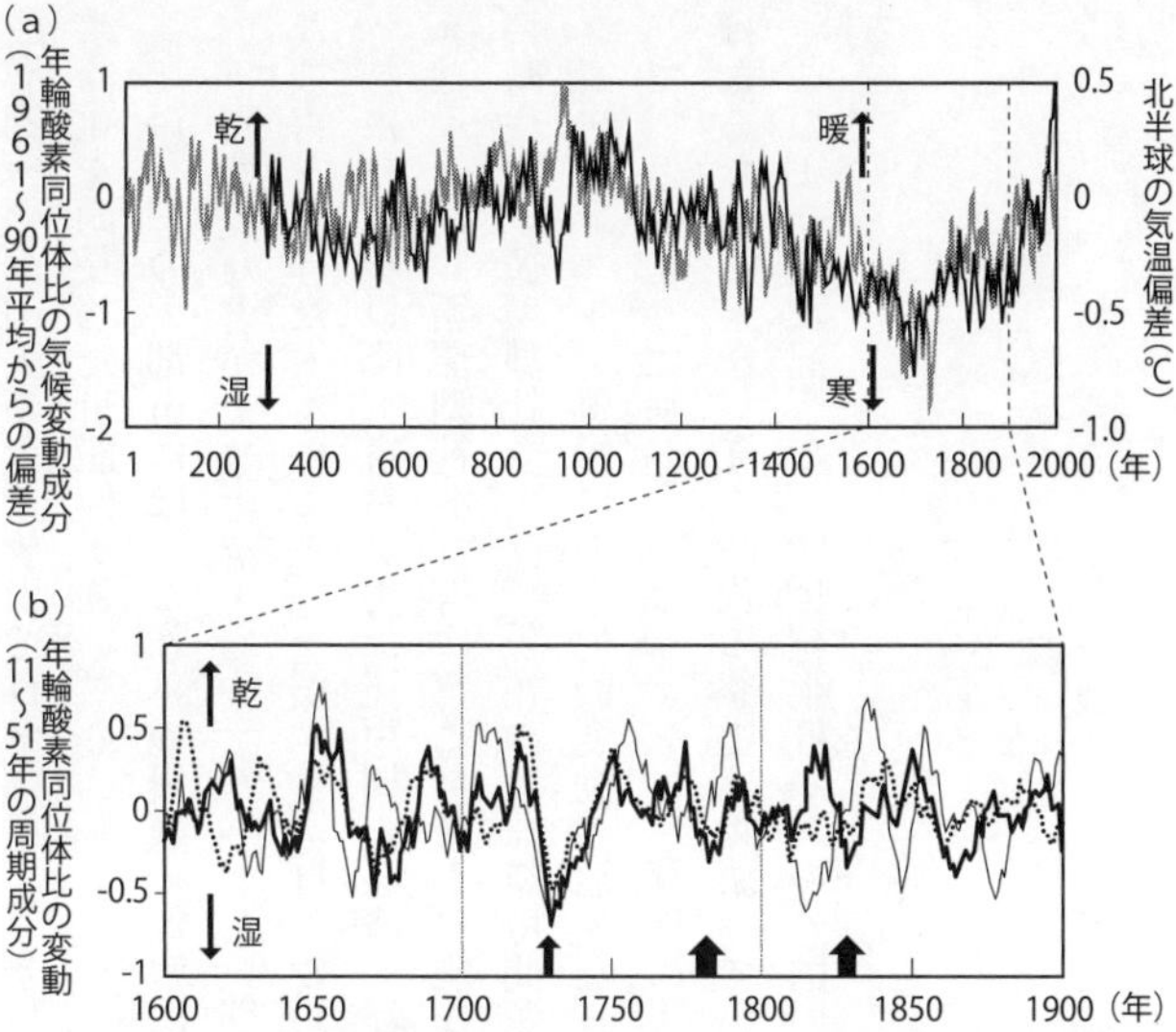

図７—６　（a）過去2000年間における夏季降水量の指標である中部日本の年輪酸素同位体比、（b）同じデータの1600～1900年の11～51年周期成分の変動を拡大した図　太実線：中部日本、細点線：屋久島、細実線：台湾。矢印は、享保、天明、天保の飢饉に対応する時期を示す（中塚他，2020）

大地震と火山噴火

加えて、いくつかの大地震と、宝永《ほうえい》４年（１７０７）富士山大噴火、天明３年（１７８３）浅間山《あさまやま》大噴火、寛政《かんせい》４年（１７９２）雲仙《うんぜん》大噴火などが起き、これらの自然災害は、特に18世紀以降、江戸期の経済・社会システムに大きなダメージを与え続けることになった。気象・地震・火山噴火などの自然災害はときに複合的に作用して、列島の多くの藩の経済と統治を脅かした。小氷期の寒冷な気候そのものも、日本も含め世界的に活発化した火山活動によって、成層圏への火山灰の大量放出で日傘効果（第9章1節、同2節参照）が強まり、世界的な気候の寒冷化を助長した可能性が強い[35]。

江戸などの大都市には、これらの飢饉や災害によって生きていけなくなった、土地を持たない下層農民などが大量に流入し、「非人」とよばれる層が増えていった。災害で直接的に大きな被害を受けた人々による「一揆《いっき》」や「打ちこわし」も頻発した[36]。

特に18世紀以降、自然災害は江戸期の経済・社会システムに甚大な被害を与え続けたため、ユニークな「循環型社会」も次第に持続不可能な状況になっていった。先にのべたように、江戸時代の「循環型社会」は、現在の地球環境問題におけるひとつの「手本」とも考えられるが、アジアモンスーン気候に加え地殻変動の活発な日本列島では、同時に、自然災害のリスクに対して、どのように強靱《きょうじん》（レジリエント）な経済・社会システムを創り、維持するかも考慮せねばならないことを、江戸時代の歴史は物語っている。

このような状況下で、19世紀半ばからの外国の干渉を契機とした「幕末」を迎えることになる。

第8章　モンスーンアジアの近代化とグローバル化

この章では、アジアモンスーンの気候・生態系に調和した水田稲作農業を風土の基盤とした伝統的な社会が、その後、西欧文明との遭遇と軋轢《あつれき》の中で、どのように近代から現代の社会へと変容したかを、最近の論考を参照しながら概説する。その上で、現在直面している地球環境問題の克服も含めて、持続可能な未来社会に向けて、この地域がどのような課題を抱えているのかを議論したい。

1　モンスーンアジアの経済発展——独自の風土にもとづく発展径路

モンスーンアジアはもともと「持続可能」な社会だった

まず、アジアモンスーン地域の国々の経済・社会が、まだ西欧の影響がほとんどなかった16世紀から現在まで、どのように変化してきたのかを、人口とGDPでみてみよう。図8―1は

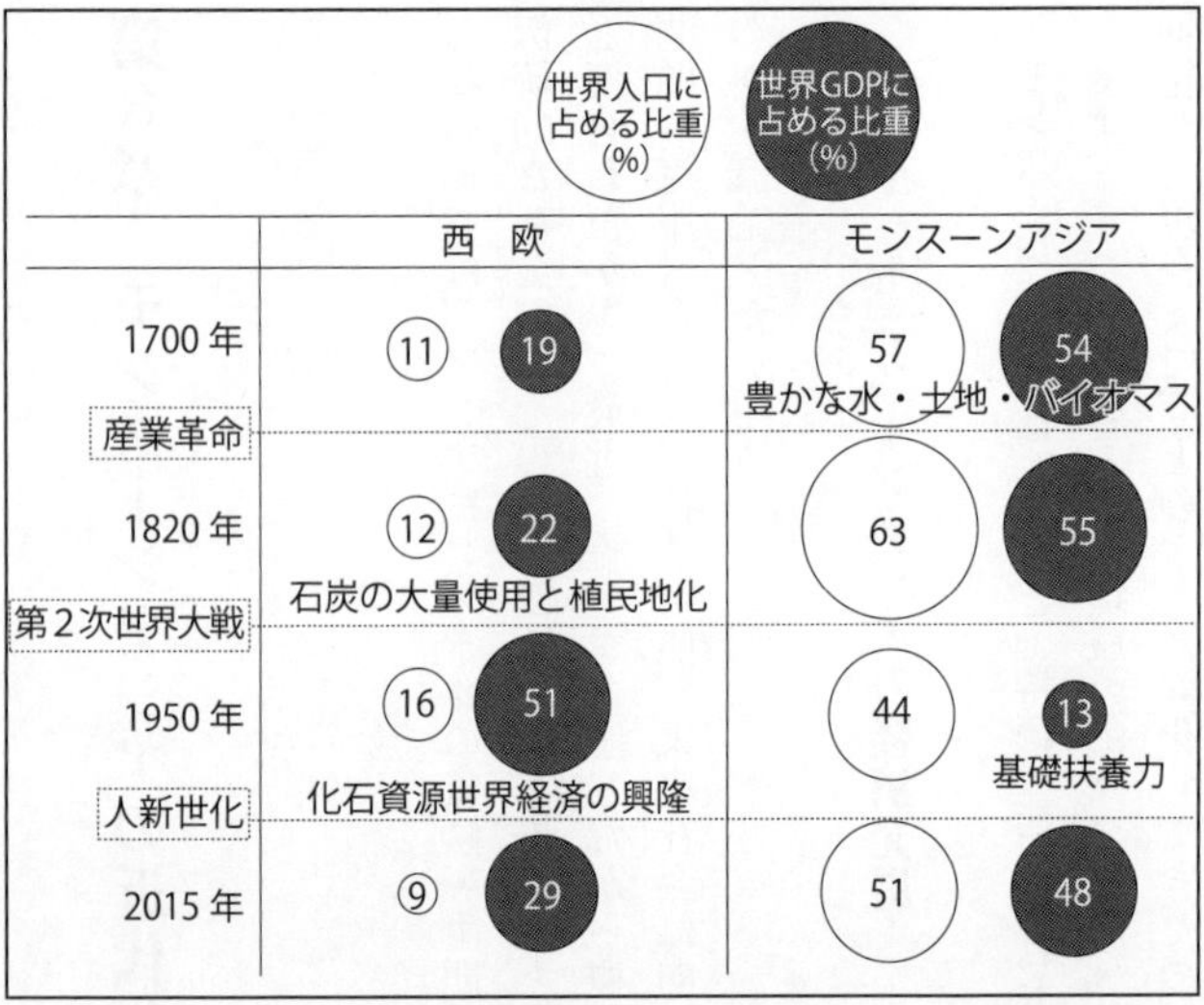

図８—１　16世紀以降の世界経済の発展径路（Sugihara, 2017および杉原, 2019を元に作成。出所および注・Maddison 2009. 2015年はIMF統計から推計）

西欧とモンスーンアジアの人口とGDPの変化を、経済史の観点から杉原《すぎはら》薫《かおる》がまとめたものである[1]。ここでの西欧は西ヨーロッパ主要12ヵ国とアメリカ合衆国、モンスーンアジアは中国、日本とアジアのNIES（韓国、台湾、香港およびシンガポール）、ASEAN4ヵ国（タイ、マレーシア、インドネシア、フィリピン）、南アジアのインド、パキスタン、バングラデシュ、スリランカ4ヵ国を含めた地域である。1700年はアジアがまだ西欧による植民地支配の影響を受けていなかった時代、1820年はイギリスでの産業革命が開始され、モンスーンアジアの大国であった中国（清《しん》）とインドも西欧各国との貿易を通して大きく変容しつつあ

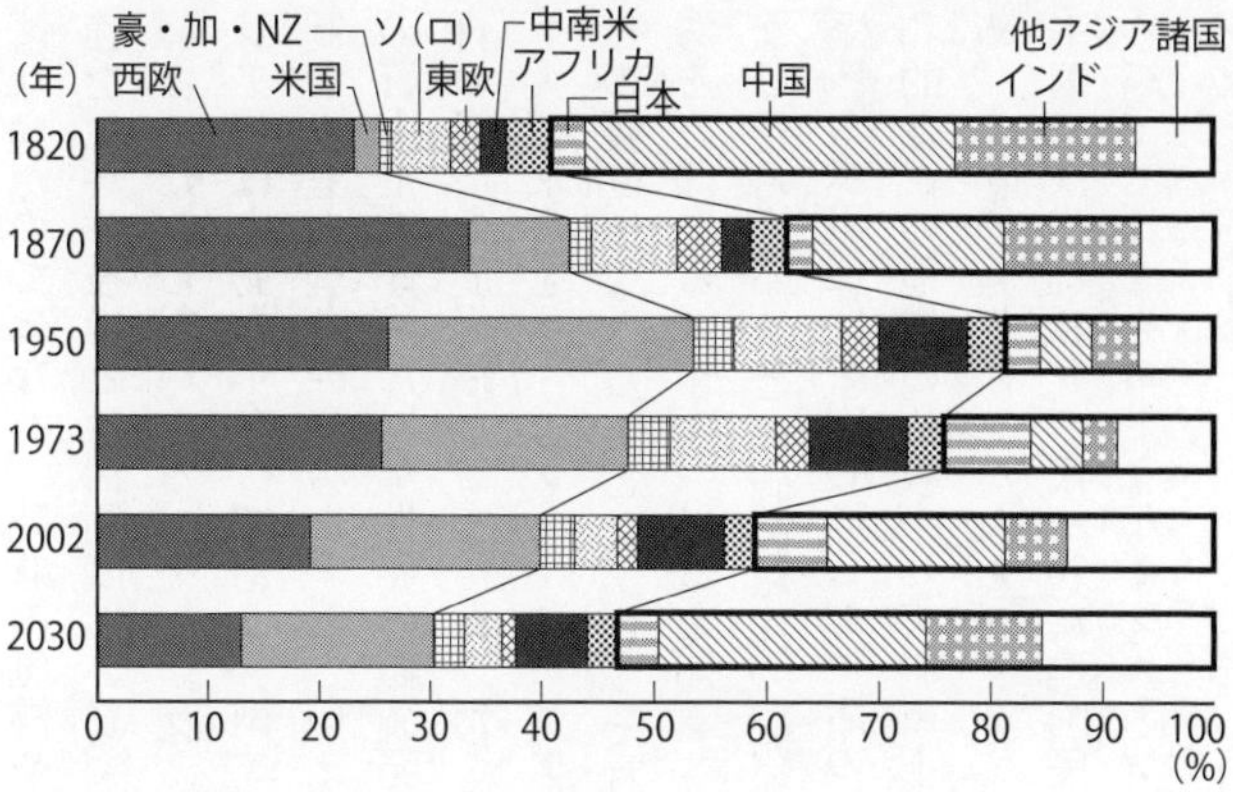

図8―2　19世紀以降の世界のGDPの比重の変化　モンスーンアジア諸国全体の部分を太い枠で囲んでいる（進藤，2013を元に作成）

る時代であり、1950年は第二次世界大戦後にアジア各国が独立を始めた時期である。

図8―1で注目すべきは、モンスーンアジア地域全体が、18世紀から19世紀初頭まで、人口でもGDPでも世界全体の半分強を占めていたという事実である。この状況はすでに16世紀から続いていたこともわかっている[2]。1820年の段階で世界GDPに占める西欧の比率は20％程度であった。これに対し、世界GDPの半分以上はアジアであり、中国が約33％を占め、それにインドや日本、アジア諸国を加えると、約60％であった（図8―2）。

「足るを知る」価値観の形成

第6章でものべたように、モンスーンアジア地域は、集約性の高い水田稲作農業により人口が多かったが、これは高い人口圧により集約的な農業になったのではなく、特有の気候や豊かな水・土地・バイオマスがあり、むしろ高い労働集約性を生かす技術と統治制度により、大多数の人々が「とにかく食っていける」という経済が回っていたからといえる。それを支えていたのは、第6章でのべたように、日本や中国など東アジアでは「勤勉革命」であり、南アジアのインドでは明瞭な雨季乾季を前提とした「職分権体制」にもとづく経済であったといえる。これらの事実をもとに杉原は、産業革命に始まる西欧の資本主義経済だけが世界の経済発展径路ではなく、（モンスーン）アジアには、同じ時代に独自の経済発展径路がすでにあったことを指摘している。(3)

大切なことは、モンスーンアジアでは、西欧に対してのこれらの制度の労働集約的な視点からの優位性もさることながら、それぞれの民族と文化の多様性を持ちながら「食べていける」、あるいはある意味で「足るを知る」ことを幸福とする価値観が醸成されていたということではないだろうか。この価値観は、完新世1万年の歴史の中で、モンスーンの自然（気候や生態系）と水田稲作を中心にした生活の営みを通して培われたものであろう。さらにその生活と調和的なこの地域の仏教やヒンドゥー教という、多神教的な宗教に代表される伝統的な思想を強め、人々の人生観をかたちづくっていったと考えられる。現在でも、ヒマラヤの小国ブータン王国では、GDPの代わりに「国民総幸福量（Gross National Happiness：GNH）」を採用しているが、これはそのようなモンスーンアジア固有の思想の流れの中で生まれた指標ではないだろうか。

2　「近代化」した西欧との遭遇

イギリスの産業革命とモンスーンアジア

西欧の「近代化」は18世紀後半から19世紀はじめにイギリスの産業革命から始まった。産業革命の開始には、ニュートンなどに代表される17世紀に始まる科学革命と、ほぼ同時並行的に行われた現場の技術者や職人による技術革命が大きく寄与していた。また、中世から続いていた三圃型《さんぽがた》農業から囲い込み（エンクロージャー）による農業への転換も同時期に進行し、その結果、土地を持たない農業労働者が都市部に流入し、都市労働者となった（「資本主義的」農業革命）。これも産業革命の推進力になった。(4)

産業革命によりイギリスを中心とする西欧各国は、世界全体を「市場」とする資本主義経済へ移行したが、その極めて重要な条件が、アジア・アフリカや南北アメリカ大陸の「植民地」の存在であった。(5) 18世紀後半の時点で、北アメリカとインドを植民地として領有していたイギリスは、この条件が整っていた。特にインドは、17世紀から活動していた東インド会社を通して、イギリス本国の産業に必要な資源をもたらすとともに、当時でも2億の人口を抱えていたため、作られた工業製品の大きな売り込み先ともなった。

「近代化」にはさまざまな側面がある。そのひとつは、近代科学技術の展開であった。もうひとつは、常に「資源」と「市場」を求めて、自分たちの住むところ以外の世界へ視野と関心を広げ、自らの生活空間を拡大していく資本主義の精神であった。その意味で、この時期のヨーロッパ人にとって、アジアはヨーロッパとは大きく異なる自然と文化に培われた物産（モノ）が豊富にある「憧れの地」であった。その代表的なモノは、南アジア（インド）産のキャラコやモスリンとよばれた綿織物であり、中国からきた茶、絹織物や陶磁器などであった。

イギリス・中国・インドの三角貿易

綿布や綿織物は、柳田国男《やなぎたくにお》の著書『木綿以前の事』でも指摘されているように、木綿が広まる以前の麻布に比べての着心地の良さ、モンスーンの湿潤な気候にも適した肌触りや加工のしやすさなど、江戸時代頃から人々に強い好感を持って受け入れられてきた歴史がある。日本などに比べ、寒く厳しい冬のあるイギリスでも、重たい毛織物よりはるかに着やすく加工や彩色なども容易なキャラコやモスリン綿布の人気は高く、19世紀はじめまではインドで生産されたものを輸入していた。しかし、産業革命期には紡織機の開発・普及により綿織物の大量生産が可能となり、1820年頃を境にインドへ逆に輸出するようになり、その輸出量も急増していった。

イギリス人の生活を大きく変化させたもうひとつのモノが、中国から輸入された茶である。なぜ紅茶がイギリス人の生活にとってなくてはならない嗜好品《しこうひん》になったかについては、たとえば角山栄《つのやまさかえ》の『茶の世界史』（１９８０年）に詳しい。茶はモンスーンアジアのグリーンベルト（第5章参照）を担う照葉樹林を代表する植物であり、中国の雲南省付近にその起源があるとされている。その茶葉を蒸して発酵させたのが紅茶であり、大陸の西の端のイギリス帝国で、紅茶は現在も生活必需品となっている。18世紀頃からまず富裕層の貴婦人などに広まった茶（ティー）は、西インド諸島の植民地からの砂糖と、牧畜が盛んな自国で賄えるミルクのコンビネーションで、甘いミルクティーの習慣として19世紀中頃には労働者や下層・中産階級にも広がり、まさにイギリス資本主義社会を象徴する物質文化となった。中国からのすぐれた陶磁器も、ティーポットとして重要なモノであった。

このようなはるか離れた豊かなアジアの産品を貪欲《どんよく》に求める情熱は、資本主義経済の結果というより、むしろ自国では得られない新しいモノを際限なく求め、そして産業革命を通して自らの製品を外に売ることにより さらに富を増やしていくという資本主義経済の、原動力そのものであったといえる。

豊かな自然資源と、膨大な人口を抱えるモンスーンアジアは、イギリス資本主義の発展にとって格好の舞台となったが、それを進めた典型的なしくみが、中国とインドを舞台にした棉花・紅茶・アヘンの三角貿易であった。アジアの三角貿易とは図８―３に示されるように、19世紀はじめからの数十年間、イギリス（大英帝国）が東インド会社などを通して、インド、中国とのあいだで行った貿易である。１８２５年頃には、イギリスはすでにインドから棉花を輸

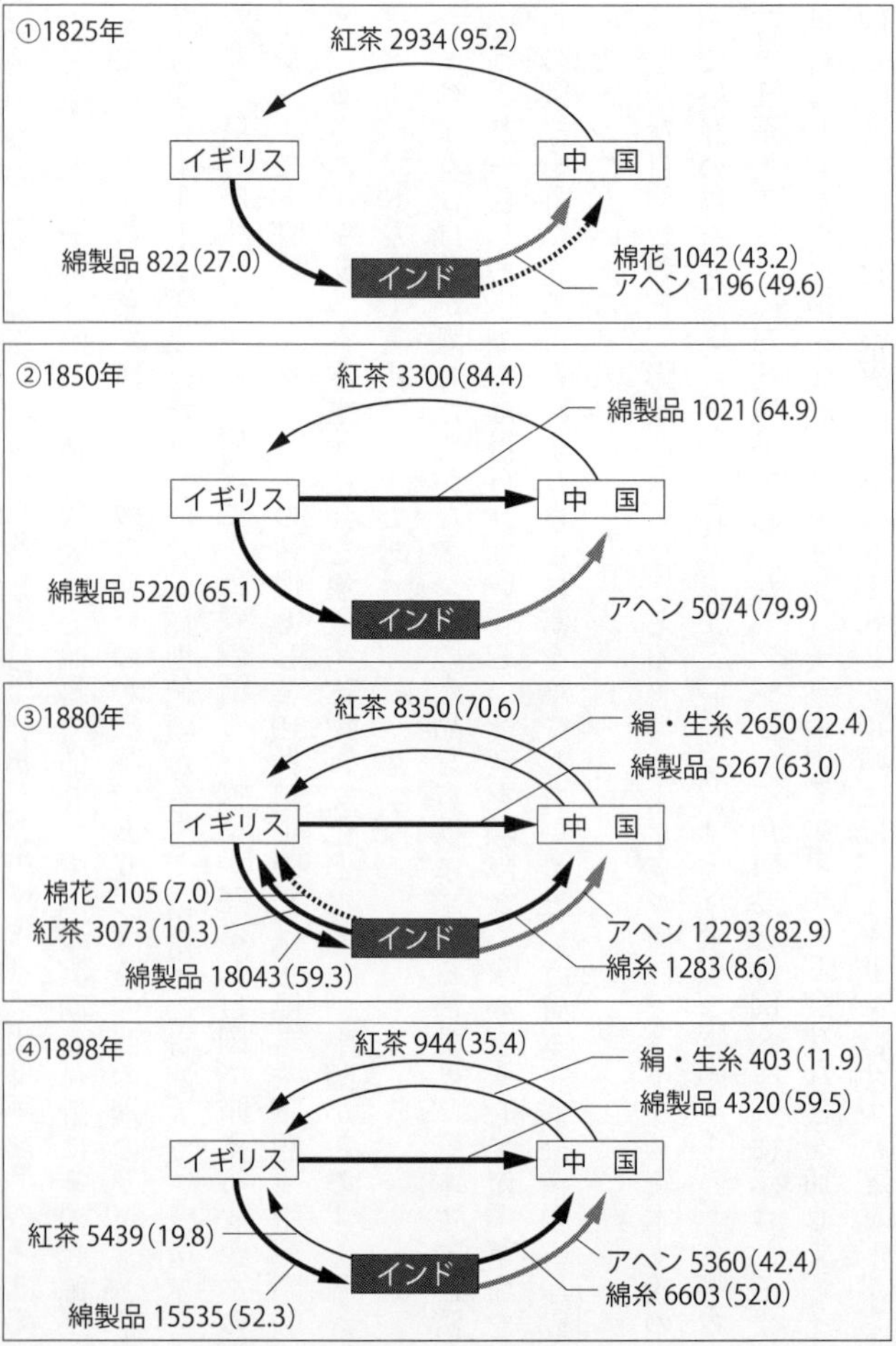

図8－3　アジアの三角貿易概念図（単位：1000ポンド）（　）内は２国間の輸出総額に占める比率（%）（秋田，2012）

入しそれを綿布・綿織物としてインドに輸出するようになっていた。中国からは紅茶をすでに大量に輸入するようになっていた。インドから中国へは棉花に加えてアヘンもすでに輸出されていた。アヘンは人々の健康を害し風紀も退廃することから、当時の清朝は国内への輸入も国内での使用も禁止していた。しかし、イギリスは中国からの茶などの輸入による赤字を解消するために、東インド会社が委託した民間の貿易業者などを通して、インドから中国へのアヘンの密輸出を実質的に行っていた。

このような状況の中で、アヘンの国内への流入を阻止しようとする清朝と、より「自由な」貿易を要求するイギリス側のあいだで中国沿岸域を舞台に起こったのが（第一次）アヘン戦争（1840〜42）であった。この戦争はイギリス側の勝利に終わり、その終結時に締結された南《ナン》京《キン》条約（1842）では、イギリスは多額の賠償金に加え、香港を獲得し、さらに中国沿岸の5都市を自由貿易港とすることを勝ち取った。

このアヘン戦争以降、図8―3の1850年の状況にみられるように、中国へのアヘンの流入はさらに拡大し、イギリス本国から中国への綿製品の輸出も増大した。さらに、1857〜58年のインド大反乱（セポイの乱）が失敗してムガール帝国は消滅し、イギリスはインドを直接統治することになった。紅茶についても、東インド会社はインド国内での茶栽培の開発を進め、1860年頃から、北東部のアッサムやダージリン、南部のニルギリ高地などでの良質の茶葉栽培に成功した。中国から大量に輸入していた紅茶を、直接統治下のインドで生産することが可能となったのである。[6] 1880年と1898年の図でもわかるように、19世紀末にはイギリスは植民地となったインドから、棉花だけでなく紅茶も輸入している。

このアジアモンスーン地域特有の産品を用いた「三角貿易」を通して、イギリス国内の富は大幅に増え、イギリスは西欧における資本主義経済を大きく牽引《けんいん》していく国となった。いっぽうで、モンスーンアジアの多くの国々は、19世紀末には直接・間接的に西欧帝国主義諸国の植民地や属国となり、宗主国に自然資源を提供し、これらの西欧諸国での工業製品を輸入するだけの地域になってしまった。図8―2で、1820年から1950年にかけて世界のGDPに対するアジア（特に中国とインド）の比重が急激に縮小していることは、まさにこの状況を物語っている。

植民地化によるインドの環境破壊

インドは不平等な三角貿易や不条理な植民地的経済を押し付けられ、18世紀末頃から大英帝国による支配が進んでいった。英領インドに対する政策は、①農地に近代的所有権を持ち込むことで非農業従事者を単なる土地なしの賃金労働者に転落させた、②地税増収をめざして原生林を含む未耕作地・荒蕪地の開拓を積極的に推進したことで、インド亜大陸の豊かな原生林の破壊を急速に進行させた。ただし、これらの未耕作地は厳しい気候条件のもと水利用の制約ゆえに耕作できずに放置されてきたところも多かった。新たな開墾地での水利用をめぐる争いも激化し、19世紀後半には各地で干ばつをきっかけにした飢饉・疫病の頻発や下層民の大量死亡という事態が発生した(7)。

19世紀後半の干ばつは、第2章や第3章でのべたグローバルな気候の自然変動に伴うインドモンスーンの弱化による可能性もあるが、人間の経済活動の影響も考えられる。18世紀末から19世紀半ばにかけて大規模に進行したインド亜大陸中部における森林破壊と土地利用改変が、モンスーンによる降水量そのものを減少させた可能性も、私たちの気候変化シミュレーションの研究で示唆された。その内容は、コラム8―1を参照されたい。

コラム8―1　森林破壊がインドモンスーンを弱めた？

モンスーンは海と陸の加熱・冷却の差により引き起こされる大規模な大気循環である(第3章参照)。したがって、陸地表面が森林から農耕地や草地などに改変されることで加熱のされ方や水循環が変わり、モンスーンの大気循環や降水量が変化する可能性がある。

18世紀から19世紀末にかけて、インド亜大陸では、大英帝国の政策による植民地プランテーション化に伴い、森林を切り拓いた農耕地が急激に拡大していった。この時期のアジアモンスーン地域（インド亜大陸と中国）における土地利用の大規模な変化がモンスーン気候に与えた影響を、私たちはスーパーコンピュータの全球気候モデルを用いた数値実験

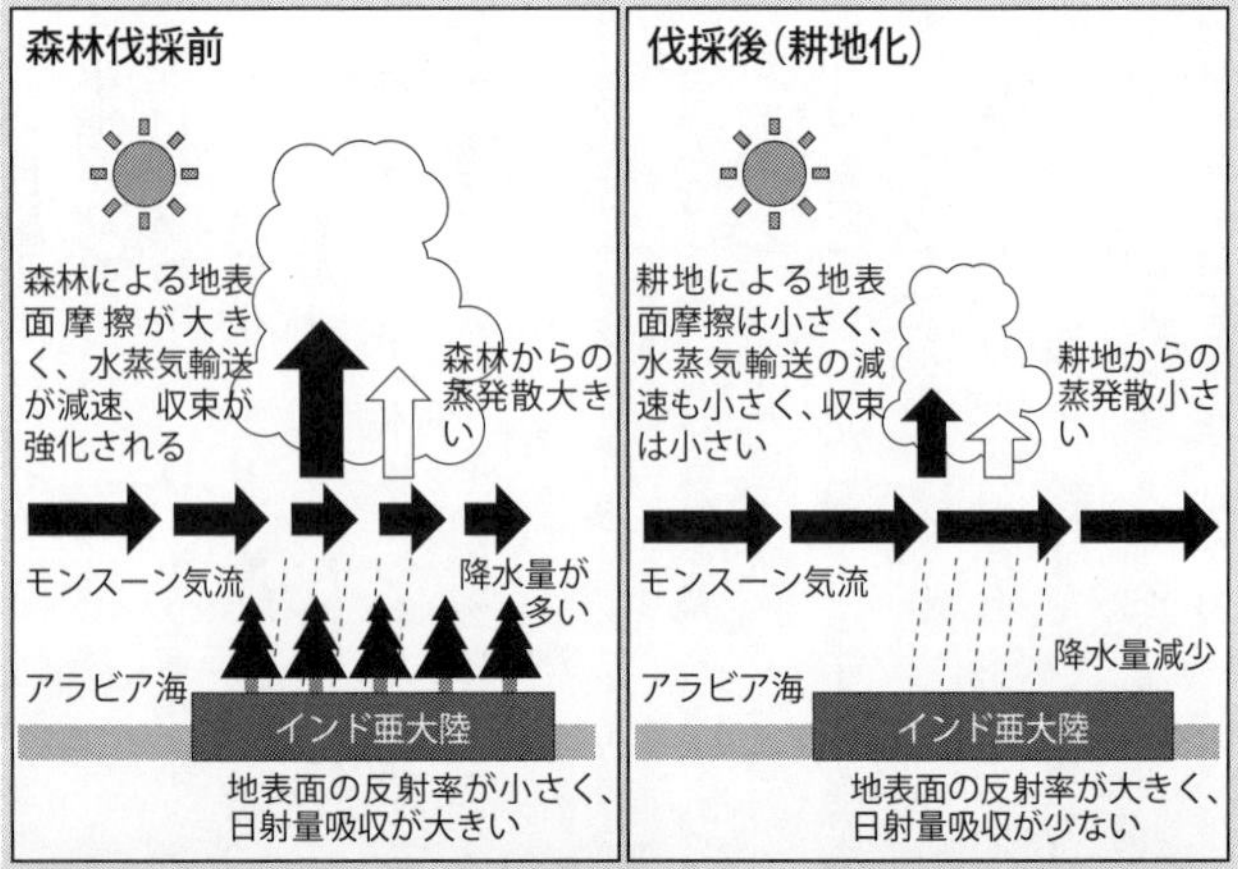
森林伐採前
森林による地表面摩擦が大きく、水蒸気輸送が減速、収束が強化される
森林からの蒸発散大きい
モンスーン気流
降水量が多い
アラビア海
インド亜大陸
地表面の反射率が小さく、日射量吸収が大きい
伐採後（耕地化）
耕地による地表面摩擦は小さく、水蒸気輸送の減速も小さく、収束は小さい
耕地からの蒸発散小さい
モンスーン気流
降水量減少
アラビア海
インド亜大陸
地表面の反射率が大きく、日射量吸収が少ない

図コラム8―1　インド亜大陸上での森林伐採による降水量変化のメカニズム　水平の太い矢印は、モンスーンに伴う水蒸気輸送量の変化、上向きの黒い矢印は森林伐採による水蒸気収束量の変化、上向きの白い矢印は、森林伐採による地表面からの蒸発散量の変化を示す。水蒸気収束量と蒸発散量はともに減少し、インド亜大陸上での大気中の水蒸気量を減少させて降水量も減少させる
（Takata, Saito and Yasunari, 2009にもとづく模式図）

により調べた[8]。

シミュレーションでは、特にインド亜大陸上のモンスーンの降水量が、森林伐採後には約30％減少するという結果となった。その原因は、図コラム8―1に示すように、日射量に対する地表面の反射率が増加して地表面の加熱が弱まったこと、さらに森林が減って蒸発散量が減少するとともに、地表面粗度（デコボコ度）が減少したため、海洋から陸地への水蒸気収束量（実質の水蒸気流入量）が減少したことであると明らかになった。

イギリスのインド総督府がインド気象局を設立して気象観測を開始したのは1878年であり、この時期のインド亜大陸での広域の降水量観測データはない。ただ、ヒマラヤでの氷河の氷コア分析(9)により、1700年以降現在までのヒマラヤのモンスーン降水量変動が復元されている。このデータと過去100年以上の観測されたインド亜大陸での降水量変動の比較により、ヒマラヤ付近とインド亜大陸での長期的な変動には有意な逆相関の関係があることがわかった。ヒマラヤでの降水量は18世紀後半から19世紀末にかけて顕著な増加傾向を示しており、この両地域での逆相関を前提にすると、インド亜大陸での同期間の降水量は減少傾向であったと推定され、この数値実験結果と矛盾しない。

現在、温室効果ガス増加や工業化に伴う広域大気汚染（エアロゾル増加）が、地球規模の気候やアジアモンスーン気候へ与える影響が顕著となっている（第9章参照）。しかし、20世紀以前にも、植民地化に伴う森林破壊と農耕地の拡大など、広域の土地利用変化により、インドでは地域的なモンスーン気候の変化が起こっていた可能性が、この気候モデル研究で強く示唆された。

3　日本の屈折した「近代化」

西欧の「近代科学・技術」に圧倒された明治維新

モンスーンアジアの中で、日本だけは江戸幕府の鎖国政策のおかげで、インドや中国、さらに東南アジア地域で拡大した西欧諸国による植民地化や、一方的な経済的干渉を何とか免れることができた。

明治政府になってすぐ、指導者格の若手政治家を西欧視察に派遣した岩倉《いわくら》使節団があった。日本の「西欧的近代」化に、この岩倉使節団のメンバーの果たした役割は非常に大きかった。使節団は明治4年（1871）から欧米を2〜3年間の長期にわたり訪問・視察して、イギリス、ドイツ、フランスなどの西欧諸国の動きをつぶさに視察し、使節団のメンバーであった木《き》戸孝允《どたかよし》、大久保利通《おおくぼとしみち》、伊藤博文《いとうひろぶみ》などがその後政府の中枢となった(10)。

この時期（19世紀後半）は西欧での近代科学・技術が飛躍的に進展し、図8─2でも示されるように、経済も大発展していた。使節団の一行は、近代的科学とその高度な技術を目の当りにして、以後、明治維新は西欧一辺倒で回りだしたともいえる。ただ、科学史家の山本義隆《やまもとよしたか》が指摘するように、明治期（以降）の日本では、科学は世界観・自然観の涵養《かんよう》のためではなく、産業促進に資する技術の部分を切り取るかたちで学ばれたのであり、今日にいたるまで科学教育は、実用性に大きな比重をおいて遂行されることになった。これは日本が近代化に素早く成功したひとつの理由でもあるが、同時に日本の近代化の底の浅さの原因にもなっている。[11] 現在でも、日本の大学で理工系といえば工学部（理工系の学生数の71%）であり、自然科学の基礎的分野を学ぶ理学部（学生数で14%）よりその学部数も学生数も圧倒的に多い。

明治政府は、幕末に江戸幕府を倒すために掲げていた「尊王攘夷《じょうい》」の「攘夷」を一転させ、政治・経済体制の積極的な「西欧化」と「富国強兵」政策を進めた。「近代化」はすなわち西欧的技術の導入であり、同時に帝国主義的資本主義の導入を意味していた。西欧の近代化の過程には自由や民主主義という思想が伴っていたことが重要であるが、この側面には、岩倉使節団に留学生として同行していた中江兆民《なかえちょうみん》以外は、ほとんど学んでいなかったか、関心がなかったようである。[12] 中江は帰国後、フランスのジャン＝ジャック・ルソーの思想を紹介し、自由民権運動に影響を与えたが、政府の中枢が進める「近代化」は、天皇を現人神《あらひとがみ》に祀り上げる強固な天皇制を柱にした「国体」という統治システムを創る方向で進められていった。富国強兵は、特に日清・日露戦争で「勝利」したことなども影響し、西欧諸国に対してだけでなく、モンスーンアジア・太平洋地域も領土あるいは植民地として視野に入れて、帝国主義国家をめざすことに変質した。そして、この「国体」を柱とした「大日本帝国」が、第二次大戦で敗れるまで続いたわけである。

混乱する精神風土

飛鳥・奈良時代から江戸時代までの千年以上、すなわち日本に仏教が伝来して以降、支配層から民衆に至るまで、人々の精神には神と仏が矛盾することなく共存していた。神道の八百《やお》万《よろず》の神々とインド仏教でのさまざまな仏たちは、実は宇宙あるいは自然を支配している同じ体現であるとされ、仏教寺院にも神社があり、神社にも仏像を祀ることが普通に行われていた。このような神仏習合の精神が普通に受け入れられてきた基層には、さらに前の縄文時代1万年間に培われたアニミズムの精神があり、これが神道に引き継がれ、飛鳥時代に伝来した仏教も、この風土になじんだ結果、日本人の精神構造は、神仏習合をむしろ当たり前のものとして受け入れたと考えられる。今日でも、多くの人々は神社にも寺院にも参拝し、冠婚葬祭も神式・仏式いずれかで執り行うことに違和感を持っていない（明治以降は、これにキリスト教などの宗教も入ってきている）。

しかし、明治政府は、国体護持の一環として、神道を国家神道に「格上げ」するために、まず神仏習合を禁止する神仏分離令（神仏判然令）を明治元年（1868）に発令した。これを機に「廃仏毀釈」運動が全国的に起こり、多くの仏教寺院や仏像が破壊された。さらに明治末期には、神社を地方統治の精神的中心とするために、全国の多くの神社を、一町村一神社に統合する神社合祀《ごうし》政策を進めた。

神社はもともと、山野河海に関わる自然信仰や祖先崇拝、農事祈願などのため全国各地に大小さまざまあり、それぞれの地域に住む人々の精神的な絆《きずな》にもなっていた。また、多くの神社は、「鎮守の森」とよばれるその土地の自然林を維持してきた。神社合祀政策は、このような鎮守の森の破壊を進めることにもなり、全国各地で合祀反対の運動も高まった。当時国際的にも知名度の高かった博物学者・民俗学者南方熊楠《みなかたくまぐす》は、地元の和歌山で神社合祀によって多くの鎮守の森とそれに伴った生態系が破壊され、地域のコミュニティや土着の習俗なども壊されるとして、神社合祀令に強く反対した一人であった。

古代から中世・近世の千年以上を通して、日本列島の人と自然の関係の精神風土を良くも悪くも担ってきた神仏習合は、明治政府の進めた国家神道化政策により、少なくとも制度的には破壊されてしまった。このことは、明治以降現在に至る日本列島での環境問題の背景としても、無視できない意味を持っている。

「富国強兵」優先の政策と経済により、早くも19世紀末から足尾《あしお》鉱毒事件（銅山からの汚泥による自然環境と伝統的な農村の破壊）が、地元農民や自由民権派議員の反対にもかかわらず、引き起こされていた(13)。第二次世界大戦後も近代科学・技術の技術偏重は続き、「富国強兵」は「高度経済成長」に置きかわり、経済成長優先の政策により、日本列島の自然は沿岸地域を中心に環境破壊が進み、「公害」が多発して大気・水環境の汚染が進行していった（第9章参照）。

「国体思想」を引きずった自然観——「近代的」登山を例に

19世紀中頃以降、産業革命により余暇を楽しめるようになったイギリスの富裕層から、自然の風景を楽しむロマン主義あるいは自然主義的な思想と近代スポーツが生まれたが、これらの精神と近代科学に由来する探検的な精神が融合して生まれたのが、困難なアルプス登山に挑むアルピニズムであった。日本でも、イギリスのウォルター・ウェストンによる飛驒《ひだ》・木曽《きそ》・赤石《あかいし》山脈でのスポーツ登山が明治20年頃から開始された（これらの中部山岳は、イギリス人ウィリアム・ゴーランドにより「日本アルプス」と命名された）。

志賀重昂《しがしげたか》は同じ頃『日本風景論』を著し、日本列島の多様な自然の風景を記述している。日本の風景形成の特色として、①気候、海流の多変多様なる事、②水蒸気（湿度）の多量なる事、③火山岩の多々なる事、④流水（川の流れ）の浸食激烈なる事、を挙げて説明しているが、これらは日本列島の自然景観を特徴づける要因として、非常に的確な指摘であった。

志賀はこの本の中に「登山の気風を興作すべし」という付録欄を入れ、日本列島の多くの山々の美しい自然美を楽しむ登山を強く推奨している。[14] 日本では古くから、山は神仏習合のひとつの典型である修験道などの信仰・崇拝の場として登られていたが、明治に入ると、上記のような西欧のスポーツ登山の影響や自然美を楽しむ気概による登山が、一部の知識人を中心に広がっていった。

ただ、志賀の『日本風景論』は、日清戦争直前に書かれ、日本列島の自然の優越性を強調する国威発揚の意図が強く表れた本でもあった。[15] 西欧近代の個人主義を基本にしたアルピニズム志向の登山や、ロマン主義・自然主義に由来し、日本でも松尾芭蕉などが気づいた、自然の崇高さや自然美そのものを楽しむワンダラー（彷徨者《ほうこうしゃ》・渡り鳥）的な登山は比較的少なかった。特に第二次大戦までは、伝統的な修験道的信仰のなごりと「報国」のための鍛錬や精神修養のためという価値観が混ざりあった団体登山が主流となっていた。

縄文時代以降1万2000年におよぶ日本の精神風土の形成史の中で、明治維新以降の「近代化」とは何であったか。モンスーンアジア地域でいち早く西欧の（近代思想ではなく）法制度や科学技術のみを導入して「近代化」を開始することができた日本は、西欧の帝国主義国家に張り合う軍国主義国家となり、第二次大戦ではモンスーンアジアの国々を侵略していくことになった。江戸時代までの精神風土と西欧の遭遇が、なぜこのような負の結果を引き起こしていったのか。あらためて検証する時期に来ている。

4　モンスーンアジアにおけるいくつかの「近代化」

西欧とアジア的伝統の相克

西欧諸国が引き起こした帝国主義時代は、西欧各国によって植民地化あるいはそれに近い状況におかれたモンスーンアジアの国々にとって、19世紀初め頃まで続いた封建的あるいは伝統的社会から「近代化」社会に、いやおうなしに変わらざるをえない時代となった。この地域の国々には、マルクスによって「アジア的（東洋的）専制主義」とよばれた政治体制が、その程度の差はあれ、どの国にも存在していた。このアジア的専制主義は、第6章5節でのべたように、この地域の基盤である水田稲作農業を維持するために不可欠な共同作業や水力・灌漑システムの管理と統治という、西欧などにはない政治・経済制度の必要性から生まれたものである。モンスーンアジア諸国の近代化、すなわち「アジア的専制主義」をどのように「近代化」するかは、第6章5節でのべたようなそれぞれの国（あるいは地域）の歴史・風土によって異なった径路をたどっていった。

これらの国々では、20世紀に入り、ふたつの大戦やロシアでの社会主義革命の影響のもとで、さまざまなかたちの独立運動や民族自立運動が進められていた。この歴史的過程で共通しているのは、西欧の帝国主義国からの不条理な政治的圧力に対する抵抗運動の中で、自分たちの国はどうあるべきかを考える意識が、知識人階級から広がっていったことである。若く恵まれた知識人の多くは、宗主国への留学もふくめて、西欧の近代科学や思想・文学などを学ぶ機会を得ることができた。西欧の「近代化」を学びつつも、それに反発、あるいは疑問を持ち、自分たちの国やアジアはどうあるべきかを深く考え、政治的、思想的に各国の指導的立場に立つ人たちであった。

前節では、明治維新以降の日本の「近代化」の経緯についてのべたが、ここでは、ほぼ同じ時期にあたる19世紀後半から第二次大戦前後までについて、現在14億人以上の人口を擁するアジアの大国であるインドと中国、および大陸東南アジアを代表するタイについて、それぞれの国の「近代化」がいかに進められたか、その立役者にあたる人たちにスポットをあてつつ、簡単にふれたい。

インド——理想（普遍性）と現実（多様性）が交錯した「近代化」

インドにおける「近代化」は、まずイギリス（大英帝国）の直接統治下からの独立そのものであった。イギリスは、言語も異なる多民族からなりカースト制度（第6章5節参照）も根強いこの国に、徹底した分割統治を敷いていた。その一環として、インド総督府は1885年に分割統治への不満のはけ口として知識人を中心とした「国民会議」を創ったが、この組織が、その後、マハトマ・ガンディー、ジャワハルラル・ネルー、チャンドラ・ボースなどが結集した独立運動の中心となっていった。アジアで初めてノーベル賞（文学賞）を受賞したラビンドラナート・タゴール（詩人、思想家、音楽家）も、一時期この活動に関与していた。

彼ら知識人に共通するのは、イギリスに留学して、そこで西欧の近代思想を学ぶとともに、インドの独自性にめざめたことであろう。たとえば、ガンディーの「非暴力主義」はヒンドゥー教や仏教に加えキリスト教などにも影響されている。彼は常に糸車を自分で回すことにより、イギリスからの綿製品不買運動と自分たちに必要なものは自国で生産し消費するという意思表示をしていた。自らの思想をことばよりも日常の具体的な実践の中で常に示していた指導者であった。インド人の二大宗教（ヒンドゥー教とイスラム教）の融和にもとづく統一インドの独立を悲願にしていたが、このことのために暗殺された。結果としてこの地域は、ヒンドゥー教徒中心のインドとイスラム教徒中心のパキスタンに分離独立することになってしまった。

１９４７年にイギリスから完全独立したインド共和国の初代首相となったネルーは、インダス文明に始まるインド史を学ぶ中で、人類と自然の一体性と世界の多種多様性の根底にある普遍性や「全世界が相互依存の有機体である」ことなどを強く意識するようになった(16)。彼のこのような精神は、第二次世界大戦後、第三世界をリードして、中国の周恩来《しゅうおんらい》やインドネシアのスカルノなどとバンドン会議を主宰し、反帝国主義、反植民地主義、民族自決の精神などを掲げた「平和十原則」を宣言したところにも具現されている。ただ国内では、社会主義をめざし、当時のソ連の影響もあり、計画経済による重化学工業を中心とする基幹産業の実質国有化などを進めたため、大多数の国民が従事する農業や軽工業が軽視され、初等教育への対処も大きく遅れる結果となった(17)。

ガンディーやネルーが掲げた「インドの理想」を、現実の多様な民族・文化・社会を有するインドに反映させるのは、やはり一筋縄ではいかなかったということかもしれない。

現在のナレンドラ・モディ首相は、地球環境への取り組みを含めた新しい「インドの理想」へ向けて努力している（終章参照）。

タイ――国王による「近代化」

タイ（シャム王国）では、日本の明治維新とほぼ同時期に、植民地化を迫るイギリスとフランスに対して、すでに積極的に西欧やキリスト教の文化や制度を学んでいた国王ラーマ4世（モンクット）とラーマ5世（チュラロンコーン）は、国内の改革を進めることで何とか独立を維持し、近代国家への体制を作った[18]。ラーマ4世は、王位につくまでの27年間は仏教寺院に出家していたが、西欧の科学なども独学で修めていた。イギリスやフランスからは、現在のラオス・カンボジア・マレーシアの一部を実質的に占領されることになったが、現在のタイ国領土は何とか死守することができた。

ラーマ5世は、官僚制の導入、議会制度の導入、学校教育の開始、道路や鉄道の整備など、「チャクリー改革」とよばれる近代化政策を実施し、独立国としての統治を強化した。この改革の一環として、雨季には完全に湛水する低湿地であるチャオプラヤー・デルタの運河や灌漑水路開発などに着手して大規模な商業的稲作を発達させ、コメ輸出を開始している[19]。1932年には立憲君主制となり、第二次大戦後は、ラーマ9世（プーミポン）が2016年まで70年におよぶ在位期間に、欧米や日本の資本を積極的に導入して、高度経済成長を実現した。

タイの近代化で興味深いことは、チャクリー改革から戦後の民主化運動および現在に至るまで、政治権力を持つ国王・政府側と、学生を含む若手知識人がリードする反体制側のいずれも、欧米に留学した経験のある知的エリートたちが、非常に大きな役割を果たしていることである。すなわち、西欧近代化における民主主義の思想・精神が支配層や知識人で広く共有されている中で、重要な局面では「国王の裁定」が大きな役割を果たすこともあり、西欧的な立憲王制とは異なる、「タイ的」立憲王制と民主主義が機能してきたようである。「アジア的専制」は、石井が指摘するように、古い封建制とは同義ではないことを想起させる。[20]

中国――毛・周体制から「改革開放」経済へ

中国の「近代化」は孫文《そんぶん》による辛亥《しんがい》革命で清朝が崩壊し、中華民国が成立した1912年に始まったとみることもできるが、その後、国民党と中国共産党の国内闘争（あるいは対日戦争のための国共合作）など、動乱の時代が30年以上続いた。ここでは、その詳細は割愛し、1949年の共産党による中華人民共和国設立以降の「近代化」についてのべる。

中国共産党の指導者として中華人民共和国設立に導いた毛沢東《もうたくとう》の基本的な思想は、農業を国の基本とする一種の農本主義であった。彼が中国内でも稲作農業の中心であり自然も豊かな湖《こ》南《なん》省で生まれ育ったことも関係しているかもしれない。ただ、1950～60年頃の旧ソ連を模倣した計画経済や「大躍進」政策などは、専門家などによるまともな指導・参加もなく農業・工業政策の大きな失敗を招いた。その後、彼が指導した「文化大革命」（1966～76）は、彼本来の農本主義的社会主義を復権させるという名目はあったものの、若い「紅衛兵」などの暴走で国内は大混乱となり、国の発展を実質的に停滞あるいは後退させてしまった。毛沢東は卓抜した政治・軍事の指導者であったが、技術的官僚ではなかった。むしろ、優れた詩人・文人として多くの漢詩や思想書（語録）を創作し、人と自然の関係や、社会のあり方などをマオイズムとして世界中に広めている。

周恩来は、毛沢東とともに共産党で活躍し、国家設立後は、首相として毛沢東を支え、国の外交・内政の実務を27年間、亡くなる直前まで担い、人民からの信頼と尊敬も非常に厚かった。国際的にはインドのネルーらと、バンドン会議を主宰しアジア・アフリカの非同盟諸国からなる第三世界の形成を推進した。留学生として日本に滞在していたときに、大きく揺れ動く中国国内の動向を知り、国の未来のために帰国を決意した。その決意は京都帝国大学の河上肇《かわかみはじめ》教授のマルクス主義の講義を傍聴したのがきっかけだったともいわれている。

彼が京都滞在中、雨に煙る嵐山《あらしやま》を訪ねて心境を詠った詩が、「雨中嵐山」であった（コラム8―2参照）。日本特有の山水画のような風景に心打たれ、自国の未来のあり方に思いをはせる若き日の彼の人柄を偲ばせる詩である。河上肇の著書や講義で得たのが、詩中の「一点の光明」であったともいわれている。

コラム8—2　周恩来の詩「雨中嵐山」

「雨中嵐山」　周恩来　1919年4月　京都嵐山

雨中二次遊嵐山。
両岸蒼松、夾着幾株桜　到尽処突見一山高、
流出泉水緑如許、繞石照人。
瀟瀟雨、霧濛濃、一線陽光穿雲出、愈見姣妍。
人間的万象真理、愈求愈模糊、模糊中偶然見着一点光明、真愈覚姣妍。

雨の中、二度目の嵐山を訪れる。
両岸には蒼々とした松が立ち並び、その間には数本の桜が咲いている。
それが尽きるところに、一つの高い山がそびえている。
流れ出る泉の水は青々とし、石をめぐって人影を映している。
瀟々と静かに雨が降り、霧が濃く立ち込める中、
一条の光が雲を破って差し込み、景色はますます素晴らしい。
人間の万象の真理は、探求すればするほどに漠然となるが、

その中に一点の光明を見つけられたら、これ以上素晴らしいことはない。（劉晨　和訳）

文化大革命は1976年に終了し、同年、毛沢東も周恩来も亡くなった。中国の本格的な「近代化」は、彼ら亡きあと、鄧小平《とうしょうへい》らの指導で市場経済を取り入れた「改革開放」政策を進めることで開始された。その後の中国の経済発展は、それまでの停滞を取り戻すかのように、すさまじいものがある。多くの外国企業を誘致し、「世界の工場」となって進めた1980年以降の経済成長については、次節でのべる。

5　モンスーンアジアの奇跡――第二次世界大戦後の世界

化石資源資本主義による世界市場の形成

19世紀末から20世紀半ばにかけては、欧米に、日本を加えた帝国主義国家が、より富める国をめざして資本主義経済による「世界市場」を形成していく時代となった[21]。もう一度図8―2に戻ってみよう。1820年から1950年のあいだに、西欧（ヨーロッパ諸国とアメリカ合衆国）とモンスーンアジア（東アジア・南アジア）の2地域に大きな変化が起こったことがわかる。

西欧では、1870年と1950年のGDP比の分布をみてもわかるように、ふたつの大戦（1914〜18、1939〜45）を通して、アメリカ合衆国のGDP比が急激に増加し、1950年には西欧諸国の合計を上回って世界一となった。この国の豊富な石油・石炭資源と工業製品の大量生産方式の発達に加え、ふたつの大戦で西欧各国と日本が経済的に疲弊したことが、アメリカのGDP比を急激に増やした主たる原因である。特に第二次世界大戦は、世界史的には欧米や日本の帝国主義国家が、東南アジアやアフリカなどの石油資源を求めて覇を争った戦争であったともいえる。この大戦をきっかけに、資源を「奪って発展する」先進国と「奪われて疲弊する」発展途上国という、「コインの裏表」（あるいは「光と影」）の構造ができたことになる。ただ、このコインの表裏の構造は、第二次世界大戦後に独立したモンスーンアジア諸国の、20世紀後半から21世紀にかけての経済発展で、大きく変化していくことになる。この節では、そのことにも触れていく。

石油エネルギーと「日本の奇跡」

図8―2の1950年時点のデータでもわかるように、第二次世界大戦終結直後のモンスーンアジア地域のGDPは、敗戦国となった日本を含め大きく落ち込んだ。しかし、この状況は1950年に朝鮮戦争が始まると、まず日本でこの戦争によるアメリカからの特需をきっかけに経済の回復が始まった。その後、1960年代には東京オリンピック特需や新幹線・高速道

路網の展開などの社会資本整備、1970年の大阪万博など、GDPで年平均10%を超える経済成長が続く。いわゆる高度経済成長時代で、1973年の「オイルショック（石油危機）」まで20年近く続いた。

このような日本の高度経済成長の要因は、①高い教育水準を持つ豊富な労働人口を活用した労働集約的産業がうまく機能したこと、②そのエネルギーとしての化石燃料（特に石油）を中近東から大量に輸入できたこと、③生産された工業製品を円安ドル高の有利な為替レートにより欧米諸国に大量に輸出できたこと、そして、④これらを推進するような経済・産業政策（「所得倍増計画」「全国総合開発計画〔全総〕」、「新全総」等）が継続的に取られたことである。

そもそもここに挙げたひとつめの要因は、明治維新以降、第二次大戦開始までの日本が、西欧列強に伍《ご》して工業化を推進できた重要な要因である。ただ内実的には、植民地を含む豊富な資源を持つ西欧列強諸国が重化学工業を推進してきたのに対し、日本はモンスーンアジア地域の自然資源と膨大な人口という地の利を生かして、繊維、紙パルプ、陶磁器、ガラス製品、石鹸《せっけん》など日用品の軽工業を中心に発展させた。世界経済の中での分業体制がうまく機能したことによる発展のひとつのパターンにすぎなかった(22)。

その日本が第二次大戦では、特に重化学工業を発展させるために、上述の第二の要因である、化石エネルギー資源を求めて他の帝国主義列強と戦ったわけであるが、それは大きな犠牲を伴って惨敗する結果になった。しかし戦後は、国際石油資本（いわゆる「石油メジャー」）によっ

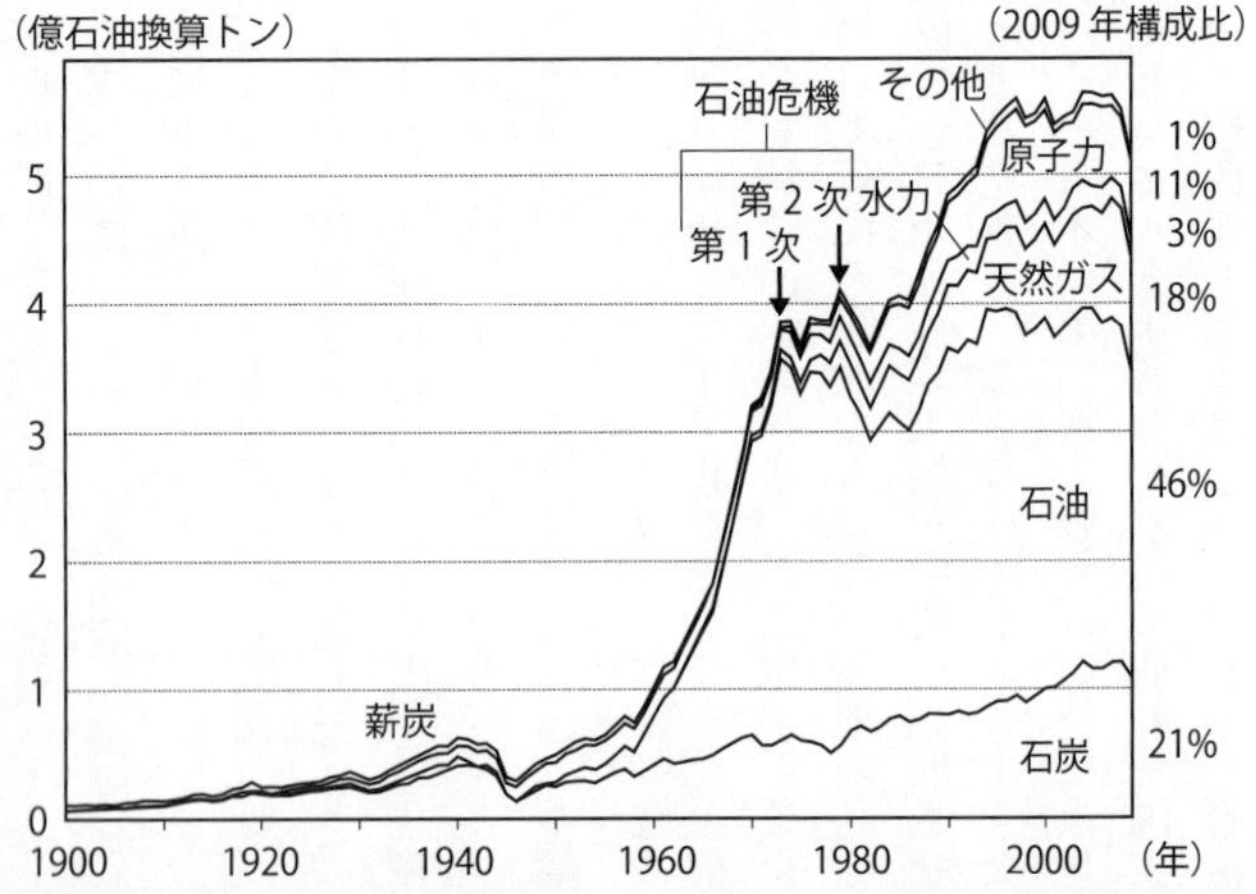

図８―４　日本の一次エネルギー供給の長期推移（1900～2009年）（『エネルギー経済統計要覧』2011）

て開発された中近東の安い石油を他のアジア諸国などに先駆けて大量に輸入しつつ、資源集約・節約型の技術革新を進めたことが、高度経済成長のもうひとつの要因となったといえる。実際、図８―４に示した日本の一次エネルギー供給量の推移は、１９６０年頃から第一次石油危機までのわずか十数年の高度経済成長期間に４倍も増加しており、その大部分が石油の輸入に依《よ》っていることもわかる。その供給量は、第二次大戦中の１９４０年前後に比べて、比較にならないほど大きかったことも、この図は示している。

「日本の奇跡」を担っていた古い精神風土

しかし、このような高度経済成長を担っていた多くの企業では、旧軍隊的な精神風土が根強く残っており、少なくともバブルがはじける前の１９８０年代頃までは、企業に「忠誠を尽くす」雰囲気の中で、ワーカホリックや過労死を多発させる一因にもなっていた。「知性の砦《とりで》」たるべき大学でも、明治以降の「国体思想」の残滓《ざんし》は、多くのスポーツサークル活動や、権力に立ち向かうはずの学生運動にすら一部残っていた。自然に向き合い、楽しむはずの山岳部やワンダーフォーゲル部でも、「軍隊的」上下関係を重んじる部が多くみられ、「しごき事件」が後を絶たなかった。上意下達が当たり前のように叩《たた》き込まれた学生は、そのまま「企業の戦士」となってしゃにむに働くことで高度成長を支えており、振り返れば、このような風潮も高度経済成長の最盛期と軌を一にしていたようである。

オイル・トライアングルによる「東アジアの奇跡」

１９７０年代後半までに、日本の貿易収支は産油国を除くほぼすべての貿易相手先に対し黒字となっていたが、これは世界貿易のパターンに大きな影響をおよぼすことになった。エネルギー源と原料としての石油の輸入で、１９７４年から１９８５年までの日本の対中東貿易赤字総額は50兆円に達したが、他方、主要欧米諸国（アメリカとEC諸国）に対する日本の貿易黒字は53兆円に達していた。これらふたつの地域間の貿易不均衡は非常に巨額であったため、国際的な懸念をよび、世界貿易の円滑な発展をはかるには、これを何らかの方法で解消しなければならなかった。その最も簡単な方法は、中東の黒字（オイルマネー）を欧米先進国へ移転するメカニズムの構築だった。日本、欧米と中東の石油産出国のあいだに、次にのべる「オイル・トライアングル」という貿易の決済メカニズムを構築することによって、この問題がうまく解決された[23]。

まず、アラブ諸国のオイルマネーはECおよびアメリカへ大量に流入することになったが、この流入資金の大きな源のひとつが日本の原油購入代金だった。第一次および第二次石油危機の前後に、このオイルマネーは第三世界にも大量に流出して、この地域の経済支援にもなっていた。いっぽうでこれらの中東諸国は1980年代に工業化に着手し、そのインフラ整備のための工業製品の輸入が必要であった。同時に、この地域は中東戦争などの政情不安で緊張が高まったため、武器や軍事関連物資が必要になっていた。これらの物資は、欧米諸国からその大部分を輸入することになり、欧米にとっても中東諸国による買い付けはありがたい状況であった。日本は、武器輸出(禁止)三原則により武器関連の製品輸出は法律で禁止されており、日本にとってもこのオイル・トライアングル貿易のメカニズムは好ましいものであった。日本は大量の対中東貿易赤字を、欧米先進諸国への工業製品の輸出によって補塡《ほてん》した。欧米諸国は、日本からの輸入超過による赤字を中東諸国への工業製品輸出と武器輸出で補塡するかたちになった。中東諸国は、欧米からの工業製品・武器輸入による赤字を日本への原油輸出の黒字で相殺した。この貿易決済メカニズムは、三者すべてが恩恵を受けるものであったといえる。1960年代から1980年頃まで続く日本の「高度経済成長」は、このような世界的な経済体制

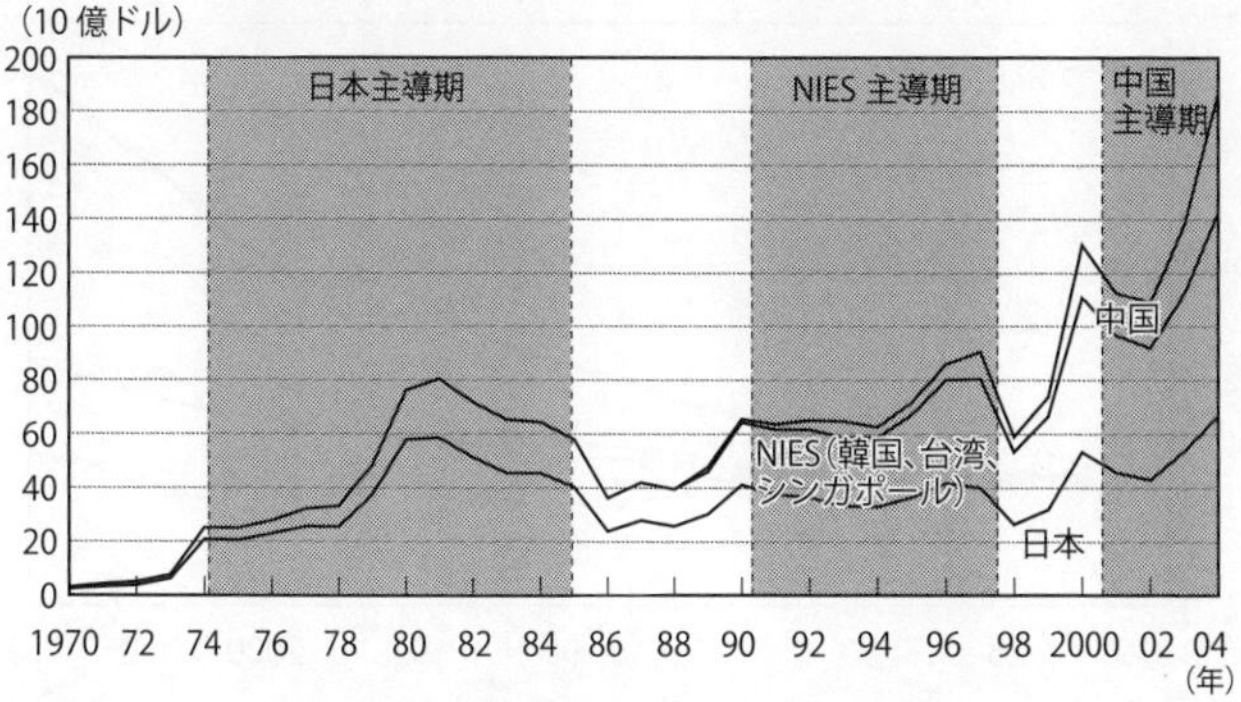

図8—5　東アジアの石油輸入額変化（1970～2004年）（杉原，2021）

の中で成り立っていた。

このオイル・トライアングルで日本が果たした役割は、1980年代後半からは、新興工業経済地域（NIES）とよばれる韓国・台湾・シンガポールが担うことになった。これら3国は、すでに1980年代から石油の輸入が増加していたが、特に1990年代には、日本の輸入量に比べてもかなり多くなった。NIES諸国は、日本と同様、天然資源は非常に乏しいが、比較的低賃金で質の高い競争力のある労働力を擁しており、オイル・トライアングルを担う東アジアの新たな国々として加わった。

21世紀に入ってからは中国がこの東アジアトライアングルを主導することになる。1978年に開始された改革開放政策により中国の石油消費量は徐々に増加し、1993年には原油の純輸入国となり、それ以降原油輸入量は急速に増加し、対欧米の貿易収支も大きく黒字となっている。図8—5には日本とNIES3ヵ国（韓国・

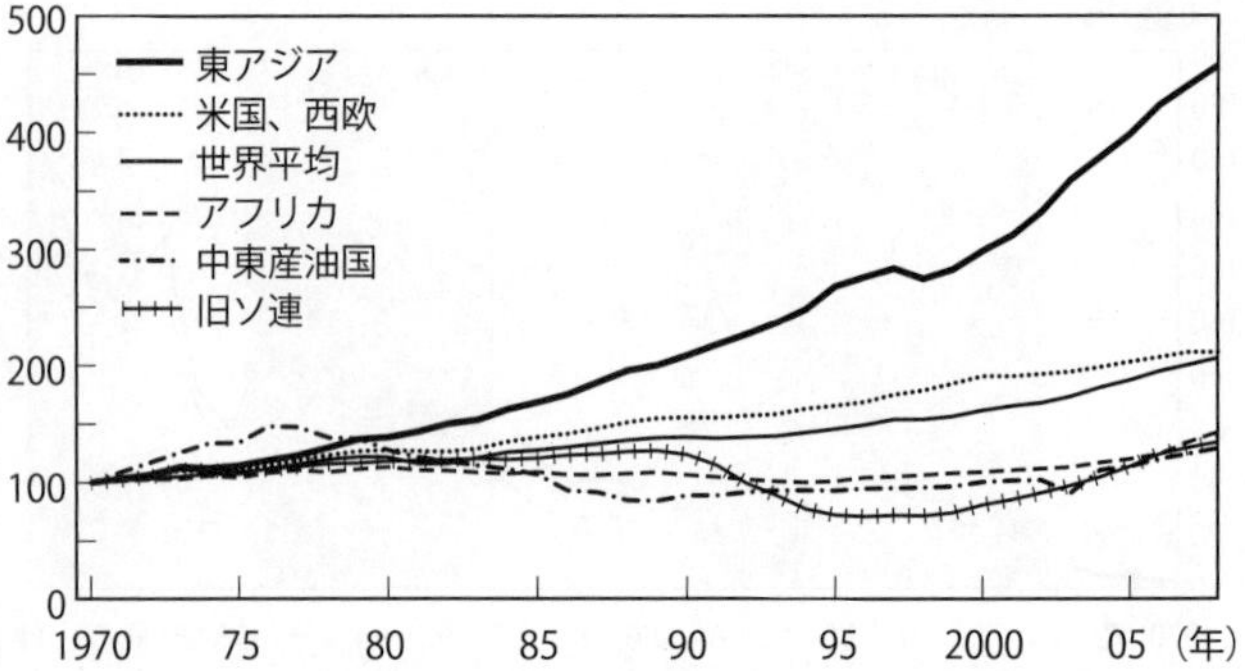

図8―6　世界の主要地域の1人あたりのGDPの変化（1970～2008年）　1970年を100とした割合（杉原，2021）

台湾・シンガポール）に中国を加えた5ヵ国の石油輸入額変化を示している。1970～80年代は日本主導期、1990年代はNIES3ヵ国主導期、そして21世紀に入ってからは貿易収支額の約半分を占める中国が主導するオイル・トライアングルが形成されたといえる。

このオイル・トライアングルの結果として、東アジアの1人あたりGDPは、世界のどの地域と比べても、飛躍的に増加していることが、図8―6に示されている。ここでの東アジアは、上述の5ヵ国に加え、香港とASEAN4ヵ国（インドネシア、タイ、フィリピン、マレーシア）を含んだ広域の東アジアとして示されている。これらの国々の経済構造も、基本的にはモンスーンアジアの特徴である労働集約型経済の強化により対欧米への工業製品の輸出を増加させているという点で、先に挙げたオイル・トライアングル各国と共通している。この図は1970年を基準（100%）とした値で示しているが、約40年後の2008年には、世界平均がほぼ2倍であるのに対し、この広域東アジアの1人あたりGDPは約4・5倍という大きな増加となっている。

ふしぎなことに、この間の世界経済の一次エネルギー源供給を担っていたはずの中東産油国は、アフリカや旧ソ連と同様、あまり変化なしという結果になっている。この地域の1人あたりGDPはほぼ石油関連収入に対応しているが、これらの国（地域）に蓄積されているはずの貿易黒字による所得は欧米金融市場を通じてどこかに消えてしまい、受益者は一部のエリート富裕層や富裕小国の国民に限られている。

いっぽうで、この図には示されていないが、モンスーンアジアの中のもうひとつの大国であるインドは、この期間、人口は6億から12億と約2倍に増加したが、1人あたりのGDPはほとんど変化していない。この「インドの停滞」については以下のように説明できる。独立後も崩れなかったカースト制度の中で、上級カーストが占める支配層が植民地時代の産業制度をそのまま引き継いでしまい、富の分配もこれら支配層に偏っていること。中印国境紛争やチベット問題のために、旧ソ連との連携・協力のもとに、国家社会主義的な重化学工業を優先する政策を維持したこと。そのため多人口のメリットを生かすような労働集約的な工業が犠牲にされたこと。これらにより、東アジアが進めた積極的な外資獲得の経済政策が打てなかったからである。(24)

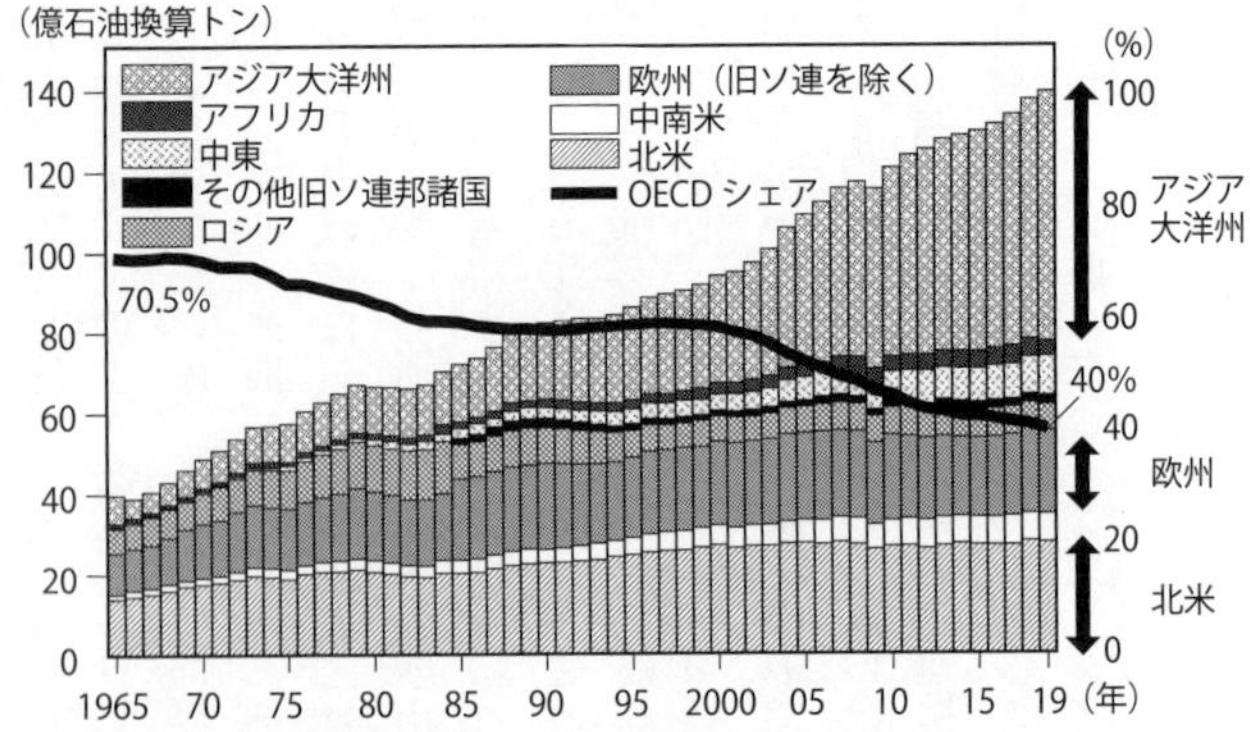

図８―７　世界のエネルギー消費量の推移（地域別、一次エネルギー）（資源エネルギー庁『エネルギー白書』2021年度版）

エネルギー消費量からみたモンスーンアジア

前項でみたオイル・トライアングルのプロセスで、東アジアは１９７０〜80年代にまず日本が、ついで１９９０年代にはＮＩＥＳ３ヵ国が、そして２０００年代に入って中国が急激な経済成長をとげ、１人あたりのＧＤＰも、図８―６で示されるように、ＡＳＥＡＮ主要国や香港を含めた広域の東アジアでみても、世界の他地域を大きく引き離すかたちで急増した。

この経済状況を世界全体で消費された一次エネルギー量の変化として表したのが図８―７である。アジア大洋州として示された部分の80%はモンスーンアジア地域が占めている。モンスーンアジア全体は、１９８０年頃から世界の他地域とは比較にならないほどの速度で急激に増加し、２０１９年には、世界の総エネルギー量の約40%を占めるに至っている。

その中でも際立っているのが中国の伸びで、現在は世界全体の約25％を占め、世界一のエネルギー消費国になっている。この図には（日本を含む）先進諸国の集まりであるＯＥＣＤ諸国が占める割合も示されているが、１９６０年代には70％程度を維持していたのが40％まで下がり、代わって現在は中国を中心とするモンスーンアジアが世界のエネルギー消費量の一大センターになっていることがわかる。

モンスーンアジアにおける一次エネルギー消費量は、石油に石炭と天然ガスを含む化石燃料が大きな部分を占めている。たとえば最近数年間の一次エネルギー全体に対する化石燃料の平均的な割合は、日本が80％程度（石油40％、石炭22％、天然ガス18％）に対し、中国では90％（石油20％、石炭65％、天然ガス５％）、インドでは70％（石油20％、石炭45％、天然ガス５％）だが、内訳をみると、中国とインドは自国でも採れる石炭の割合がかなり多い。インドでは薪炭や家畜の糞《ふん》などを利用したバイオ燃料が20％強を占めていることも注目に値する。ちなみにヨーロッパは、ＥＵ平均で化石燃料の割合は74％（石油32％、石炭18％、天然ガス24％）となっている。

化石燃料を代表する石油が、世界のどこから輸出され、どこで輸入されているかを示す貿易統計によると、図８―７で示されたモンスーンアジア地域の一次エネルギー消費量の増大は、世界の他の産出国からの輸入の増加に頼っている構図がよくわかる。すなわち、世界の経済活動の中心を北米、ＯＥＣＤ諸国を中心とした西ヨーロッパ、モンスーンアジアの３地域に分けたとき、北米は基本的に自国の化石燃料でエネルギーを賄っているが、西ヨーロッパとモンスーンアジアは他の地域からの輸入によって経済が成り立っている。特に日本、中国、インドを含むモンスーンアジアでは、石油は世界の総輸入量の56%、(液化)天然ガスは60%、石炭は実に73%に達している。(25)

ここで図8―1にもう一度戻って、産業革命前後(1700年と1820年)と現在(2015年)の西欧とモンスーンアジアを比較してみよう。それぞれの地域の人口比とGDP比の値は、このふたつの時期で非常に似た状況であることがわかる。ただし、その内容はまったく異なっている。

1820年前後の世界人口は約10億人、そのうち西欧には12%強の約1億人が住み、牧草地と農耕を合わせた混合型農業による生産がGDPの多くを占めていたが、農業を主に担っていたのは土地を持たない農業労働者であった。モンスーンアジアには約63%の6億人前後が住み、十分な労働力を豊かな水・土地・生態系に依存した水田稲作に使いつつほぼ自給自足の経済を回していたが、GDPは当時の世界の半分以上を占めていた。

現在は西欧もモンスーンアジア地域も、化石燃料を基本とした工業生産によるGDPが主であるが、西欧では6億人程度の人口で、技術革新が十分になされた工業により世界のGDPの30%近くを占めている。いっぽうモンスーンアジアでは、世界人口の半分強の約45億人が、世界で産出されている化石燃料の半分近くを消費して工業生産を行い、世界中に輸出して世界のGDPの約50%を稼ぐという構造になっている。

モンスーンアジアが良くも悪くもこのような産業構造を可能にしたのは、第6章でものべたように、稲作農業の長い歴史の中で、「勤勉革命」などを通して労働集約型産業が可能となる膨大な労働人口を抱えてきたからであり、単に人口が多いからモンスーンアジア型の近代的産業が成立できたわけではない。しかし、20世紀末からの化石資源の大量消費による世界の「人新世」化に、モンスーンアジアは大きな役割を果たしてしまっている。第9章では、この問題にさらに焦点をあてて議論を進めたい。

第9章　「人新世」を創り出したモンスーンアジア

この章では、化石資源依存型のグローバル資本主義経済が、20世紀後半以降、日本をはじめとしたモンスーンアジア諸国を急成長させたことで、どのように地球生命圏の限界を創り出したのか、世界の約55％の人口を抱えるこの地域へのインパクトも含めて、概観する。

1　モンスーンアジアは地球環境問題のホットスポット

二酸化炭素増加のホットスポット

現在、二酸化炭素（CO_2）などの温室効果ガス増加による「地球温暖化」と、その環境や生態系への影響が地球規模での大きな環境問題となっている。図9―1は1850年以降の地球の平均気温と大気中の CO_2 濃度の変化を示している。気温は1900年頃から上昇傾向となり、特に1970年頃からの上昇が大きい。大気中の CO_2 濃度は、産業革命が開始され、燃料として石炭などが使われはじめた１８５０年頃から次第に上昇し、第二次世界大戦以降の１９６０年代から急増している。「気候変動に関する政府間パネル（ＩＰＣＣ）」の最近の報告[1]は、全球的な気温上昇は、CO_2を中心とする温室効果ガス増加によることは疑いないと結論づけている。

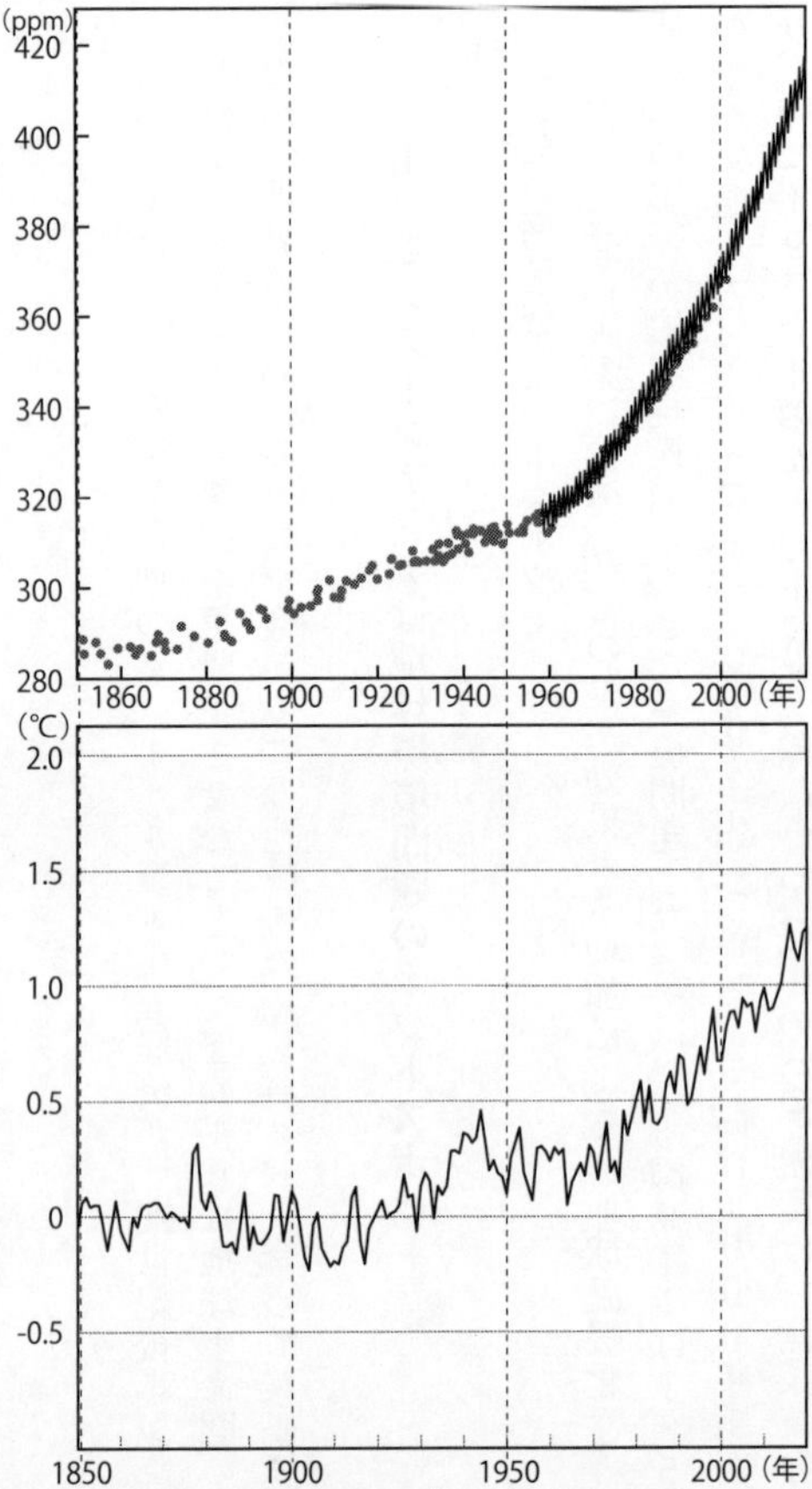

図９―１　（上）1850年以降の大気の CO_2濃度変化　丸は南極氷床コアサンプルによる推定値、実線は実測値。**（下）地球表面の気温変化**　実線は観測された世界平均気温の変化。1850〜1900年の値を基準とした偏差で示す（IPCC, 2021）

人類の生産活動は、第二次大戦後から現在に至るまで、右肩上がりに急激に増大しており、人口増加とGDP拡大や図8―7に示したエネルギー消費量増加などに関連し、地球温暖化だけでなく、大気汚染物質の増加、海洋や湖沼、河川などの水圏の汚染、生物圏における絶滅種の増加など、地球環境の多くの指標が、同時並行的に、かつ連動して悪化している。すなわち、地球の環境は、氷期以降1万年以上続いた完新世の比較的安定していた自然の状態が、産業革命以降、特にグローバル化した資本主義経済の下で2世紀足らずの短期間に、極めて悪い方向に変化してしまっている。地球表層はもはや「完新世」ではなく、人類が作り変えた「人新世(人類世):Anthropocene」というべき時代になったとも指摘されている(2)。人新世では、人類の現在の活動がそのまま続けば、人類自らも含む地球生命圏の存続が危うくなる「地球の限界(プラネタリー・バウンダリー)」という臨界点を超えてしまう可能性も示唆されている(3)。

ここで、世界のCO_2排出量の変化(図9―2)をみてみよう。CO_2総排出量は、化石燃料が基本となっている現在の世界の経済活動では、当然のことながら一次エネルギー消費量(図8―7)と密接に関係している。1950年頃から急激に増加しているが、最近の地域別排出量では、アメリカやEU諸国を超えて、中国、インド、日本を含むモンスーンアジアが実に60%近くを占めている。

モンスーンアジアの一次エネルギー消費量が世界全体の40%であるのに対し、CO_2排出量が60%近いということは、CO_2排出量の多い石炭を中心としたエネルギーであることや、日本や

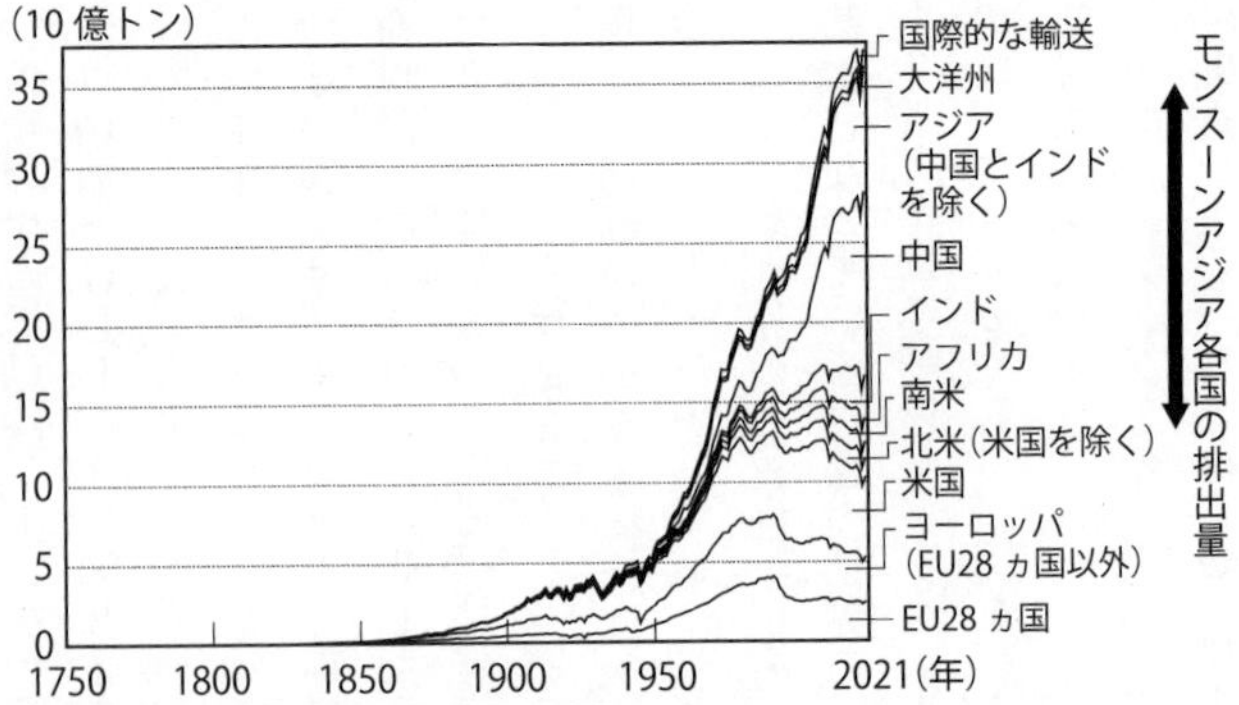

図９—２　世界の CO_2 排出量変化（1750～2021年）（Hannah Ritchie, Max Roser and Pablo Rosado (2020) - "CO_2 and Greenhouse Gas Emissions". Published online at OurWorldInData.org. Retrieved from: 'https://ourworldindata.org/co2-and-greenhouse-gas-emissions' [Online Resource]）

韓国を除くと、一次エネルギー源から電力や工業製品を製造する過程のエネルギー利用効率が、ＥＵ諸国等と比較してまだ低いことが関係している。

モンスーンアジアの主だった国ごとの１９７１年以降の CO_2 排出量変化をみると、中国の排出量がその増加率も含め際立っており、日本、韓国、インドが続いている。量的には中国、日本、韓国などと比較するとはるかに少ないとはいえ、台湾やインドネシア、タイ、フィリピンなどのＡＳＥＡＮ諸国も、CO_2 排出量の増加率は大きくなっている。世界の他の地域に比べて、アジアモンスーン地域は全体として着実な経済発展をしている反面、それにより世界全体の CO_2 排出量増加の大きな要因ともなっているのである。地球温暖化が環境変化の最も大きな要因であることを考えると、20世紀後半以降に現実的となった「人新世」を創り出したのは、日本を皮切りとして、韓国・台湾・シンガポールのNIES諸国、そして中国およびASEAN諸国と引き続く、モンスーンアジア地域の継続的な高度経済成長とそれに伴うCO_2排出量の急激な増加であるといっても過言ではない。

巨大都市が集中するモンスーンアジア

モンスーンアジアは世界の約55％の人口を占めているが、表9―1に示すように、もうひとつの大きな特徴は、世界全体で38ある巨大都市（人口1000万人以上の都市）のうち、22都市（58％）がこの地域に集中していることである。世界最大の巨大都市は東京（東京―横浜圏）（3850万人）、2番目がジャカルタ（3440万人）である。2000万人以上の巨大都市に限ると、世界で11都市のうち、8都市がモンスーンアジア地域にある。その大部分は、西欧の植民地化が始まる前の16～17世紀頃からの旧王国・王朝時代の首都や商工業の中心都市であり、植民地時代も含め、この地域の近代化にも重要な役割を果たしてきた都市ばかりである。

アジア地域においては経済が成長すれば都市化が進み、都市化による「集積の経済」のメリットによってさらに生産性が向上し経済成長すると考えられている。第二次大戦直後の1950年にはアジアの人口は約15億人、都市化率（総人口に対する都市人口の割合）は17％程度（都市人口は2・5億人程度）であったが、2020年には人口約45億人、都市化率は50％弱（都市人口は22億人）に上昇し、世界平均の約55％に近くなっている。欧米や中南米の都市化率70～

表9—1　世界の都市圏人口（1000万人以上） 38都市中、22都市をモンスーンアジアが占めている（Demographia, 2019）

	都市的地域	人口（100万人）
1	東京—横浜（日本）	38.5
2	ジャカルタ（インドネシア）	34.4
3	デリー（インド）	28.1
4	マニラ（フィリピン）	25.1
5	ソウル—仁川（韓国）	24.3
6	ムンバイ（インド）	23.6
7	上海（中国）	22.1
8	ニューヨーク（アメリカ合衆国）	21.0
9	サンパウロ（ブラジル）	20.9
10	メキシコシティ（メキシコ）	20.4
11	広州—仏山（中国）	20.1
12	北京（中国）	19.4
13	ダッカ（バングラデシュ）	18.6
14	大阪—神戸—京都（日本）	17.2
15	カイロ（エジプト）	16.9
16	モスクワ（ロシア）	16.6
17	バンコク（タイ）	16.0
18	ロサンゼルス—リバーサイド（アメリカ合衆国）	15.4
19	コルカタ（インド）	15.2
20	ブエノスアイレス（アルゼンチン）	15.1
21	ラゴス（ナイジェリア）	14.6
22	テヘラン（イラン）	14.4
23	イスタンブール（トルコ）	13.9
24	カラチ（パキスタン）	13.5
25	深圳（中国）	13.2
26	天津（中国）	13.0
27	キンシャサ（コンゴ民主共和国）	13.0
28	成都（中国）	12.2
29	リオデジャネイロ（ブラジル）	12.1
30	ラホール（パキスタン）	11.5
31	リマ（ペルー）	11.5
32	ベンガルール（インド）	11.3
33	パリ（フランス）	11.0
34	ホーチミン（ベトナム）	11.0
35	ロンドン（イギリス）	10.8
36	ボゴタ（コロンビア）	10.7
37	チェンナイ（インド）	10.6
38	名古屋（日本）	10.2

90%に比べるとまだ小さいが、人口のシェアの大きさを考慮すると、世界の都市人口（40億人）の半分強がモンスーンアジアの都市で生活していることになる。

都市化の様相も、巨大都市から小規模都市まで多様な構造を呈している。さらに重要なことは、都市の数が増えるわけではなく、増加する人口は現在存在している都市部で吸収されていることである。すなわち、既存都市において高密度化と無秩序・無計画な拡散（スプロール）が同時に発生し、都市行政はインフラの整備をはじめとする大きな課題に直面している。モンスーンアジアにある22の巨大都市はこの地域の都市人口の約15％を占める程度であるが、それぞれの国および地域の経済活動に大きく寄与し、高等教育機関や研究所などの知的センターも集積しており、国の創造性の推進に大きな役割を果たしている。いっぽうで、これらの巨大都市と地方都市や農山村との貧富の格差は大きい。また、巨大都市化とともに都市スラムも拡大し、大気・水環境の汚染も深刻化して住民の健康にも大きく影響している[4]。

広域大気汚染と「日傘効果」

経済発展と巨大都市化の進行に伴って、モンスーンアジアの都市環境の悪化も深刻な問題となっている。安全な水の供給不足や水汚染は、雨季や台風・サイクロン襲来による洪水時には、感染症の発生などを伴うことがある。自動車の急激な増加による慢性的な交通渋滞とそれに伴う大気汚染も大問題となっている。近年はPM2・5とよばれる2・5マイクロメートル以下の微粒子エアロゾルによる大気汚染も悪化しており、呼吸器疾患などの健康被害も急激に増加している。エアロゾルは農地の野焼きなどによっても排出される。

中国やインドの巨大都市に行ったことのある人は、スモッグ状態で見通しが悪く、晴れていても太陽がぼんやりと霞《かす》んでいるか、ひどいときにはまったく視界がきかないという体験をしているはずである。大気汚染は、大気の循環と拡散によって、より広域の汚染問題となり、モンスーンアジア全域やさらにグローバルな大気環境問題になっている。図9―3は、エアロゾ

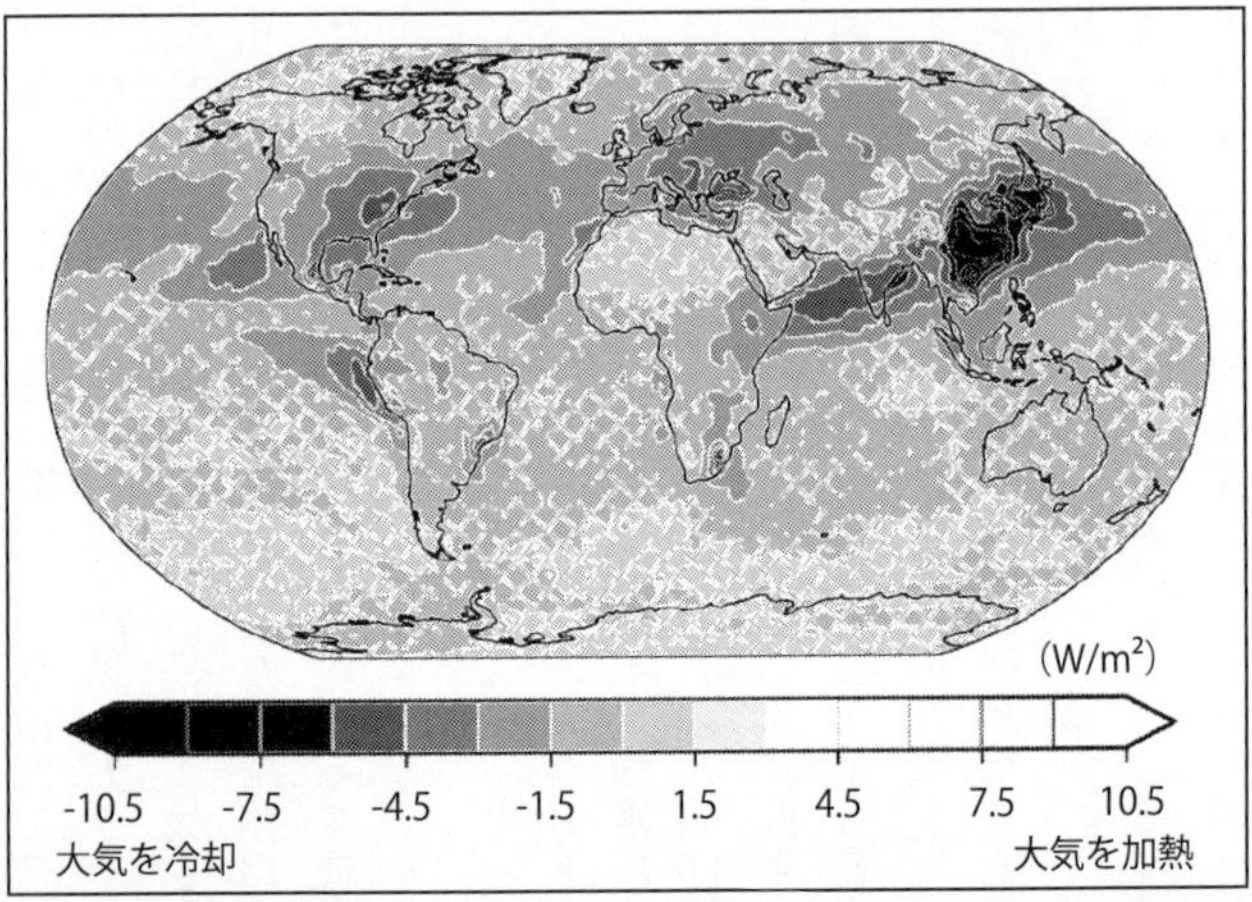

図9—3　大気中のエアロゾルによる大気中の放射収支の変化（1995～2014年平均と1850年の値との差）　正（負）は正味で大気を加熱（冷却）する方向で変化した値。×印の地域は変化がないか顕著でない地域を示す（IPCC, 2021）

ルによる近年20年間（1995～2014年）の大気汚染の気候影響を示している。汚染の少なかった19世紀半ば（1850年）に比べて、どの程度大気の放射収支を変化させ、結果として地表面の加熱・冷却にどの程度影響しているかを地球全体で示した分布図である[5]。特に中国・東南アジア・インド亜大陸からアラビア海にわたるモンスーンアジア全域の大気汚染は、北米やヨーロッパ地域と比べても、太陽光を反射して地表面の放射収支をマイナスの方向に大きく変え、地表面を冷却する方向に働いていることがわかる。大気中のエアロゾルが太陽光を反射して地表面の加熱を抑制する効果は「日傘効果」とよばれ、「温室効果」とは反対に地表面と大気下層を冷却する方向で働いている。

「水に流す」思想——モンスーン自然観の負の側面か？

「水に流す」という言い方がある。何か問題やトラブルがあっても、すべて忘れてなかったことにしよう。このような意味であろうか。水を用いたこのような言い方は、ヨーロッパにはないようである。豊かな水が河川となって勢いよく流れる雨の後の日本の川では、何でも流れていってしまい、その場には何も残らない。このような比喩は、活発な水循環による河川の自浄作用があってこそ、成り立つ。明治になってお雇い外国人として来日したヨーロッパの河川技師が、日本の川をみて「これは川ではない。滝だ！」と言ったという。モンスーンによる多雨と急峻な山岳地形による急流があってこそ、「水に流す」という言い方、考え方が生まれたのではないか。

1960年代からの高度経済成長期は、同時に水俣病《みなまたびょう》や四日市《よっかいち》喘息《ぜんそく》などの深刻な「公害」が全国で多発した時代であった。もちろんこれは、経済成長優先の思想のもと、西欧近代化の技術の部分のみを切り取った生産体制と企業利益を優先する経営体質に起因している。ただ、活発な水循環を含め、復元再生が容易な生態系環境に生きてきた日本人の自然観の深層のどこかに、自然は「水に流す」ことでもとに戻せる、という考え方があったのではないだろうか。本来、「水に流す」ことでは除去できない汚染物質も、昔から川で洗濯してきたように、平気であるいは何となく水や大気へ垂れ流してしまう。日本と同様の公害や環境汚染は、その後、広くモンスーンアジアの国々に広がっているが、「水に流せる」河川や「草木深し」(第6章3節参照)の生態系からなるモンスーンの圧倒的に強い自然は、人間の自然への働きかけにおける「甘さ」にもつながっているのではないか。良くも悪くも巨大な自然の力に圧倒されてきたモンスーンアジアでは、逆に自然に対して、少々の手を入れてもどうということはない、何とかなるという刷り込まれた思い込みが、ある意味では公害や環境破壊を放置し促進させてきたのではないか。実はそのモンスーンの巨大な大気と水の循環をも、現在、人間の活動が変えつつある。

2 「地球温暖化」と「広域大気汚染」はアジアモンスーン気候にどう影響しているか?

グローバルな影響とローカルな影響

モンスーンアジアでの経済活動が「人新世」を特徴づける「地球温暖化」と「広域大気汚染」を引き起こしていることは前節でのべた。では、このような地球環境変化は、アジアモンスーンの気候そのものにどのように影響してきたのか。あるいは今後どう影響していくのだろうか。

地球温暖化は、陸域も海洋も含めて、CO_2などの温室効果ガス増加によって熱が地球外に逃げにくくなり、地表面の加熱が地球全体で強まっていく現象である。いっぽうアジアモンスーンは、ユーラシア大陸と周りの海洋（特に熱帯インド洋と西部熱帯太平洋）のあいだの太陽光による加熱の差が、地表面温度の差、ひいては気圧の差を形成することによって起こる現象である（第3章参照）。したがって、問題のひとつは、温室効果ガスによる地表面の加熱への影響が、アジアの大陸上と周りの海洋上でどのように異なって現れるかということになる。これには、地球表面の70%を占め熱容量も陸地表面より大きい海洋での加熱が、陸地よりもゆっくりと起こるという時間スケールのちがいが引き起こす問題も入ってくる。いっぽうで、図9—3に示したようなエアロゾル増加による広域大気汚染の悪化は、海陸にまたがるアジアモンスーン地域の地表面付近の大気を冷却する方向に働くが、この効果は乾季には強いが、雨季には降水によりエアロゾルがある程度洗い流されるために弱くなるという季節性もある。

アジアモンスーンの変化には、第3章7節でも議論したように、地域的な地表面状態や大気環境も重要な要因となる。温室効果ガスの増加やエアロゾルの増加が、チベット高原を含む大陸上の積雪域や土壌水分などを変化させ、春から夏のはじめ頃にかけての陸地の暖まり方に影響すると、大陸・海洋間の季節的な温度差が変わってきて、モンスーンの風・雨の分布や強さも変化する。

地球温暖化のモンスーンへの影響でもうひとつ重要な要素が、地表面（特に海面）の温度上昇に伴う水蒸気量の変化である。大気下層の水蒸気は、雲や雨をもたらす源そのものであると同時に、その潜熱は大気加熱の程度や分布に大きく関わっている。水蒸気量の変化は、モンスーンの流れ（大気循環）を変えることにより、その降水の強度と量も変化させる可能性がある。

地球温暖化と広域大気汚染がアジアモンスーンの大気循環や降水量に結果的にどう影響するかは、このように大変複雑でやっかいな問題であることを、まず念頭に置いておく必要がある。この問題は、人間社会や生態系への影響も含めて、気候科学者にとって大きな挑戦的課題であり、この数十年間、世界中で非常に多くの研究が進められている。幸い、人工衛星などによる全球的な観測データの蓄積とスーパーコンピュータによる気候モデルの進展により、より精度の高いモンスーン予測が可能になりつつある。[6] 以下に、最新のIPCC報告[7]などにもとづき、この問題がどの程度明らかになり、何が今後に残された課題かなどについて、まとめてみる。

インド（南アジア）モンスーンへの影響

まず地球温暖化や広域大気汚染（図9―3参照）がモンスーン気候にどう影響するかを、約14億人の大人口を抱えるインド（あるいは南アジア）のモンスーンの変化で考えてみよう。北インドを中心とする大気汚染がインドモンスーンに与える影響は、やや複雑である。モンスーン（雨季）の最盛期には、雨によって大気汚染物質の多くは流されてしまい、大気汚染はむしろ緩和されるが、いっぽうでエアロゾルは雲粒を作る核にもなりうるため、汚染物質の種類や量によって雲の種類や雲の発達に異なった影響を与える可能性がある。[8] たとえば北インドの大気汚染は、日傘効果によりインド亜大陸の陸地の加熱を弱め、インド洋との温度差を小さくして、インドモンスーンを弱くする可能性がある。実際、インドモンスーン降水量は、20世紀後半から21世紀初頭にかけて減少傾向にあったが、これは、図９―３にみられるアジアモンスーン域全体でのエアロゾル増加によって、陸上の大気加熱が周囲の海洋上に比べて相対的に抑えられたことが主な要因となっている可能性が高い[9]。

ただし、今後21世紀末に向けて、CO_2などの温室効果ガスが増加すれば、陸上の地表面加熱がエアロゾル増加による冷却効果を上回り、赤道インド洋との南北の温度差が大きくなってモンスーン循環が強化される。さらに大気中の水蒸気量の増加によって陸上での対流活動が強化され、インド亜大陸域での降水量が増加するとＩＰＣＣは予測している[10]。広域大気汚染抑制への今後の努力次第では、モンスーンをさらに活発化させると考えられる。

東アジアモンスーンと梅雨前線への影響

次に日本を含む東アジアのモンスーンに地球温暖化が与える影響をみてみよう。まず、インドと同様、14億人強の人口を抱える中国では、20世紀後半以降の降水量変化の地域的傾向は、やや複雑であるが、全体として中・北部（淮《わい》河《が》流域以北）は減少傾向、南部（長江流域以南）は増加傾向を示している[11]。中国南部での降水量の増加傾向は、梅雨前線に吹き込む南からのモンスーンが、温暖化の影響でより水蒸気量が多い湿った気流になっていることが要因である。

中・北部での顕著な減少傾向は、図9―3に示されるように、中国大陸上での大気汚染による地表面付近の大気の冷却（および対流圏中層の加熱）が大気の安定化をもたらし、インドと同様のメカニズムで降水量減少につながっていることが、気候モデルによる要因分析で強く示唆されている。

温室効果ガスの増加は、熱帯の海面水温を上昇させ、第2章でのべたENSOなどの大気海洋相互作用の状況を変化させて、さらにテレコネクションにより亜熱帯高気圧や偏西風の蛇行パターンなどにも影響する。先にのべた南アジアモンスーンの変化に伴い、梅雨前線に水蒸気を運んでくる南西モンスーン気流も変化する。加えて、温室効果ガスの増加はユーラシア大陸上の陸面温度や積雪・土壌水分の状態も変えて、偏西風循環に影響する。これらが複合的に作用して、地球温暖化による東アジアモンスーンへの影響として現れることになる。

日本付近での梅雨への影響はどうであろうか。梅雨前線は、熱帯の南アジア（インド）モンスーン、小笠原（太平洋）高気圧（海洋性亜熱帯気団）とチベット高原北側の大陸性気団のせめぎあい（図3―3参照）で決まっている。大陸性気団は大陸東側の冷たいオホーツク海の影響も受けて中緯度偏西風が蛇行しオホーツク高気圧を形成し、東北日本に冷たい「やませ」を吹かせることになる（第4章3節参照）。

図9―4は、梅雨期の5月末～8月中旬の西日本・東日本の旬（10日）ごとの降水量について、過去120年間の長期傾向を調べたものである。[12] 20世紀前半の50年平均（破線）と21世紀

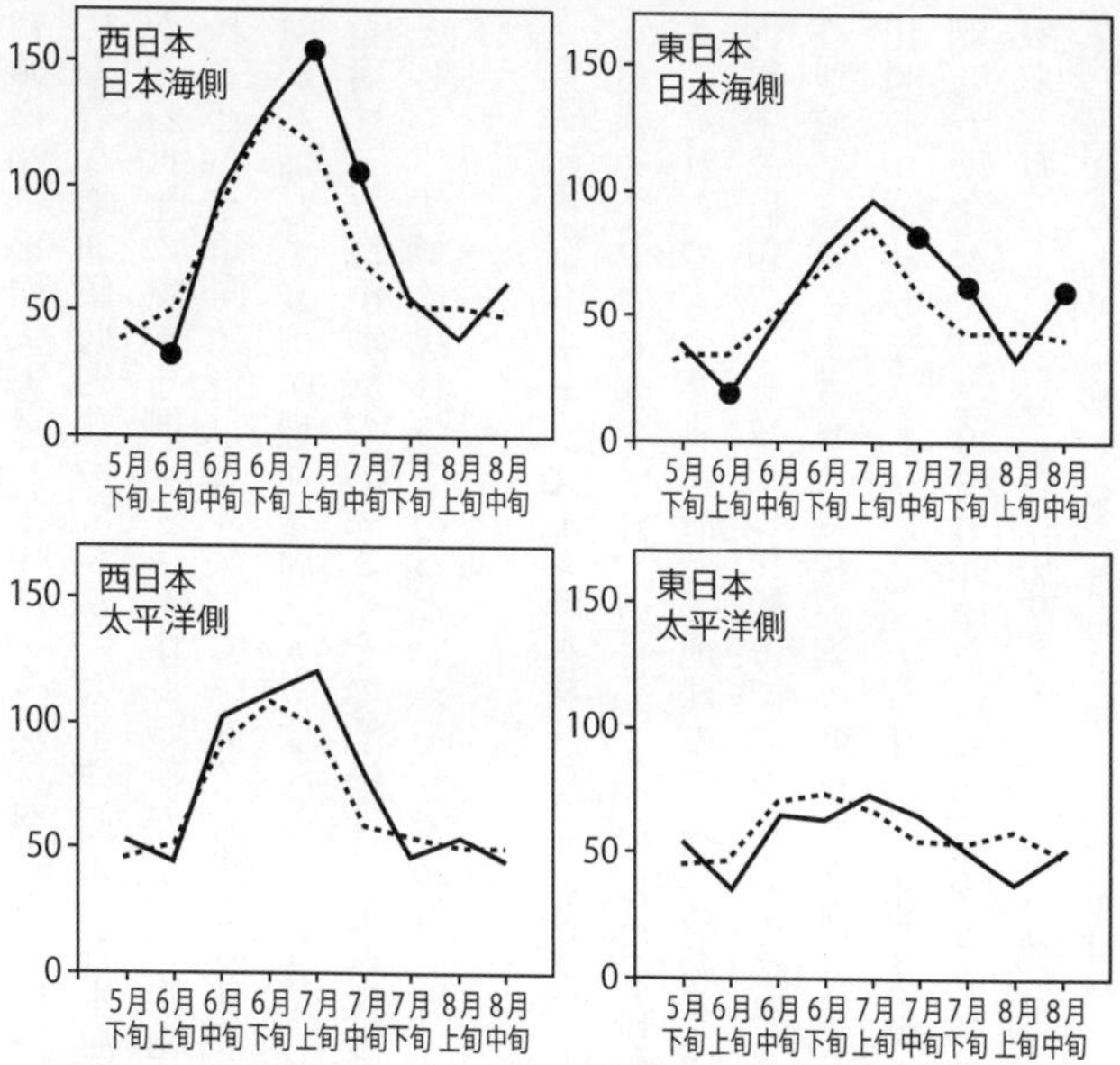

図９－４　梅雨期における地域平均の旬合計降水量（単位：mm）の季節推移の変化　５月下旬から８月中旬までを旬ごとに示す。破線は20世紀前半（1901～1950年平均）、実線は21世紀初頭（2001～2020年平均）。ふたつの期間の旬ごとの平均値の差の検定（t 検定）で、20世紀前半に比べ、21世紀初頭が有意（信頼度90% 以上）に変化した旬は、丸でプロットしている（遠藤，2021）

初頭の20年平均（実線）を比較すると、西日本の梅雨中期（7月上旬）や末期（7月中旬）に特に顕著な増加傾向となっており、太平洋側より日本海側ではっきりしている。これは、いくつかの21世紀の気候予測シミュレーション[13]が示す、梅雨前線の降水量は増加し季節的な北上は遅れるという傾向と整合的になっている。前線での降水が強化されていることは、温暖化で水蒸気が増加して豪雨が増加傾向にあるというモンスーン地域全体の傾向（第9章3節参照）とも符合する。梅雨前線の活発さやその季節性・地域性の変化は、地球温暖化のより地域的な影響として、すでに現れつつあるといえそうである。

今世紀末のアジアモンスーン降水量はどうなるか？

最新のＩＰＣＣ報告[14]では、21世紀末までのCO_2排出量変化のいくつかのシナリオを想定して、それらのシナリオに沿って地球の気候全体がどのように変化していくかを予測している。世界中の信頼できる数十の気候モデルを用いてそれらの結果を統計的に評価し、地球全体および地域ごとのさまざまな気候要素の変化を予測している。図9―5(上)には、代表的な5つの排出量シナリオが示されている。たとえば、SSP1-1.9というシナリオは排出量を最も厳しく規制したケースで、２０６０年頃には排出量をゼロに抑え、その後も（すなわち何らかのCO_2の吸収を行う）マイナスの排出量をめざす。パリ協定で21世紀末に全球平均地表気温を１・５～２℃程度の上昇に抑えることを目標にした場合のシナリオにほぼ対応する。SSP5-8.5は排出

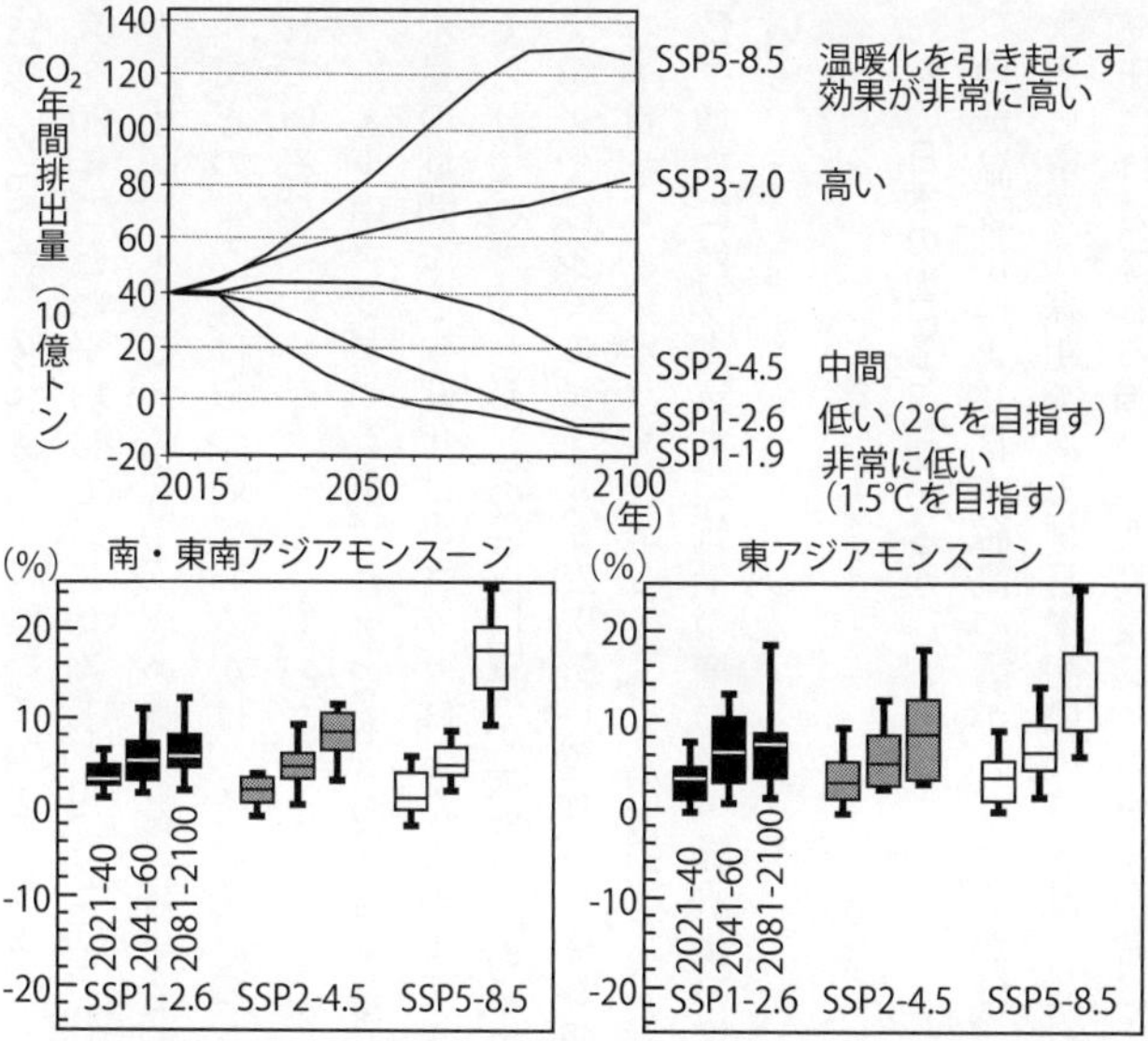

図９―５　（上）IPCC 第６次報告書で使われた CO_2 排出量の５つのシナリオ、（下）３つのシナリオ（SSP1-2.6、SSP2-4.5、SSP5-8.5）にもとづく南・東南アジアモンスーンと東アジアモンスーン降水量の将来の３つの期間における変化 (IPCC, 2021)

量が現在からさらに増加し、２０８０年頃にようやく頭打ちになるという、ほとんど規制をしない「最悪」のシナリオである。SSP2-4.5は排出量のゆるい規制は行うが、21世紀末（２１００年）になっても排出量はゼロになっていないという、上述のふたつの極端な想定のあいだに位置する中間的なシナリオである。

図９―５(下)には、上記３つのシナリオにもとづく、南・東南アジアモンスーンと東アジアモンスーンの将来の降水量予測が示されている。ここでは、３つのシナリオ（SSP1

-2.6、SSP2-4.5、SSP5-8.5）について24の気候モデルでシミュレーションを行い、各モデルの結果を20年ごとに平均して（2021～40、2041～60、2081～2100）、シナリオ開始前の20年間（1995～2014）の降水量に対する割合（%）で示している。予測値が24のモデルでどのようにばらついているかは、それぞれのシナリオに、時期ごとに「箱ひげ図」で示されている。

南・東南アジアでも東アジアでも、CO_2排出量が最も抑えられたSSP1-2.6では20年平均降水量の期間ごとの変化は小さく、ほとんどのモデルの結果が2100年頃でも数%の増加に抑えられている。しかしCO_2排出量が大きいSSP5-8.5では、21世紀最後の20年間に、南・東南アジアでは多くのモデルが20%近い増加、東アジアでも10%以上の増加となっている。これらの予測を、モデルごとにモンスーンの循環や水蒸気輸送などについて詳しく分析した結果、CO_2増加に伴う大気水蒸気量の増加が、降水量の増加に最も大きく関与していると結論づけている。[15]

冬の日本の雪はどう変わるか

地球温暖化により日本海側の雪がどうなるかは、日本の水資源、農業、経済などへの影響も含め、重要な課題である。日本海側の豪雪は、シベリア高気圧と北太平洋のアリューシャン低気圧にはさまれる強い「西高東低」の気圧配置によってもたらされている。1980年代後半から日本海側の積雪は減少傾向が続いているが、多雪年と少雪年の気圧配置を比較すると、特にアリューシャン低気圧が弱まるか、より極域にシフトすることにより、日本列島付近の「西高東低」の気圧配置が弱くなっている年に雪が少ない。

温室効果ガスの増加による「地球温暖化」が日本列島での積雪変化に与える影響を調べた最近の研究でも、[16]アリューシャン低気圧の中心が極側にシフトすることにより、「西高東低」の気圧配置が弱くなり日本海側の雪は減少することが示されているが、低気圧活動の中心がやや高緯度側に移動することで、北海道ではむしろ降雪量は増加する可能性を指摘している。

しかし、現在でも日本海側の降雪は、雪になるか雨になるかぎりぎりの気温条件で降っているため、図4―4に示したように、日本海沿岸平野部での降水は、温暖化で少しでも気温が高くなれば、雪より雨になる確率が極めて高くなる。ただ、列島内部の中部山岳の山沿い地域や山の上では標高が高く気温が十分に低いので、やはり雪となって降る確率が高く、現在と同等かそれ以上の積雪になる冬もありうるという予測になっている。[17]その場合、冬の終わりから春先の気温は高めになるため、山岳地域での積雪は現在以上に短期間で融け、雪崩や融雪洪水などを引き起こすリスクも高くなると予想される。

3　水災害の増加と甚大化

地球温暖化は豪雨の頻度を高める

このまま温室効果ガスの増加が続くと、海洋上の水蒸気量が増加することにより、夏のアジアモンスーンの降水量が増加していく可能性が非常に高いことはすでにのべた。ここでは、モンスーンに伴う季節的な降水量が増加するだけでなく、大雨・豪雨の頻度も増えていることを示し、水災害のリスクが高まっていることをのべる。

図9―6は、気温が全球平均で20世紀後半より1～4℃上昇したとき、年間の日降水量の最大値が、アジアモンスーンの地域ごとにどの程度変化していくかの予測を箱ひげ図で示したものである。10年に1回（左側・黒）、50年に1回（右側・白）と言われるような大雨（日降水量極値）の頻度が、温暖化でどの程度変わるかを、箱ひげ図として示している。どの地域でも上昇温度が大きいほど、どちらの極値もその頻度が増加しており、その増加の割合は、50年に1回しか出現しないような大雨のほうが大きくなっている。平均気温が4℃上昇した地球全体では、温暖化前の4～5倍前後（10年に1回の極値は2～3倍前後）と多くなっていることがわかる。特に東南アジアでは6～8倍以上と、頻度が非常に高くなっている。言いかえれば、温暖化前は50年に1回程度しか出現しなかったような豪雨が、4℃温暖化した東南アジアでは数年

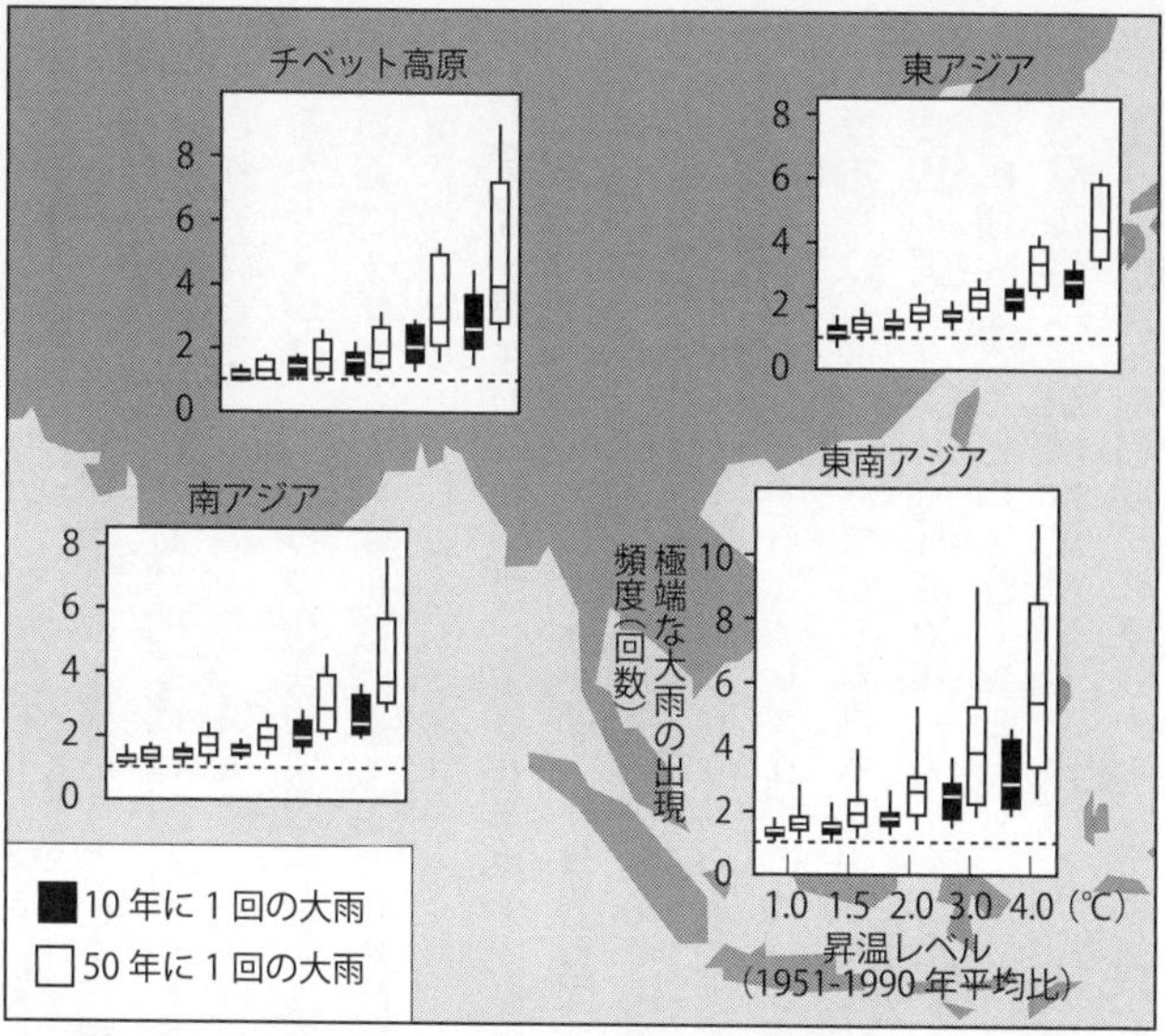

図9—6 10年に1回、50年に1回という極端な大雨(日降水量)の頻度の、温暖化(1℃、1.5℃、2℃、3℃、4℃)による増加 (IPCC, 2021)

に1回程度は出現するようになるということである。

アジアモンスーン地域で最大日降水量をもたらす雨は、モンスーンに伴う低気圧や熱帯低気圧(台風やサイクロン)、あるいは梅雨前線に伴う数十~数百㎜以上の集中豪雨であり、そのような豪雨に伴う洪水や水災害の頻度が地球温暖化とともに非常に高くなることを意味している。

モンスーンアジアは水災害のホットスポット

豪雨が頻発しても、人がいなければ災害にはならない。災害とは、自然的要因と人間社会の要因が重なって起こる。災害のリスクが発生するのは、豪雨や地震などのハザードとして発生する自然的要因に対し、人間や建物、都市構造などがどの程度さらされるかという社会的要因、さらにそれらの社会的要因が、自然的要因に対しどの程度強靭なかたちになっているかという程度が加味されて決まる。したがって、災害のリスクに対する「防災」の備えが十分なかたちになっているかどうかは、これらの社会的要因にかかっている。すでにのべてきた地球温暖化による豪雨の強さや頻度などの変化は、あくまで自然的要因（ハザード）の程度の変化のみであることに留意してほしい。

たとえば、現在の気候下で、100年に1回程度引き起こされるという洪水（ハザード）で、どの程度の人口が影響を受けるかは、社会的要因で大きく変わる。1970年には、モンスーンアジア全体ではその時点で洪水を受けやすい建物や都市にどの程度の人口が集中しているかといった社会的状況の下では約3000万人が洪水のリスクに晒されるとされていた。それが、人口の将来予測を考慮すると2030年には7800万人に増えると推定されている[18]。ただ、この推定には、図9―6で示した洪水を引き起こすような豪雨が地球温暖化で増加するという自然要因の変化予測は加味されていない。したがって、アジアでの洪水被害は、その頻度も含めさらに増大することに留意してほしい。

地球温暖化は、海面水温の上昇や氷河・氷床の融解により海面上昇も引き起こす[19]。図9―7は、100年に1回程度起こる強大な熱帯低気圧などに伴う高潮で住居域が浸水被害を受ける

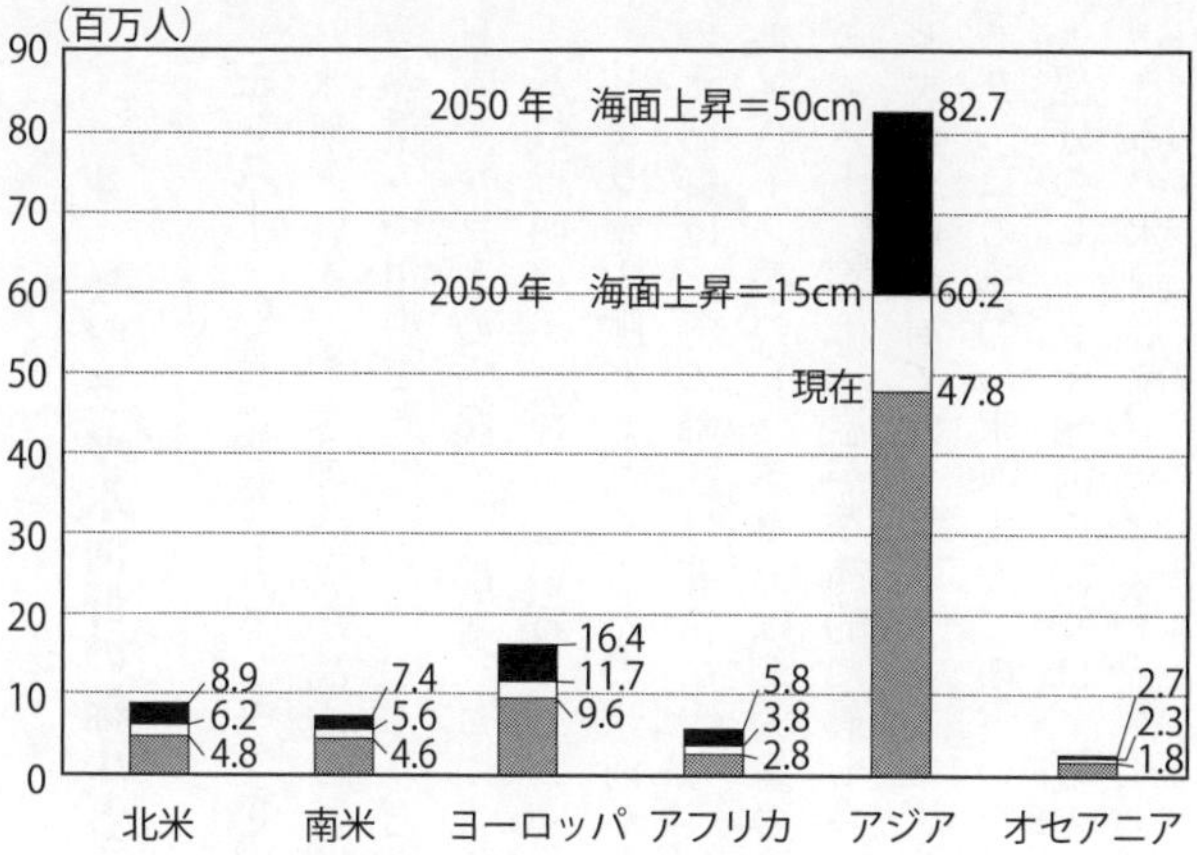

図９—７　温暖化による海面上昇で影響を受ける人口（現在と2050年の比較）（IPCC, 2012）

人口を世界全体で調べた図であるが、現在の気候下でやはりモンスーンアジア地域での被災人口が約４７８０万人と世界の大部分を占めている。地球温暖化による海面上昇があると、２０５０年には15㎝の場合は６０２０万人、50㎝の場合は８２７０万人に増加すると予想されている[20]。この数字も、台風やサイクロンが地球温暖化に伴う海面水温の上昇などにより強大になり[21]、高潮そのものがひどくなるという自然的要因の甚大化、人口増加などの社会的要因は考慮されていない。

モンスーンアジアは、人口が集中している沿岸域や低地・平野部を中心に、すでに世界における水災害のホットスポットとなっていることがこれらの図からよくわかるが、地球温暖化でこの状況はさらに悪化する可能性が高くなる。

4　ヒマラヤ氷河群の縮小と氷河湖決壊

モンスーンの雪で涵養されるヒマラヤの氷河

氷河といえば、冬の降雪が高山の谷間に積もり、夏に一部が融けてもなお氷となって残り、その重みで川のように氷がゆっくりと下流に流れ出るというイメージを持つ人が多いであろう。日本アルプスの雪渓の一部も、このようなメカニズムで小規模ながら氷河として残っていることが最近明らかになっている。

ヒマラヤ山脈にもたくさんの氷河が存在しているが、最も西のカラコルム山脈を除く大部分の氷河群は、冬の降雪は非常に少なく、主に夏のアジアモンスーンによる雪で涵養《かんよう》されている。モンスーン季のヒマラヤでは、大量の降水が高度約5000m以上では雪となって降っている。モンスーン季は気温が季節的に最も高いため、氷河の下部では融雪量も多くなる。すなわち、ヒマラヤの氷河ではモンスーン季に、氷河上部での大量の積雪と、氷河下部での大量の融雪があり、この季節の氷河表面での雪の質量収支で氷河の状態がほぼ決まっている。[22]したがって、大部分のヒマラヤ氷河の変動は、夏のモンスーン気候の変動と密接に関係していることになる。

これらの氷河群は、ヒマラヤ・チベット高原から流れ出る、インダス、ガンジス、ブラマプトラ、サルウィン、メコン、長江などのアジアの大河川の源流部にあり、1年を通じて下流部に

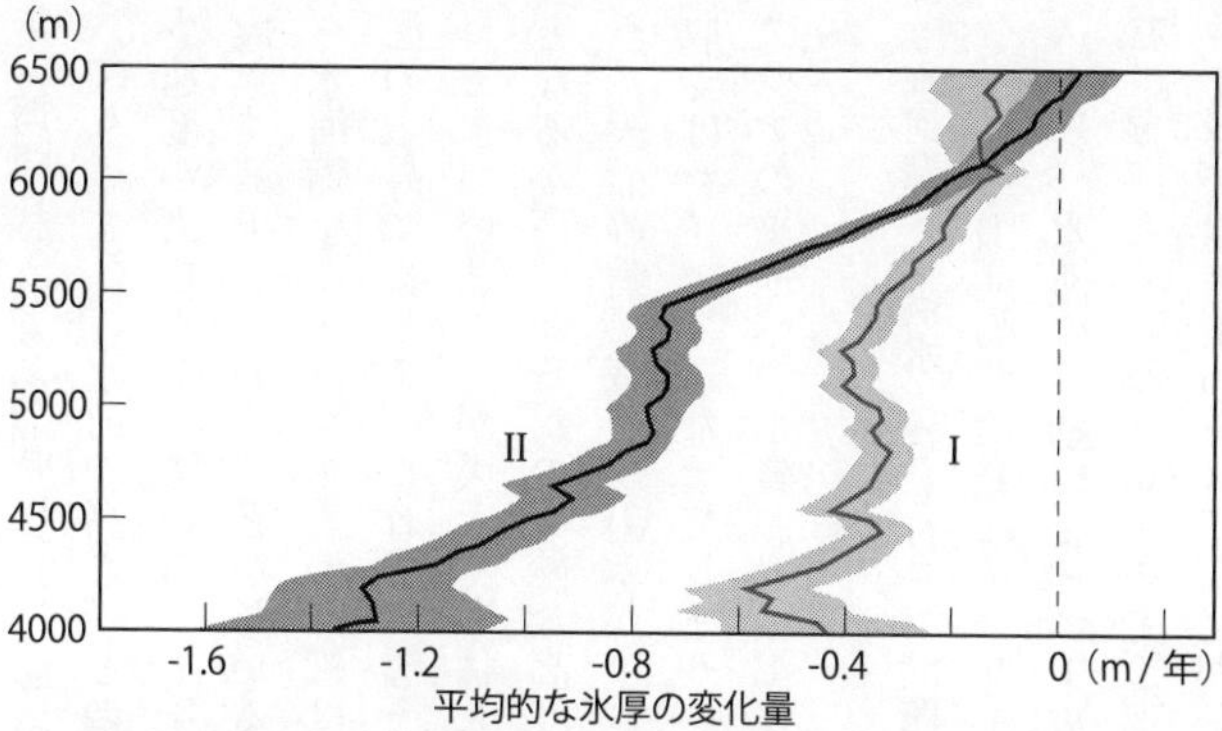

図9—8 ヒマラヤ山脈の氷河群における20世紀末の期間I(1975—2000年)と21世紀はじめの期間II(2000—2016年)における氷河の高度ごとの氷の厚さの変化量の分布 期間Iに比べ、期間IIでの厚さの減少速度がほとんどの高度で大きくなっている(Maurer et al., 2019)

水を供給する「アジアの給水塔」の役割を果たしている。特に中下流での降水量が少ないインダス川流域の下流平野部では、氷河の融けた水が灌漑農業などの水資源として重要であり、地球温暖化に伴う氷河の変動は、この地域の水資源確保の視点からも重要であることが指摘されている[23]。

ヒマラヤの氷河群は、世界の他の地域の山岳氷河と同じように、19世紀後半以降、全体として、後退・縮小の傾向にある。特にカラコルム山脈の氷河を除く中部・西部ヒマラヤ山脈の氷河群は、20世紀後半以降の地球温暖化で縮小速度は大きくなっている。図9—8では、ヒマラヤ山脈全域(東経75〜93度)の650の氷河について、高精度の衛星データをもとに、20世紀末(1975〜2000年:期間I)と21世紀はじめ(2000〜16

年：期間Ⅱ）の2期間について氷の質量収支を比較している。(24)

図9―8は、氷河の高さごとの氷の厚さの変化が、6000m以下での高度では期間Ⅱで減少速度が大きくなっていることを示しており、ヒマラヤの氷河群全体で、氷の質量が近年ほど大きく減少していることがわかる。

氷河縮小のメカニズムの詳細はここでは割愛するが、モンスーンの降水量の変動よりも、気温の上昇によって、これまで雪となって氷河上に積もっていた降水が雨として降る確率が高まってきていることが大きく関係している。ヒマラヤの多くの氷河は、モンスーン季の降水が雪となるか雨となるかの微妙な高度に位置しており、わずかな気温の上昇で雪が雨となってしまう。表面の雪が減り反射率が小さくなって日射量の吸収が大きくなることも効いて、氷の質量収支はマイナスになってしまうのである。ヒマラヤ山脈の氷河の縮小や消滅は、長期的には南アジアの平地への水資源を枯渇させていくほか、世界の海面上昇の要因ともなる。

氷河湖決壊洪水（GLOF）問題

今も造山運動が活発なヒマラヤ山脈では、斜面で崩壊した大量の土砂が氷河の氷の中に取り込まれ、氷河の流動によって下流へと運ばれて、氷河末端で堆積してエンドモレーン（末端堆石）を作っている。したがって、氷河が縮小・後退すると、融氷した水が氷河末端のエンドモレーンで堰き止められて氷河湖を作ることが多く、現在、ヒマラヤ山脈全体で5000以上の氷河に大小さまざまの氷河湖が形成されている。これらの氷河湖は、堰き止めているモレーンが地震や地滑りなどにより破壊されると、決壊して下流に突然の大洪水をもたらす危険性を持っている。

この問題は、氷河湖決壊洪水（Glacier Lake Outburst Floods: GLOF）として、地球温暖化に伴うヒマラヤ山脈での大きな問題となっている。特にネパールやブータンの東部ヒマラヤ山脈内では、20世紀半ば頃から大きな山岳氷河の後退に伴って氷河湖が拡大し、そのサイズも、大きいものでは面積1・5km²、最深130m以上となっており、GLOFの危険性が高まっている。100年に1回の頻度で起こりうるGLOFでは、洪水のピーク値は1万5000m³／秒に達すると推定されている。[25] この規模の洪水は中下流でのモンスーン豪雨による洪水と同程度かそれ以上であり、大きな被害を引き起こす可能性がある。地球温暖化の進行によりGLOFのリスクはさらに高まっている。

5　森林・凍土共生系の急激な変化は地球温暖化を加速する？

すでに第5章（第5章3節）でのべたように、アジアのグリーンベルトの高緯度帯を占める東シベリアでは森林（タイガ）が永久凍土層の上に形成されている。大気と地表面間の水の再循環を通して、森林と凍土がひとつの共生系あるいは動的平衡系として維持されてきた。この広大な森林・凍土系は、チベット高原の存在と、それに伴うアジアモンスーン地域からの水蒸気の供給が条件となって維持されていることが、気候モデルによる大気・水循環の研究で示されている。(26)

氷期には森林は消滅してツンドラに変化する。広がっていた森林は氷期に至る過程で崩壊して寒地泥炭（ピート）層となり、それが凍結して凍土層を形成する。そして次の間氷期にはその凍土層は再び森林に覆われる。少なくとも過去約80万年間、平均して10万年周期で繰り返されたとされる氷期・間氷期サイクルを通して、氷床にまったく覆われなかった東シベリアやアラスカの一部では、このプロセスにより凍土層が埋没した森林起源の有機炭素を豊富に含んで次第に発達していったと推定される。現在でも深いところでは数百mの厚さにおよんでいる。

永久凍土中に貯蔵されている有機炭素の総量は、約1000Gt（1兆t）～1700Gt（1・7兆t）と見積もられており、この量は陸上の有機炭素の約半分、大気中の炭素量の約2倍に相当する。(27)仮に永久凍土がすべて融解すると、貯蔵されていた炭素はCO_2やメタンとして放出され、地球温暖化をさらに加速する。これまでにもこの可能性は指摘されてきたが、これは何千年何万年という長期的な時間スケールでゆっくりと進行すると想定されていた。

しかし、最近20年ほどの人工衛星観測や現地観測から、シベリアやアラスカの一部の永久凍土が融解し、斜面からの凍土露出による融解や低地での湿地や湖形成などを含む「サーモカルスト（Thermokarst）」とよばれる、写真9―1のような景観の形成が急速に進行していることがわかった。このようなサーモカルスト形成による凍土層の急速な融解過程を気候モデルに組み込んで、凍土融解に伴う有機炭素の放出量を、IPCCによるふたつのCO_2排出シナリオ（SSP2-4.5, SSP5-8.5）（第9章2節参照）にもとづいて2100年までより精確に見積もった結果、よりゆるやかな温暖化シナリオ（SSP2-4.5）の場合でも、サーモカルスト過程を入れないケースに比べて約3倍、急速な温暖化シナリオ（SSP5-8.5）の場合には、実に約12倍の放出量となることが示された。(28)

さらに森林・凍土系での永久凍土融解による炭素放出に関して、これまでの予測では想定されていなかったもうひとつの重要なプロセスがある。永久凍土層表層に生息する微生物は、植物根系などの腐食分解を行って大気へCO_2を放出する「土壌呼吸」をおこなっているが、温暖化はこのプロセスを活発にしてCO_2排出量を増加させる可能性も注目されている。(29)

このように、気温上昇による森林・凍土系での凍土融解に伴うサーモカルストや土壌呼吸というプロセスの新たな理解次第では、CO_2排出量の見積もりが極めて大きくなる可能性もあり、地球温暖化のさらなる加速が懸念されている。

写真9－1　東シベリアのタイガに形成されたサーモカルスト地形　タイガの一部が崩壊し、凍土表面が融け、低湿地と湖が形成されている（Desyatkin et al., 2009）

終章　モンスーンアジアの未来可能性

1　自然の恵みと自然災害の共存

大きな自然災害のリスク

モンスーン気候は、豊かな生態系や水資源をもたらしているが、同時に、西部太平洋での台風やベンガル湾におけるサイクロンに伴う暴風雨、梅雨前線に伴う集中豪雨などにより、毎年、モンスーンアジアのどこかで大きな災害を引き起こしている。このような水文気象における極端な現象は、人間活動による地球温暖化により、その頻度も強度も増えている（第9章参照）。

モンスーンアジアについて、もうひとつ忘れてはならないことは、この地域全体が、海洋プレートがユーラシア大陸地殻に沈み込む活発な地殻変動帯に重なっており、地震・津波・火山爆発などが頻発していることである。いっぽうで、火山を含む複雑な地殻変動帯であることは、この地域に多くの風光明媚《ふうこうめいび》な景観を創り出している。このような自然景観の中で、さまざまな民族が自然とともに暮らし、多様な伝統文化を創り出してきたのもモンスーンアジアである。

大地震や火山の大噴火は、何百年から何千年、ときには何万年に1回という頻度でしか起こらないため、私たちはふだんそのことを忘れて生活しているが、ひとたび大地震や火山の大噴火が起これば、地域の社会システムを大きく変え、人々の価値観や文化を変えてしまう契機にもなってきた。

3・11（東日本大震災）から学んだこと

2011年3月11日に三陸沖で発生した大地震は大津波をもたらし、東日本に巨大な被害を与えた。特に、津波によって東京電力福島第一原子力発電所が破壊されたことによる被害は、10年以上経《た》った今も続いている。実はあのとき、モンスーン気候の研究者として一番心配していたのは、破壊された原発からの放射性物質の流出がいつまで続くかということであった。もし、6月の梅雨期まで続けば、三陸沖から太平洋沿岸に沿って地表付近を吹く強い北東風の「やませ」（第1章、第4章参照）により、放射性物質はあまり拡散することなく関東平野から首都圏まで流入する可能性があったからである。

モンスーン気候の地域では、常に上空の偏西風で流され拡散するという仮定そのものが成り立たない。夏冬の季節風は大気下層で強く、しかも地形などの影響で、風向風速も日々大きく変わってしまう。福島での事故の場合も、放射性物質は海の方向ではなく、当時通過中の低気圧の影響で、むしろ内陸へと流れ込んで、汚染地域は北西方向に拡大した。低気圧の降水に取り込まれた放射性物質は、広く東日本や中部日本の山岳域の土壌も汚染した。[1] 地震・津波・火山爆発など地殻変動のハザードに加え、このような大気物質の拡散の不確定性が大きいアジアモンスーン気候の地域では、そもそも原発は使うべきではない。

モンスーンアジアは自然災害が多く、さまざまなリスクを抱えている。ただそのようなリスクも、長期的にみると、より強靭で持続可能な社会を作り出していく契機にもなりうる。このような視点も含めて、モンスーンアジアの未来の方向性を考えてみよう。

2　脱炭素社会の鍵を握るモンスーンアジア

化石資源資本主義経済からの脱却を

第二次世界大戦後、日本は石油の大量輸入によって経済成長を果たし、「世界の工場」の先駆けとなったが、特に1960年代以降の日本列島の沿岸は、工業地帯の開発のため、自然破壊と公害が集中した。このような状況の中、1970年代の2回のオイルショック（石油危機）を契機に、工業生産の拠点は、環境規制がゆるく安い労働力が手に入りやすいモンスーンアジアの発展途上国に移っていったのである。[2]

日本が先駆けとなった石油資源を基盤とする資本主義経済の活動を、モンスーンアジア各国が次々と「雁行型《がんこうがた》」に引き継ぎ拡大させていき、この地域は文字通りの「世界の工場」となった。その結果、モンスーンアジアのGDPはアメリカ、西ヨーロッパ地域を抜いて最大となったが、いっぽうでCO_2排出量も世界全体の60%近い量となり、地球全体の環境危機ともいえる「人新世」を招いてしまったのである（第8章、第9章参照）。

「世界の工場」としての経済システムの転換を

「地球温暖化」を抑えるため2015年末に196ヵ国・地域が参加して合意・締結されたパリ協定では、(1)世界の平均気温上昇を産業革命以前に比べて2℃より低く抑え、可能な限り1・5℃に抑える努力をする、(2)そのため、今世紀後半には、温室効果ガスの人為的な排出量を極力ゼロに抑える、という目標を掲げた。

グローバルなサプライチェーンの中で「世界の工場」と化したモンスーンアジアからの大量の温室効果ガス排出量には、欧米の先進諸国に大きな責任がある。たとえば、日本を含む欧米の有名ブランドの自動車や電気製品を考えてみればわかるように、それらの多くの企業は先進諸国に本拠があっても、製品には、多くの部品も含めMade in Chinaなど、モンスーンアジア諸国での生産品であることが表示されている。生産能力が高く、人件費も欧米に比べて安いこれらの国々に生産が集中しているため、当然、産業活動に伴うCO_2排出量も多くなっているのである。世界のCO_2排出量1位の中国や3位のインドでは、このような産業活動に伴う分が大きな割合を占めている。

世界の貿易に伴うCO_2排出量の移動を調べた統計[3]によると、たとえばイギリスにモンスーンアジア地域全体から輸入された製品の製造時に排出されたCO_2量の合計は、英国内での産業活動で排出された全CO_2量の44%に匹敵し、中国からの輸入分だけでも30%を占めている。西欧はCO_2排出量の削減に大きな努力をしているとされるが、排出規制の厳しい自国内での製造を抑えて、生産コストも安くCO_2の排出規制もゆるいモンスーンアジア各国（特に中国やインドなど）に生産を肩代わりさせているのである。西欧各国内での排出量は削減されるが、その分モンスーンアジアでの排出量は増えているのである。

モンスーンアジア地域は、第8章でものべたように、稲作農業で培われた膨大な労働人口を活用した労働集約型経済という発展径路に沿って、日本、NIES諸国、中国、そしてASEAN諸国やインドが、世界の工場として経済活動を進めた。そのために大量の輸入石油や安い石炭によってモンスーンアジア全体でのエネルギー使用を押し上げ、CO_2の排出量も急激に増大していったわけである。世界の工場としてのモンスーンアジアの経済システムを、化石資源ベースから今後どう変換できるかは、世界全体の脱炭素化にとって最も大きな課題であるといえる。

3　気候変動下での水・エネルギー・食料の安全保障を

東アジアの食料自給率の低さ

地球温暖化で年々暖まっていく熱帯の海洋と湿潤化する大気の下で、アジアモンスーンや中緯度偏西風循環の異常な変動は、世界のさまざまな地域で熱波や寒波、洪水や干ばつの頻度と強度を増加させている。

このような状況で大切なことは、モンスーンアジア地域における食料、特に主食となる穀物の安全保障である。まず、共通に主食としているコメは、この地域で融通できるしくみを創っておくことが重要である。特に日本、韓国、台湾などのカロリーベースの食料自給率はいずれも30％台、穀物自給率は30％以下と、ＯＥＣＤ諸国、発展途上国を含む世界179ヵ国の中でも最下位に近く、モンスーンアジア地域でも最も低いレベルである(4)。これらの東アジア諸国は、現在はアメリカ合衆国やオーストラリアからの穀物輸入に大きく依存しているが、今後予想される世界的な異常気象の多発は、これらの国々からの輸入も難しくなる可能性が非常に高い。遥々《はるばる》遠い国の穀物に頼るよりも、近くで主食のコメを作っている中国や東南アジア諸国との食料安全保障こそ優先すべきであろう。

自然エネルギー社会への転換——モンスーンアジアの高い可能性

グローバルな化石資源資本主義経済下で「世界の工場」として機能しているモンスーンアジアの経済を、持続可能な経済にどう転換できるかのひとつの方向は、この地域でまず、自然エネルギーを基本とした脱炭素社会化を進めることであろう。

モンスーンアジアの国々は、実は太陽エネルギーでは先進的な努力をしている。2022年の最新の統計によると、太陽光発電量の世界のランキングで、1位：中国、3位：日本、4位：インド、9位：韓国であり、ベトナム、台湾、タイ、マレーシアなども上位30位に入っている(5)。モンスーンアジアの熱帯域（南アジア、東南アジア）は乾季雨季が明瞭であり、太陽光発電は効率的である。雨季でも、季節内変動（第4章4節参照）に伴う晴天は多く、かつ熱帯では積乱雲系の雨のため、雨季の最中でも、ほぼ毎日午前中は晴れている可能性が非常に高い。

さらにモンスーンアジアの北縁の内陸にあるモンゴルや、隣接する西側・北側の西アジアや中央アジアの国々は、乾燥・半乾燥気候のため年中晴天が多く、太陽光エネルギーを供給できるポテンシャルが非常に高い地域である。現在世界の石油資源供給の中心である中近東も、石油に替わって太陽光エネルギーを世界に供給できる。すなわち、モンスーンアジアを含むユーラシア大陸のほぼ東半分の地域は、配電、送電、蓄電のインフラを整備すれば、太陽光発電での安定的なエネルギー供給は十分可能であろう。農耕地の多いモンスーンアジアでは、農地で営農と太陽光発電を同時に行うソーラーシェアリングが可能な農地も多いはずである。

風力による発電量は、２０２２年統計で、[6] 1位：中国、4位：インド、24位：日本、32位：タイなどとなっているが、毎年必ず訪れるモンスーンの風（季節風）の利用はもっと促進すべきであろう。冬の日本列島を吹き抜ける北西季節風も、季節内変動による風力のゆらぎはあっても、沿岸では数日は吹き続けるのが普通である。風が弱まれば逆に天気も良くなるので、太陽光発電と組み合わせることにより、より安定的な発電となろう。もちろん、台風やサイクロンなどの強風を伴う現象に時折見舞われるが、強風に強い風力発電システムも開発されつつある。太陽光と風力の発電は「不安定」とよくいわれるが、アジアモンスーン地域では、地域ごとの気候・天候の変化特性をうまく活用して、両方のシステムの組み合わせを工夫すれば、化石資源より安定な自然エネルギー源になるはずである。

さらに、モンスーンアジアは、穀物総生産量が世界の半分以上（カロリーベース）を占める穀物産出地域である。品種改良などで反あたり収量を上げて穀物からのバイオ燃料を増やすことで、世界の脱炭素化にも大きく貢献できるポテンシャルを持っている。ただ、地球温暖化が進行すれば、気温上昇による生長阻害によりその CO_2 削減効果が弱められてしまうので、この地域での穀物のバイオ燃料化は早ければ早いほど、その効率は高くなるという推定も出されている。[7]

CO_2 排出量で世界第3位のインドでは、まだ石炭火力がエネルギー供給の70％以上を占めているが、穀物によるバイオ燃料の生産も急増している。さらに、ヒンドゥー教国であるインドでは牛は神聖な生きものとして大切にされており、路上を闊歩《かっぽ》する牛を含め約3億頭の牛がいるとされている。そのため大量の牛糞《ぎゅうふん》が排出されており、この牛糞を活用して、糞が発酵してできるメタンからバイオガスを精製し、エネルギー源として自動車の燃料などに利用しはじめている。(8)

モンスーンアジア地域は世界有数の地殻変動地帯で火山や温泉も多く、地熱利用の発電が可能な地域は多い。世界の地熱発電量の統計(9)（2022年）では、インドネシアが2位、フィリピンが3位、日本も10位に入っているが、さらに増やせる余地は十分にある。

水力は、これまでの大規模ダムによる発電ではなく、流域の特性と生態系や農業用水などを考慮したミニ水力発電システムの開発と普及が今後の課題である。このシステムは、農山村部の地域社会を活性化することにも大きく貢献できる可能性を秘めている。(10)稲作水田が広がるモンスーンアジアでは、巨大都市化に向かわないような地域社会を再構築していくために、ミニ水力発電は自然エネルギーの中でも特に重要な意味を持つ可能性がある。

モンスーンアジア全体での電力ネットワークの構築を

大陸での太陽光やモンスーンの風力、そしてモンスーンによる雨を貯《た》めて利用する水力は、毎年確実に繰り返す季節変化から得られる巨大な自然エネルギー資源である。地域や国単位では毎年の天候変動や気候変動に不安定な面があるが、モンスーン地域全体で融通しあって活用できれば、これほど持続可能なエネルギーはないのである。

現在のようなアジアの政治状況の中で、上記にのべたようなさまざまな自然エネルギーによる電力を融通しあうということは、夢のような事業であるかもしれない。しかし、この地域のエネルギー供給源を化石燃料から太陽光や風力、バイオ燃料などに転換しない限り、「人新世」を引き起こしているモンスーンアジアを、いや地球全体を、グリーン（グリーン）で持続可能な経済社会に転換することは不可能である。たとえば、モンゴルのように太陽光や風力が豊富な地域で発電された電力を、アジア地域で相互に有効に活用するための国際的な送電網として、アジアスーパーグリッド（ASG）がすでに提案されている。[11] このような国際的な電力網は西欧ではすでに構築されているが、モンスーンアジア地域にも将来的に不可欠である。もちろん、そのための前提は、この地域での政治の安定と、経済および環境政策における協働・協力体制の構築が不可欠である。

アジアのグリーンベルトと調和した経済への転換を

私たちが今、最優先すべきは、人類と生命全体の生存基盤としての地球の自然を、人類全体のコモンズ（共有財産）として保持することである。そのためには、化石資源依存の経済から脱却しなくてはならない。地球上の生態系で最も多様性のあるアジアのグリーンベルト（第5章参照）は、CO_2 の吸収源としても大きな役割を果たしており、脱炭素社会への道筋には、自然エネルギーへの転換とともに、あるいはそれ以上に、グリーンベルトの生態系保全は重要である。

モンスーンアジア地域は、このグリーンベルトと調和的な水田稲作農業を1万年近く持続してきた地域であり、豊富な労働人口と地域での協働の伝統があった。そこから生まれた労働集約型経済の発展径路が、西欧の近代化以前から、高い生産性を持ったひとつの持続可能な社会を創り出していたともいえる（第6章参照）。太陽光や風力、（ミニ）水力などによる再生可能エネルギーをベースに、グリーンベルトの多様な生態系を持続可能な自然資本として活用しつつ、地域ごとにより自律的な循環型経済システムを構築することは、「世界の工場」を担ってきたこの地域の持つ技術力からして、十分可能である。人間の生存に不可欠な水・エネルギー・食料を、相互の協力により調和的・持続的に確保できるシステムにしていくことが重要であろう。課題は、それぞれの地域の伝統的な価値観や政治体制のちがいを乗り越えて、相互の協力体制を構築することができるか、であろう。

2021年11月にイギリス・グラスゴーで行われたCOP26（国連気候変動枠組条約第26回締約国会議）では、中国は2060年に、インドは2070年にCO_2排出量ゼロ達成を目標として宣言し、日本もアジアでの排出量ゼロ達成に向けて強いリーダーシップを発揮するという決意を表明した。大量の石炭・石油などの化石エネルギーをゼロにするのは、並大抵の努力ではできないことは確かであるが、モンスーンアジア地域で活用できるさまざまな自然エネルギーの多様な組み合わせで、この目標は不可能でない。しかし、このために必要なのは、各国の努力もさることながら、この地域での国際的な連携・協力体制をどのように構築するかにかかっている。

日本が真にリーダーシップを果たせるかは、まず「世界の工場」の一環として日本（企業）がモンスーンアジア各国に展開してきた生産体制を、脱炭素化しつつ、いかにその国あるいは地域の循環型経済に貢献できるように変革できるかにかかっている。

もちろん、欧米各国も、排出量の多くを占める中国やインドに対し、声高に石炭火力をやめろというだけでは問題の解決にならない。19世紀後半以降、植民地主義・帝国主義と現在のグローバル資本主義を通して、モンスーンアジアに経済的負荷（第8章参照）とそれに伴うCO_2排出などの環境負荷（第9章参照）を押し付けてきたのだから、それを解消する方向での協力や援助を積極的に行うことが不可欠である。そのことが、実質的に地球全体の脱炭素化と気候・環境危機の回避への早道のはずである。

4　モンスーンアジア共同体の提唱

人新世を超克するために

第8章、第9章でのべてきたように、人新世という人類社会全体の環境危機がもたらされているが、その直接の原因の大きな部分を作り出したのがモンスーンアジア地域である以上、この地域全体でのエネルギー・経済・環境と社会を変えていくことは、未来へ向けて持続可能な地球社会の構築にとって、喫緊で最重要な課題である。

そのためには、この地域での強い連携・協働の体制が必要である。これまでも、東アジア、さらに東南アジア・南アジアを含む国家間での国際連携、経済・貿易・エネルギーに関するさまざまな共同体構想が提案されてきた。(12) これらの（東）アジア地域共同体論の論点は多様であるが、いずれもひとつの柱となる視点を持つ。第二次世界大戦のような政治的な緊張を二度と引き起こさないためにはアジアでの国際連携体制が必要であること、そして北米や西欧が主導してきた世界の経済体制に対抗する、あるいは対等に伍していくべき存在としてのアジアでの共同体が未来の持続可能な地球社会には必要であり、その中で日本の新たな役割も築いていくべきだというものである。

私はこれらの（東）アジア共同体論には、もちろん賛同する立場であるが、ここでさらに付け加えるべきは、東アジアを含むモンスーンアジア全体での連携・協働こそ、より長期的にみて、人類の生存に必要なエネルギー、食料、環境の未来可能なかたちの地球社会の構築には不可欠であるとする、より積極的な共同体構想の提唱である。

1万年近く続いてきた水田稲作農業を生業とするモンスーンアジア地域では、それぞれの地域の自然・生態系の多様性を背景にしつつ、仏教やヒンドゥー教、あるいは道教《どうきょう》や日本の神道も含め、人と自然を一体として考える宗教・思想・哲学を生み出した。しかし19世紀後半以降、「植民地化」の過程で導入された資本主義体制によって「近代化」が進行した。水田稲作農業を通してこの地域の人々に培われていた高い労働生産性と勤勉性はむしろ「近代化」に貢献してモンスーンアジアは日本が先導するかたちで急激に工業化した。その結果、20世紀後半以降は、化石エネルギーを湯水のごとくに使う世界の大工場地帯となってしまい、環境汚染でも世界の中心となり、地球全体を「人新世」化するに至っている。

「アジアはひとつ」——モンスーンアジア共同体の可能性

では、どうすればいいのか。人と自然の調和を基本とするもともとの精神に立ち戻って、持続可能なエネルギー・食料・環境を同時に達成できるような地球社会の構築をめざす共同体を作っていくしかないであろう。世界人口の約55%を占める東アジア、東南アジア、南アジアの人々にとって、この方向性には基本的に違和感はないはずであり、現在の政治体制や社会体制のちがいを超えて、まず可能な部分からしくみ作りを進めていくべきであろう。自然も社会も政治体制も多様なモンスーンアジアでの共同・連携こそ、「民主主義対全体主義」などの二律背反的論理を排し、人類全体の生存を最優先にした新しい人新世を拓くために必須である。

もちろん、西南アジア・中央アジアの乾燥地域とも連携しなくてはならない。石油に替わる太陽光・風力エネルギーや乾燥地での食料生産なども含めたさまざまな協働が不可欠であろう。

現在、ロシア、ウクライナ情勢の影響もあり、中国と台湾、朝鮮半島、日本を含む東アジア諸国では、これまでになく政治的・軍事的な緊張が高まっている。こんなときに、モンスーンアジアの共同体など、とんでもない夢物語と思われる人も多いかもしれない。しかし、待ったなしの地球環境変化の危機的状況を前にして、自分たちの将来世代も考えた未来可能な地球社会への変革を真剣に考えたとき、無益な対立をしている場合ではない。先に紹介した東アジア共同体構想に対して積極的な中国や東南アジアの為政者・有識者も多い。(13)

120年前、岡倉天心《おかくらてんしん》は、『東洋の理想』の冒頭で、西欧の文化と対比しつつ、自然と文化・芸術の多様性を包含したモンスーンアジアの文明の優位さ、すばらしさを、「アジアはひとつ」ということばで表現した。(14) 私たちは今、彼の視点を、新たな共同体構想に生かすべきではないだろうか。

新しい「足るを知る」社会へ

紀元前6世紀に生きた中国の思想家老子《ろうし》は、その「道徳経」の中で、「足るを知る者は富む」ということばを残している。「満足することを知っている者は、こころが豊かである」という意味である。

モンスーンアジアの豊かな自然を持続的に活用して、未来可能な人類社会を築いていくためには、化石資源を使った「世界の工場」をやめて、自然と共生する新たな経済・社会システムを築いていく必要がある。それには、新たな技術革新はもちろん必要であるが、1万年近く持続可能な農業として営まれてきた水田稲作農業をベースにしつつ、自然との調和にもとづく経済・社会をめざし、世界人口の6割近くを占めるこの地域の人たちと、「足るを知る」価値観を共有していくことが重要ではないか。そして、新しい「足るを知る」には、限りある大気圏・水圏・地圏と生命圏全体が、多様性の中の調和で成り立っていることを理解できる唯一の生きものは、人類しかいないことを知る（自覚する）、という意味も含まれる。今こそモンスーンアジアから発信する新しい「人新世」のあり方が求められているのである。

おわりに

私のモンスーンへの関心は、50年前の大学院（博士課程）進学と同時に、さまざまな分野の若い研究者たちが中心となって始めた、ヒマラヤの氷河と気候の研究プロジェクトGENに参加したときからである。１９７４年8月、私はネパールの首都カトマンズを出発し、モンスーンの雨の中を山ヒルにやられながら2週間歩いて、ようやくエベレスト峰（８８４８ｍ）の麓、４４２０ｍの谷間に設置した私たちの観測小屋にたどり着いた。ここで9月に入ると雨続きのヒマラヤのモンスーンも急に晴天が続くようになる劇的な季節変化を体験し、以後、院生の3年間はヒマラヤでの研究に没頭した。

その後の私の研究は、アジアモンスーンの変動の研究へと広がった。当時、インド気象局や世界気象機関（ＷＭＯ）は、夏と冬のアジアモンスーンの季節的な予測精度を高めるための国際モンスーン観測研究計画（ＭＯＮＥＸ）を進めていた。この中で、私の学位論文となったインドモンスーンの約40日周期の季節内変動が注目され、その縁で１９８０年代前半に、私はインド熱帯気象研究所や世界のモンスーン研究の中心であったアメリカのフロリダ州立大学などに滞在して研究する機会が与えられた。

１９８０年代後半から、アジアモンスーンの変動やエルニーニョ・南方振動（ＥＮＳＯ）が、世界各地に異常気象を引き起こし、農業や水資源や生態系に与える影響も大きな問題となってきた。世界の気象学者や海洋学者は、ENSOの気候学的解明と予測のための国際共同研究（熱帯海洋・全球大気研究計画：TOGA）を進めており、アジアモンスーンとENSOの関係の解明も大きな課題となった。

ただ、ENSOの予測ができれば、アジアモンスーンの予測も可能になるという多くの欧米研究者の風潮には私は大きな違和感を持っていた。アジアモンスーン変動の理解や予測は、大陸上の水循環や生物圏もからんで、そう簡単な問題ではないという確信を、私は次第に強くしていった。モンスーンの変動には、熱帯だけではなく、中・高緯度での積雪や陸面のプロセスも複雑に絡んでいるはずである。そこで、気象学・気候学だけではなく、水循環を扱う水文学や生物圏を扱う生態学の研究者とも共同で進めるアジアモンスーンの国際プロジェクト（GAME）をWMOなどが主導する世界気候研究計画（WCRP）に提案し、国内的には、地球科学の推進を審議し評価する文部省測地学審議会に提案した。数年間の努力の結果、1996年にようやくGAMEは国際・国内で同時に開始でき、科学研究費等の経費も含めて2002年まで6年間、モンスーンアジア各地での観測研究や気候モデル研究などを多くの国内外の研究者と共同で進めることができた。

2002年からは、文科省の21世紀COEプログラム「太陽・地球・生命圏相互作用系の変動学」のリーダーを務める中で、「地球生命圏研究機構」を立ち上げ、GAMEでも進めてきたモンスーンアジア地域における気候・生命圏の相互作用の研究を、シベリアタイガ林、モンゴル草原、ボルネオ熱帯林などで進めてきた。これらの研究はJAMSTEC・JAXA合同で進められた「地球フロンティア研究システム」でもさらに発展することができた。本書の前半（第1章〜第5章）では、これらの研究成果を紹介している。

一方で、和辻哲郎の『風土』を学生のときに読んで以来、アジアモンスーンが稲作農業を通して、モンスーンアジアの風土や文化の形成に深く関わっていることにも大きな関心を持ち続けていた。大学院修了後、助手として採用された京都大学東南アジア研究センターでは、モンスーンアジアの稲作とその歴史的展開や自然環境との関係について、理系・文系にまたがる活発な学際研究を進めており、私もその末席に参加して多くの刺激を受けることができた。

筑波大学（1982〜2002年）では、吉野正敏教授（気候学）に誘われ、雲南省や海南島などのモンスーン地域での学際的な地生態学（geoecology）研究に参加することができた。2002年に名古屋大学に異動してからは、先の21世紀COEに引き続き、グローバルCOE「地球学から基礎・臨床環境学への展開」のリーダーを務めたが、このCOEでは、モンスーンアジアの風土が「近代化」の過程でどのように変容してきたかなど、文系・理系を含む環境学研究者とともに議論することができた。

2013年から所長として赴任した総合地球環境学研究所（地球研）では、モンスーンアジアにおける風土論の新しい展開について、客員教授としてたびたび滞在されたオギュスタン・

ベルク博士から多くを学んだ。また、プログラムディレクターの杉原薫教授からは、モンスーンアジアにおける「近代化」と経済発展の位置付けについて、非常に多くを学ぶことができた。日本の歴史と気候変動についてのプロジェクトを進めていた中塚武教授（現・名古屋大学教授）からも多くの新たな知見をいただいた。モンスーンアジアや日本の植生とその変遷については、プログラムディレクターであった中静透教授（現・森林研究・整備機構理事長）から、多くのご教示をいただいた。さらに、日本文化と自然観の系譜についてはハルオ・シラネ教授（コロンビア大学）、俳句と日本人の自然観については、長谷川櫂氏（俳人）から、そのご著書も含め多くの示唆をいただいた。本書の後半（第6章〜終章）は、広い意味でモンスーン地域の風土と社会についての持続可能な未来（未来可能性）についての私なりの考えをまとめた。

私自身の研究遍歴も含めたモンスーンについて、一般市民や学生の方々にもわかるような本をという構想から、もう10年以上が経つ。このたび、ようやく上梓《じょうし》できることができたのは、中公新書の酒井孝博氏の、長年にわたるご尽力のおかげである。一部の図版作成には金森大成氏に、漢詩の和訳には劉晨さんに助けていただいた。書き上げた原稿を、分野外の研究者の視点から、あるいは一般市民の目線から、すべて読んで多くのコメントをくださった一原雅子さんと有田恵さんにも深く感謝したい。

最後に、長年にわたる研究生活を、ずっと笑顔で支えてくれた妻登紀子に、心からの「ありがとう」を伝えたい。

(9) IPCC, 2021
(10) IPCC, 2021
(11) Day et al., 2018など
(12) Endo et al., 2021
(13) Horinouchi et al., 2019; Endo et al., 2021など
(14) IPCC, 2021
(15) IPCC, 2021
(16) Kawase et al., 2021
(17) Kawase et al., 2020
(18) IPCC, 2012
(19) IPCC, 2013など
(20) IPCC, 2012
(21) IPCC, 2021
(22) 安成・藤井, 1983
(23) Immerzeel et al., 2010; Immerzeel et al., 2020
(24) Maurer et al., 2019
(25) Veh et al., 2020
(26) Saito, Yasunari and Takata, 2006
(27) Zimov et al., 2006; Tarnocai et al., 2009
(28) Nitzbon et al., 2020
(29) Keuper et al., 2020

終章
(1) Yasunari et al., 2011
(2) 山本, 2018
(3) Worldmrio.com, 2021
(4) 農林水産省, 2019
(5) GLOBAL NOTE, 2022
(6) GLOBAL NOTE, 2022
(7) Xu et al., 2022; Wagner and Schlenker, 2022
(8) 朝日新聞, 2022年1月16日
(9) GLOBAL NOTE, 2022
(10) 上坂, 2020
(11) 自然エネルギー財団, 2017
(12) 谷口, 2004; 羽場, 2012; 進藤, 2013; 西原, 2021など
(13) 許, 2020など
(14) 岡倉, 1986

(32) 田辺, 2012
(33) 河野, 2012
(34) 河野, 2012
(35) 石井, 1975
(36) 友杉, 1975
(37) 藤田, 2012

第7章

(1) 中静, 2003
(2) 山田, 2019
(3) 鬼頭, 2007
(4) 上山編, 1969; 佐々木, 2007; 佐々木, 2014
(5) 市川, 1987
(6) 安田, 1980
(7) 巽, 2019
(8) 巽, 2019
(9) 藤尾, 2021
(10) Nakatsuka et al., 2020
(11) 藤尾, 2021
(12) 安室, 2013
(13) 中塚, 2021
(14) 中塚, 2022
(15) 樋上, 2021
(16) シラネ, 2020
(17) 中塚, 2021
(18) 田村, 2021b
(19) シラネ, 2020
(20) 田村, 2021a; 田村, 2021b
(21) シラネ, 2020
(22) 鬼頭, 2010
(23) 鬼頭, 2010
(24) 石川, 2008
(25) シラネ, 2001
(26) 長谷川, 2018
(27) シラネ, 2001
(28) 長谷川, 2015
(29) 加藤, 1999
(30) 山本, 2003
(31) 宮坂, 2009
(32) 宮坂, 2009
(33) 長谷川, 2013
(34) 中塚, 2021
(35) 近藤, 1985など
(36) 倉知, 2016

第8章

(1) 杉原, 2020
(2) 松井, 1991
(3) 杉原, 2020
(4) 加藤, 1980; ウォーラーステイン, 1981
(5) 松井, 2021など
(6) 角山, 2017
(7) 脇村, 2002
(8) Takata, Saito and Yasunari, 2009
(9) Duan et al., 2004
(10) 田中, 2003
(11) 山本, 2018
(12) 田中, 2003
(13) 荒畑, 1999
(14) 志賀, 2014
(15) 米地, 2004
(16) ネルー, 1953・1956
(17) 辛島編, 2004
(18) 石井・桜井編, 1999
(19) 石井編, 1975
(20) 石井, 2008
(21) 松井, 2021など
(22) 杉原, 2020
(23) 杉原, 2020
(24) 杉原, 2020
(25) 資源エネルギー庁, 2021

第9章

(1) IPCC, 2021
(2) Crutzen, 2002
(3) Steffen et al., 2018; Rockstrom et al., 2009など
(4) 野田, 2011
(5) IPCC, 2021
(6) IPCC, 2013; IPCC, 2021
(7) IPCC, 2021
(8) IPCC, 2013

注

第2章

(1) Horel and Wallce, 1981; Rasmusson and Carpenter, 1982
(2) Mantua et al. 1997
(3) Nitta, 1987; Horel and Wallace, 1981

第3章

(1) 巽, 2012
(2) Tada et al., 2016
(3) Shinoda and Uyeda, 2002
(4) Walker and Bliss, 1932
(5) Yasunari, 1990
(6) Kitoh, 2002; Abe et al., 2003; Abe et al., 2004
(7) Hahn and Shukla, 1976; Barnett et al., 1989; Morinaga and Yasunari, 1987; Yasunari et al., 1991
(8) Yasunari and Seki, 1992

第4章

(1) 中村, 2015
(2) Ueda et al., 1995; 植田, 2012
(3) Fujinami et al., 2014など
(4) Madden and Julian, 1972
(5) Yasunari, 1979
(6) Nitta, 1987
(7) Saji et al., 1999
(8) 榎本, 2005

第5章

(1) Ohta et al., 2019
(2) Fujinami et al., 2015
(3) ヨーロッパにおける氷床が消滅した約1万年以降現在に至る地質年代。ただ、人類活動による地球表層環境の改変が顕著になった20世紀半ば以降を「人新世(Anthropocene)」とする定義が、最近は話題になっている。
(4) Kumagai et al., 2013
(5) Yasunari et al., 2006

第6章

(1) 和辻, 1935
(2) ベルク, 2002
(3) ベルク, 1992
(4) ベルク, 1994
(5) ユクスキュル／クリサート, 2005
(6) 久馬, 2016
(7) 和辻, 1935
(8) 田中, 2014
(9) 小出, 1970; 虫明, 2018
(10) Gong et al., 2007
(11) Huang et al., 2012
(12) 徐, 1998
(13) ベルウッド, 2008
(14) 久馬, 2016; 稲垣, 2019
(15) 久馬, 2016
(16) 福井, 1990
(17) Biraben, 1980など
(18) 河野, 2012
(19) Talhelm and English, 2020
(20) Wittfogel, 1957
(21) 湯浅, 2007; 田畑, 2016; 石井, 2008など
(22) 藤尾, 2021
(23) 佐藤, 2007
(24) 藤田, 2012
(25) 網野, 2008
(26) ボズラップ, 1975
(27) 藤田, 2012
(28) 速水, 2003
(29) 杉原, 2004
(30) 田辺, 2012; 田辺, 2022
(31) Gadgil and Guha, 1992

終章

朝日新聞（2022）2022年1月16日（朝刊）「天然ガス車、インドで販売急増「脱炭素社会」支えるあの動物のふん」
上坂博亨（2020）「小水力発電は地域社会を元気にする」日経 BP メガソーラービジネス・インタビュー（https://xtech.nikkei.com/atcl/nxt/column/18/00134/022000199/）
岡倉天心（1986）『東洋の理想』講談社学術文庫
許紀霖（2020）『普遍的価値を求める――中国現代思想の新潮流』中島隆博・王前監訳、及川淳子・徐行・藤井嘉章訳、法政大学出版局
GLOBAL NOTE「世界の再生可能エネルギー発電量 国別ランキング・推移（EIA）」（https://www.globalnote.jp/post-4903.html）
自然エネルギー財団（2017）『アジア国際送電網研究会中間報告書』
進藤榮一（2013）『アジア力の世紀――どう生き抜くのか』岩波新書
谷口誠（2004）『東アジア共同体――経済統合のゆくえと日本』岩波新書
農林水産省（2019）『諸外国・地域の食料自給率等について』https://www.maff.go.jp/j/zyukyu/zikyu_ritu/013.html
西原和久（2021）「東アジア共同体形成の意義と課題をめぐる考察――木村朗氏との対話を手掛かりに」『21世紀東アジア社会学』11: 199-216.
羽場久美子（2012）『グローバル時代のアジア地域統合――日米中関係とTPP のゆくえ』岩波ブックレット
山本義隆（2018）『近代日本一五〇年――科学技術総力戦体制の破綻』岩波新書
The Eora Global Supply Chain Database（2021）https://worldmrio.com/
Wagner, G. and W. Schlenker（2022）Declining Crop Yields Limit the Potential of Bioenergy. *Nature* 609（7926）: 250-251
Xu, S., R. Wang, T. Gasser and P. Ciais（2022）Delayed Use of Bioenergy Crops Might Threaten Climate and Food Security. *Nature* 609（7926）: 299-306.
Yasunari, T. J. et al.（2011）Cesium-137 Deposition and Contamination of Japanese Soils Due to the Fukushima Nuclear Accident. *PNAS* 108（49）: 19530-19534.

参考文献

IPCC (2021) *Climate Change 2021: The Physical Science Basis.* (WG-1 第 6 次報告書)

Kawase, H. et al. (2020) Changes in Extremely Heavy and Light Snow-Cover Winters Due to Global Warming over High Mountainous Areas in Central Japan. *Progress in Earth and Planetary Science* 7(10).

Kawase, H. et al. (2021) Regional Characteristics of Future Changes in Snowfall in Japan under RCP2.6 and RCP8.5 Scenarios. *SOLA* 17: 1-7.

Keuper, F., B. Wild, M. Kummu and C. Beer (2020) Carbon Loss from Northern Circumpolar Permafrost Soils Amplified by Rhizosphere Priming. *Nature Geoscience* 13(8): 1-6.

Kitoh, A. (2017) The Asian Monsoon and Its Future Change in Climate Models: A Review. *J. Meteorol. Soc. Japan* 95(1): 7-33.

Lau, K.-M. et al. (2008) The Joint Aerosol-Monsoon Experiment: A New Challenge for Monsoon Climate Research. *Bull. Am. Meteorol. Soc.* 89(3): 369-383.

Li, X. and M. Ting (2017) Understanding the Asian Summer Monsoon Response to Greenhouse Warming: The Relative Roles of Direct Radiative Forcing and Sea Surface Temperature Change. *Climate Dynamics* 49: 2863-2880.

Li, Z. et al. (2016) Aerosol and Monsoon Climate Interactions over Asia. *Reviews of Geophysics* 54(4): 866-929.

Maurer, J. M., J. M. Schaefer, S. Rupper and A. Corley (2019) Acceleration of Ice Loss across the Himalayas over the Past 40 Years. *Science Advances* 5 (6).

Nitzbon, J. et al. (2020) Fast Response of Cold Ice-Rich Permafrost in Northeast Siberia to a Warming Climate. *Nature Comm.* 11: 2201.

Ritchie H., M. Roser and P. Rosada (2020) CO_2 and Greenhouse Gas Emissions. https://ourworldindata.org/co2-and-greenhouse-gas-emissions [Online Resource]

Rockstrom, J. et al. (2009) Planetary Boundaries: Exploring the Safe Operating Space for Humanity. *Ecology and Society* 14(2).

Saito, K., T. Yasunari and K. Takata (2006) Relative Roles of Large-Scale Orograghy and Land Surface Processes in the Global Hydroclimate. Part II: Impacts on Hydroclimate over Eurasia. *J. Hydrometeorol.* 7(4): 642-659.

Steffen, W. et al. (2018) Trajectories of the Earth System in the Anthropocene. *PNAS* 115(33): 8252-8259.

Tarnocai, C. et al. (2009) Soil Organic Carbon Pools in the Northern Circumpolar Permafrost Region. *Global Biogeochemical Cycles* 23, GB2023.

Veh, G., O. Korup and A. Walz (2020) Hazard from Himalayan Glacier Lake Outburst Floods. *PNAS* 117(2): 907-912.

Zimov, S. A. et al. (2006) Permafrost Carbon: Stock and Decomposability of a Globally Significant Carbon Pool. *Geoph. Res. Lett.* 33, L20502.

Bloomsbury Academic.
Takata, K., K. Saito and T. Yasunari (2009) Changes in the Asian Monsoon Climate during 1700-1850 Induced by Preindustrial Cultivation. *PNAS* 106 (24): 9586-9589.

第9章

川瀬宏明 (2019)『地球温暖化で雪は減るのか増えるのか問題』ベレ出版
野田順康 (2011)『アジアの都市化・都市成長の動向について』関連資料 UN-HABITAT 国際連合人間居住計画（ハビタット）福岡本部（アジア太平洋担当）
安成哲三・藤井理行 (1983)『ヒマラヤの気候と氷河——大気圏と雪氷圏の相互作用』東京堂出版
Crutzen, P. J. (2002) Geology of Mankind. *Nature* 415 (23).
Day, J. A., I. Fung and W. Liu (2018) Changing Character of Rainfall in Eastern China, 1951-2007. *PNAS* 115 (9): 2016-2021.
Demographia World Urban Areas & Population Projections, 2019 (http://www.demographia.com/db-worldua.pdf)
Desyatkin, A. R. et al. (2009) CH_4 Emission from Different Stages of Thermokarst Formation in Central Yakutia, East Siberia. *Soil Science and Plant Nutrition* 55 (4): 558-570.
Endo, H., A. Kitoh and H. Ueda (2018) A Unique Feature of the Asian Summer Monsoon Response to Global Warming: The Role of Different Land-Sea Thermal Contrast Change between the Lower and Upper Troposphere. *SOLA* 14: 57-63.
Endo, H., A. Kitoh, R. Mizuta and T. Ose (2021) Different Future Changes between Early and Late Summer Monsoon Precipitation in East Asia. *J. Meteorol. Soc. Japan* 99 (6): 1501-1524.
Horinouchi, H., S. Matsumura, T. Ose and Y. N. Takayabu (2019) Jet-Precipitation Relation and Future Change of the Mei-Yu-Baiu Rainband and Subtropical Jet in CMIP5 Coupled GCM Simulations. *J. Climate* 32 (8): 2247-2259.
Immerzeel, W. W., L. P. H. van Beek and M. F. P. Bierkens (2010) Climate Change Will Affect the Asian Water Towers. *Science* 328 (5984): 1382-1385.
Immerzeel, W. W. et al. (2020) Importance and Vulnerability of the World's Water Towers. *Nature* 577 (7790): 364-369.
IPCC (2012) *Managing the Risks of Extreme Events and Disasters to Advance Climate Change Adaptation: A Special Report of Working Groups I and II*. Cambridge University Press, 582pp.
IPCC (2013) *Climate Change 2013: The Physical Science Basis*. (WG-1 第5次報告書)
IPCC (2014) *Climate Change 2014. Impacts, Adaptation, and Vulnerability*. Cambridge University Press (WG-2 第5次報告書)

Isotopes. *Climate of the Past* 16(6): 2153-2172.

第8章

秋田茂（2012）『イギリス帝国の歴史——アジアから考える』中公新書
荒畑寒村（1999）『谷中村滅亡史』岩波文庫
石井知章（2008）『K・A・ウィットフォーゲルの東洋的社会論』社会評論社
石井米雄編（1975）『タイ国——ひとつの稲作社会』創文社
石井米雄・桜井由躬雄編（1999）『東南アジア史 I 大陸部』〈新版 世界各国史5〉山川出版社
ウォーラーステイン（1981）『近代世界システム——農業資本主義と「ヨーロッパ世界経済」の成立　I・II』川北稔訳、岩波書店
加藤祐三（1980）『イギリスとアジア——近代史の原画』岩波新書
辛島昇編（2004）『南アジア史』〈新版 世界各国史7〉山川出版社
志賀重昂（2014）『日本風景論』講談社学術文庫
資源エネルギー庁（2021）『エネルギー白書　2019年度版』
進藤榮一（2013）『アジア力の世紀——どう生き抜くのか』岩波新書
杉原薫（2019）「グローバル・ヒストリーのなかの南アジア」長崎暢子編『南アジア史4　近代・現代』山川出版社
杉原薫（2020）『世界史のなかの東アジアの奇跡』名古屋大学出版会
武田泰淳・竹内実（1965）『毛沢東——その詩と人生』文芸春秋新社
田中彰（2003）『明治維新と西洋文明——岩倉使節団は何を見たか』岩波新書
角山栄（2017）『茶の世界史——緑茶の文化と紅茶の社会（改版）』中公新書
ジャワハルラル・ネルー（1953・1956）『インドの発見（上・下）』辻直四郎・飯塚浩二・蠟山芳郎訳、岩波書店
松井透（2021）『世界市場の形成』ちくま学芸文庫
安成哲三（2014）「近代科学の限界——環境問題はなぜ解決しないか」渡邊誠一郎・中塚武・王智弘編『臨床環境学』名古屋大学出版会
柳田国男（1979）『木綿以前の事』岩波文庫
山本義隆（2018）『近代日本一五〇年——科学技術総力戦体制の破綻』岩波新書
米地文夫（2004）「志賀重昂『日本風景論』と愛郷心・愛国心——中部日本の火山等に関する記載をめぐって」『総合政策』5(2): 349-367.
脇村孝平（2002）『飢饉・疫病・植民地統治——開発の中の英領インド』名古屋大学出版会
Duan, K., T. Yao and L. G. Thompson (2004) Low-Frequency of Southern Asian Monsoon Variability Using a 295-Year Record from the Dasuopu Ice Core in the Central Himalayas. *Geophys. Res. Lett.* 31, L16209.
Maddison, A. (2001) *The World Economy: A Millennial Perspective*. OECD.
Sugihara, K. (2017) Monsoon Asia, Intra-Regional Trade and Fossil-Fuel-Driven Industrialization. In Gareth Austin ed., *Economic Development and Environmental History in the Anthropocene: Perspectives on Asia and Africa*.

佐々木高明（2014）『稲作以前 新版』NHK ブックス
佐藤泰弘（2007）「荘園制の二冊をめぐって――日本中世荘園史研究の一側面」『史林』90(3): 101-115.
ハルオ・シラネ（2001）『芭蕉の風景　文化の記憶』衣笠正晃訳、角川叢書
ハルオ・シラネ（2020）『四季の創造――日本文化と自然観の系譜』北村結花訳、角川選書
巽好幸（2019）『火山大国日本　この国は生き残れるか――必ず起きる富士山大噴火と超巨大噴火』さくら舎
田村憲美（2021a）「第3章　一〇世紀を中心とする気候変動と中世成立期の社会」中塚武監修、伊藤啓介・田村憲美・水野章二編『気候変動と中世社会』〈気候変動から読みなおす日本史　第4巻〉臨川書店
田村憲美（2021b）「第7章　一〇～一二世紀の気候変動と中世荘園制の形成」中塚武監修、伊藤啓介・田村憲美・水野章二編『気候変動と中世社会』〈気候変動から読みなおす日本史　第4巻〉臨川書店
中静透（2003）「冷温帯林の背腹性と中間温帯論」『植生史研究』11(2): 39-43.
中塚武（2020）「第1章　近世における気候変動の概観」中塚武監修、鎌谷かおる・渡辺浩一編『気候変動から近世をみなおす――数量・システム・技術』〈気候変動から読みなおす日本史　第5巻〉臨川書店
中塚武（2021）「第1章　日本史の背後にある気候変動の概観」中塚武監修、中塚武・鎌谷かおる・佐野雅規・伊藤啓介・對馬あかね編『新しい気候観と日本史の新たな可能性』〈気候変動から読みなおす日本史　第1巻〉臨川書店
中塚武（2022）『気候適応の日本史――人新世をのりこえる視点』吉川弘文館
長谷川櫂（2013）『俳句の宇宙』中公文庫
長谷川櫂（2015）『芭蕉の風雅――あるいは虚と実について』筑摩選書
長谷川櫂（2018）『俳句の誕生』筑摩書房
樋上昇（2021）「木の利用からみた生業と経済――各論」中塚武監修、中塚武・鎌谷かおる・佐野雅規・伊藤啓介・對馬あかね編『新しい気候観と日本史の新たな可能性』〈気候変動から読みなおす日本史　第1巻〉臨川書店
藤尾慎一郎（2021）「気候変動と水田稲作のはじまり」中塚武監修、中塚武・鎌谷かおる・佐野雅規・伊藤啓介・對馬あかね編『新しい気候観と日本史の新たな可能性』〈気候変動から読みなおす日本史　第1巻〉臨川書店
宮坂静生（2009）『季語の誕生』岩波新書
安田喜憲（1980）『環境考古学事始――日本列島2万年』NHK ブックス
山田康弘（2019）『縄文時代の歴史』講談社現代新書
山本義隆（2003）『磁力と重力の発見　3　近代の始まり』みすず書房
Nakatsuka, T. et al.（2020）A 2600-Year Summer Climate Reconstruction in Central Japan by Integrating Tree-Ring Stable Oxygen and Hydrogen

湯浅赳男（2007）『「東洋的専制主義」論の今日性——還ってきたウィットフォーゲル』新評論
ユクスキュル／クリサート（2005）『生物から見た世界』日高敏隆・羽田節子訳、岩波文庫
和辻哲郎（1935）『風土——人間学的考察』岩波書店
Biraben, J. -N.（1980）An Essay Concerning Mankind's Demographic Evolution. *Journal of Human Evolution* 9(8): 655-663.
Gadgil, M. and R. Guha（1992）*This Fissured Land: An Ecological History of India*. Oxford University Press, Delhi.
Gallup, J. L., J. F. Sachs and A. D. Mellinger（1998）*Geography and Economic Development*. National Bureau of Economic Research.
Gong, Z.-T. et al.（2007）The Temporal and Spatial Distribution of Ancient Rice in China and Its Implications. *Chinese Science Bulletin* 52: 1071-1079.
Huang, X.-H. et al.（2012）A Map of Rice Genome Variation Reveals the Origin of Cultivated Rice. *Nature* 490(7421): 497-501.
Monfreda, N. et al.（2008）Farming the Planet: 2. Geographic Distribution of Crop Areas, Yields, Physiological Types, and Net Primary Production in the Year 2000. *Global Biogeochemical Cycles* 22, GB1022.
Shinoda, T. and H. Uyeda（2002）Effective Factors in the Development of Deep Convective Clouds over the Wet Region of Eastern China during the Summer Monsoon Season. *J. Meteorol. Soc. Japan* 80(6): 1395-1414.
Talhelm, T. and A. S. English（2020）Historically Rice-Farming Societies Have Tighter Social Norms in China and Worldwide. *PNAS* 117(33): 19816-19824.
Wittforgel, K. A.（1957）*Oriental Despotism*: *A Comparative Study of Total Power*. Yale University Press.

第７章

安室一（2013）「東北地方におけるスギ林史と人間活動」東京大学大学院新領域創成科学研究科社会文化環境学専攻修士論文
石川英輔（2008）『江戸時代はエコ時代』講談社文庫
市川健夫（1987）『ブナ帯と日本人』講談社現代新書
上山春平編著（1969）『照葉樹林文化——日本文化の深層』中公新書
加藤周一（1999）『日本文学史序説（上）』ちくま学芸文庫
鬼頭宏（2007）『「図説」人口で見る日本史——縄文時代から近未来社会まで』PHP 研究所
鬼頭宏（2010）『文明としての江戸システム』〈日本の歴史第19巻〉講談社学術文庫
倉知克直（2016）『江戸の災害史——徳川日本の経験に学ぶ』中公新書
近藤純正（1985）「最近300年間の火山爆発と異常気象・大凶作」『天気』32(4): 157-165.
佐々木高明（2007）『照葉樹林文化とは何か——東アジアの森が生み出した文明』中公新書

小出博（1970）『日本の河川――自然史と社会史』東京大学出版会
河野泰之責任編集、秋道智彌監修（2012）『生業の生態史』〈論集　モンスーンアジアの生態史――地域と地球をつなぐ　第１巻〉弘文堂
佐藤泰弘（2007）「荘園制の二冊をめぐって――日本中世荘園史研究の一側面」『史林』90(3): 101-115.
徐朝龍（1998）『長江文明の発見――中国古代の謎に迫る』角川選書
杉原薫（2004）「東アジアにおける勤勉革命径路の成立」『大阪大学経済学』54(3): 336-361.
田中耕司（2014）「モンスーン・アジアの生態環境と生存基盤――歴史的展望」『学術の動向』19(10): 70-73.
田辺明生（2012）「終章　多様性のなかの平等――生存基盤の思想の深化に向けて」杉原薫・脇村孝平・藤田幸一・田辺明生編『歴史のなかの熱帯生存圏――温帯パラダイムを超えて』〈講座生存基盤論１〉京都大学学術出版会
田辺明生（2022）「グローバル化時代の『人間』を考える」國分功一郎・清水光明編『地球的思考――グローバル・スタディーズの課題』水声社
田畑久夫（2016）「ウィットフォーゲルの水力社会論――中国を事例として」『昭和女子大学大学院生活機構研究科紀要』25: 1-20.
友杉孝（1975）「第４章　チャオプラヤー・デルタの稲作と社会」石井米雄編『タイ国――ひとつの稲作社会』創文社
速水融（2003）『近世日本の経済社会』麗澤大学出版会
福井捷朗（1990）「８章　東南アジア世界の形成と自然」高谷好一責任編集、矢野暢編集代表『東南アジアの自然』〈講座東南アジア学２〉弘文堂
藤尾慎一郎（2012）「日本の穀物栽培・農耕の開始と農耕社会の成立――さかのぼる穀物栽培と生産経済への転換（Ⅰ部　農耕社会の形成）」『国立歴史民俗博物館研究報告』119: 117-137.
藤尾慎一郎（2021）『日本の先史時代――旧石器・縄文・弥生・古墳時代を読みなおす』中公新書
藤田幸一（2012）「モンスーン・アジアの発展径路――その固有性と多様性」杉原薫・脇村孝平・藤田幸一・田辺明生編『歴史のなかの熱帯生存圏――温帯パラダイムを超えて』〈講座生存基盤論１〉　京都大学学術出版会
ピーター・ベルウッド（2008）『農耕起源の人類史』長田俊樹・佐藤洋一郎監訳、京都大学学術出版会
オギュスタン・ベルク（1992）『風土の日本――自然と文化の通態』篠田勝英訳、ちくま学芸文庫
オギュスタン・ベルク（1994）『風土としての地球』三宅京子訳、筑摩書房
オギュスタン・ベルク（2002）『風土学序説――文化をふたたび自然に、自然をふたたび文化に』中山元訳、筑摩書房
エスター・ボズラップ（1975）『農業成長の諸条件――人口圧による農業変化の経済学』安沢秀一・安沢みね訳、ミネルヴァ書房
虫明功臣（2018）「アジアモンスーンと変動帯の水土が織り成す水田稲作の営み」『ARDEC』59.

Saji, N. H., B. N. Goswami, P. N. Vinayachandran and T. Yamagata (1999) A Dipole Mode in the Tropical Indian Ocean. *Nature* 401: 360-363.

Ueda, H., T. Yasunari and R. Kawamura (1995) Abrupt Seasonal Change of Large-Scale Convective Activity over the Western Pacific in the Northern Summer. *J. Meteorol. Soc. Japan* 73(4): 795-809.

Yasunari, T. (1979) Cloudiness Fluctuations Associated with the Northern Hemisphere Summer Monsoon. *J. Meteorol. Soc. Japan* 57(3): 227-242.

第5章

中西哲・大場達之・武田義明・服部保（1983）『日本の植生図鑑（Ⅰ）森林』保育社

安成哲三・岩坂泰信（1999）『大気環境の変化』〈岩波講座地球環境学３〉岩波書店

Barthlott, W., J. Mutke, D. Rafiqpoor, G. Kier and H. Kreft (2005) Global Centers of Vascular Plant Diversity. *Nova Acta Leopoldina NF* 92(342): 61-83.

Fujinami, H., T. Yasunari and T. Watanabe (2015) Trend and Interannual Variation in Summer Precipitation in Eastern Siberia in Recent Decades. *Int. J. Climatology* 36(1): 355-368.

Kumagai, T., H. Kanamori and T. Yasunari (2013) Deforestation-Induced Reduction in Rainfall. *Hydrological Processes* 27(25): 3811-3814.

Ohta, T., T. Hiyama, Y. Iijima, A. Kotani and T. C. Maximov (eds.) (2019) *Water-Carbon Dynamics in Eastern Siberia*. (*Ecological Studies 236*). Springer, 319pp.

Ray, N. and J. M. Adams (2001) A GIS-Based Vegetation Map of the World at the Last Glacial Maximum (25,000-15,000 BP). *Internet Archaeology* 11.
(http://intarch.ac.uk/journal/issue11/rayadams_toc.html)

Yasunari, T., K. Saito and K. Takata (2006) Relative Roles of Large-Scale Orograghy and Land Surface Processes in the Global Hydroclimate. Part I: Impacts on Monsoon Systems and the Tropics. *J. Hydrometeorol.* 7(4): 626-641.

第6章

網野善彦（2008）『「日本」とは何か』〈日本の歴史第00巻〉講談社学術文庫

石井知章（2008）『K・A・ウィットフォーゲルの東洋的社会論』社会評論社

石井知章（2012）「K・A・ウィットフォーゲル『東洋的専制主義』（1981年：ヴィンテージ版）の「前文」への解題とその全文訳」『明治大学教養論集』479: 1-49.

石井米雄編（1975）『タイ国――ひとつの稲作社会』創文社

稲垣栄洋（2019）『イネという不思議な植物』ちくまプリマー新書

久馬一剛（2016）「モンスーンアジアの土と水――とくにその低湿地利用について」『水利科学』60: 1-30.

Morinaga, Y. and T. Yasunari (1987) Interactions between the Snow Cover and the Atmospheric Circulation in the Northern Hemisphere. *IAHS. Publications* 166: 73-78.
Shinoda, T. and H. Uyeda (2002) Effective Factors in the Development of Deep Convective Clouds over the Wet Region of Eastern China during the Summer Monsoon Season. *J. Meteorol. Soc. Japan* 80(6): 1395-1414.
Tada, R., H. Zheng, and P. D. Clift (2016) Evolution and Variability of the Asian Monsoon and its Potential Linkage with Uplift of the Himalaya and Tibetan Plateau. *Prog. Earth Planet. Sci.* 3(4).
Walker, G. T. and E. W. Bliss (1932) World Weather V. *Memoirs of the Royal Meteorological Society* 4(36): 53-84.
Yasunari, T. (1990) Impact of Indian Monsoon on the Coupled Atmosphere/Ocean System in the Tropical Pacific. *Meteor. Atmos. Phys.* 44: 29-41.
Yasunari, T., A. Kitoh and T. Tokioka (1991) Local and Remote Responses to Excessive Snow Mass over Eurasia Appearing in the Northern Spring and Summer Climate: A Study with the MRI-GCM. *J. Meteorol. Soc. Japan* 69(4): 473-487.
Yasunari, T. and Y. Seki (1992) Role of the Asian Monsoon on the Interannual Variability of the Global Climate System. *J. Meteorol. Soc. Japan* 70(1B): 177-189.

第４章

植田宏昭（2012）『気候システム論——グローバルモンスーンから読み解く気候変動』筑波大学出版会
榎本剛（2005）「盛夏期における小笠原高気圧の形成メカニズム」『天気』52(7): 523-531.
中村勉（1989）「我国の降積雪と雪氷研究50年概史」『地学雑誌』98(5): 141-157.
中村尚（2015）『「日本の四季」がなくなる日——連鎖する異常気象』小学館新書
Fujinami, H., T. Yasunari and A. Morimoto (2014) Dynamics of Distinct Intraseasonal Oscillation in Summer Monsoon Rainfall over the Meghalaya-Bangladesh-Western Myanmar Region: Covariability between the Tropics and Mid-Latitudes. *Climate Dynamics* 43: 2147-2166.
Kumagai T., H. Kanamori and T. Yasunari (2013) Deforestation-Induced Reduction in Rainfall. *Hydrological Processes* 27(25), 3811-3814.
Madden, R. A. and P. R. Julian (1972) Description of Global-Scale Circulation Cells in the Tropics with a 40-50 Day Period. *J. Atmospheric Sciences* 29(6): 1109-1123.
Nitta, T. (1987) Convective Activities in the Tropical Western Pacific and Their Impact on the Northern Hemisphere Summer Circulation. *J. Meteorol. Soc. Japan* 65(3): 373-390.

参考文献

全般

安成哲三（2018）『地球気候学――システムとしての気候の変動・変化・進化』東京大学出版会

第2章

小倉義光（1999）『一般気象学』東京大学出版会

倉嶋厚（1972）『モンスーン――季節をはこぶ風』河出書房新社

Horel, J. D. and J. M. Wallace (1981) Planetary-Scale Atmospheric Phenomena Associated with the Southern Oscillation. *Mon. Wea. Rev.* 109(4): 813-829.

Mantua, N. J., S. R. Hare, Yuan Zhang et al. (1997) A Pacific Interdecadal Climate Oscillation with Impacts on Salmon Production. *Bull. Am. Meteorol. Soc.* 78(6): 1069-1079.

Nitta, T. (1987) Convective Activities in the Tropical Western Pacific and Their Impact on the Northern Hemisphere Summer Circulation. *J. Meteorol. Soc. Japan* 65(3): 373-390.

Rasmusson, E. M. and T. H. Carpenter (1982) Variations in Tropical Sea Surface Temperature and Surface Wind Fields Associated with the Southern Oscillation/El Niño. *Mon. Wea. Rev.* 110(5): 354-384.

Vonder Haar, T. H., and V. E. Suomi (1971) Measurements of the Earth's Radiation Budget from Satellites During a Five-Year Perid. Part I: Extended Time and Space Means. *J. Atmos. Sci.* 28(3): 305-314.

第3章

巽好幸（2012）『なぜ地球だけに陸と海があるのか――地球進化の謎に迫る』岩波科学ライブラリー

Abe, M., A. Kitoh and T. Yasunari (2003) An Evolution of the Asian Summer Monsoon Associated with Mountain Uplift: Simulation with the MRI Atmosphere-Ocean Coupled GCM. *J. Meteorol. Soc. Japan* 81(5): 909-933.

Abe, M., T. Yasunari and A. Kitoh (2004) Effects of Large-Scale Orography on the Coupled Atmosphere-Ocean System in the Tropical Indian and Pacific Oceans in Boreal Summer. *J. Meteorol. Soc. Japan* 82(2): 745-759.

Barnett, T. P., L. Dümenil, U. Schlese, E. Roeckner and M. Latif (1989) The Effect of Eurasian Snow Cover on Regional and Global Climate Variations. *J. Atmos. Sci.* 46(5): 661-686.

Hahn, D. G. and J. Shukla (1976) An Apparent Relationships between Eurasian Snow Cover and Indian Monsoon Rainfall. *J. Atmos. Sci.* 33: 2461-2462.

Kitoh, A. (2002) Effects of Large-Scale Mountains on Surface Climate: A Coupled Ocean-Atmosphere General Circulation Model Study. *J. Meteorol. Soc. Japan* 80(5): 1165-1181.

安成哲三（やすなり・てつぞう）

1947年，山口県生まれ．京都大学理学部卒業，同大学大学院理学研究科博士課程修了．理学博士．京都大学東南アジア研究センター助手，筑波大学地球科学系教授，名古屋大学地球水循環研究センター教授，地球フロンティア研究システム（海洋研究開発機構）領域長（兼任），総合地球環境学研究所所長等を経て，現在，京都気候変動適応センター長，総合地球環境学研究所顧問．筑波大学・名古屋大学・総合地球環境学研究所各名誉教授．専攻，気象学・気候学・地球環境学．
著書『地球気候学』（東京大学出版会，2018）
　『水の環境学――人との関わりから考える』（共著，名古屋大学出版会，2011）
　『現代地球科学』（共著，放送大学教育振興会，2011）
　『新しい地球学――太陽－地球－生命圏相互作用系の変動学』（共著，名古屋大学出版会，2008）
　『気候変動論』（共著，岩波書店，1996）
　『ヒマラヤの気候と氷河』（共著，東京堂出版，1983）など

モンスーンの世界《せかい》
中公新書 *2755*

2023年5月25日発行

著　者　安成哲三
発行者　安部順一

本文印刷　三晃印刷
カバー印刷　大熊整美堂
製　本　小泉製本

発行所　中央公論新社
〒100-8152
東京都千代田区大手町 1-7-1
電話　販売 03-5299-1730
　　　編集 03-5299-1830
URL https://www.chuko.co.jp/

Published by CHUOKORON-SHINSHA, INC.
Printed in Japan　ISBN978-4-12-102755-9 C1244